Djamel Chikouche
Sihem Zitouni
Khaled Rouabah

**Modélisation dans les Récepteurs de navigation par Satellites
GNSS**

Djamel Chikouche
Sihem Zitouni
Khaled Rouabah

Modélisation dans les Récepteurs de navigation par Satellites GNSS

Développement de modèles analytiques des signaux SinBOC et CosBOC

Presses Académiques Francophones

Imprint
Any brand names and product names mentioned in this book are subject to trademark, brand or patent protection and are trademarks or registered trademarks of their respective holders. The use of brand names, product names, common names, trade names, product descriptions etc. even without a particular marking in this work is in no way to be construed to mean that such names may be regarded as unrestricted in respect of trademark and brand protection legislation and could thus be used by anyone.

Cover image: www.ingimage.com

Publisher:
Presses Académiques Francophones
is a trademark of
International Book Market Service Ltd., member of OmniScriptum Publishing Group
17 Meldrum Street, Beau Bassin 71504, Mauritius

Printed at: see last page
ISBN: 978-3-8416-3414-6

Introduction Générale

L'ensemble des systèmes mondiaux de radiolocalisation par satellites est désigné par l'acronyme GNSS (Global Navigation Satellite System). Le développement et la mise en service du système Américain GPS (Global Positioning System), au début des années 80, a constitué une révolution dans les techniques de télécommunications à travers le monde [1-3]. Les russes ont aussi établit leur propre système de localisation GLONASS (Global Orbiting Navigation Satellite System), alors que les Chinois et les Européens, quant à eux, sont en train de réaliser respectivement les deux nouveaux systèmes GNSS Compass et Galiléo qui seront opérationnels dans quelques années. Ces systèmes de localisation ont pris un développement important ces dernières années grâce aux demandes considérables de nouveaux services et d'applications dans de multiples domaines civils et militaires. Ce qui a d'ailleurs poussé au lancement du programme spatial international de modernisation des systèmes de localisation et d'amélioration de performances en termes de précision de positionnement, de disponibilité, de sécurité, de fiabilité et d'interopérabilité et de compatibilité entre les différents systèmes. Ces performances, qui sont dépendantes principalement des caractéristiques des composantes du système GNSS (récepteurs, satellites, signaux), et de l'environnement de propagation des signaux. Ainsi de nouvelles techniques de modulations et des récepteurs innovants ont bénéficié de la modernisation des systèmes GNSS, tout en conservant la simplicité de leur mise en œuvre.

Un système de navigation par satellite permet à un utilisateur disposant d'un récepteur de déterminer sa position à tout endroit de la terre en utilisant l'estimation de la distance qui le sépare d'un nombre minimum de satellites sur la base du mode de triangulation et de l'estimation des temps de propagation des signaux datés émis par de une constellation de satellites. Des algorithmes de poursuite et de synchronisation permettent de suivre l'évolution de l'estimation du temps de propagation en fonction des erreurs dues aux mouvements relatifs entre l'utilisateur et le satellite, aux effets atmosphériques, au bruit et aux effets de multitrajets. Actuellement, les méthodes de poursuite les plus couramment utilisées visent à mesurer le décalage temporel au niveau du code binaire ou/ et de la phase au niveau de la porteuse contenus dans le signal de navigation. Les poursuites de la phase de la porteuse et du code sont respectivement effectuées par la boucle PLL (Phase Lock Loop) et la boucle DLL (Delay Lock Loop). Les structures DLLs fondamentales utilisant un espacement de chip entre un corrélateur en avance (E) et en retard (L) pour former enfin de compte une Fonction Discriminatoire (DF) sont, le C-ELP (Coherent Early-Late Processing), le C-DP (Coherent Dot product), le QC-DP (Quasi-Coherent Dot product) et le NC-ELP (NonCoherent Early-Late Processing) [1].

L'effet des multitrajets est l'une des sources d'erreur les plus pénalisantes du fait de son caractère local et temporel qui affecte conséquemment la performance du système

GNSS. En présence des multitrajets, le récepteur GNSS, plus particulièrement la boucle de poursuite, ne poursuit plus le retard du signal direct, mais celui du signal composite reçu. Elle s'asservit donc sur une mauvaise valeur du retard et commet une erreur sur l'estimation du retard de propagation. Ce qui se traduit par des erreurs de la pseudo-distance pouvant atteindre des dizaines de mètres en environnement dégradé.

La nouvelle génération des signaux GNSS est à la base de la modulation BOC (Binary Offset Carrier). Comme par exemple les variantes Sine-BOC (SinBOC) et Cosine-BOC (CosBOC), Composite BOC (CBOC) et Time-Multiplexed BOC (TMBOC). Les critères d'optimisation de base de ces modulations sont l'efficacité spectrale, qui garantit la coexistence des différents signaux de différents systèmes utilisant la même bande spectrale, l'amélioration de robustesse et la précision des mesures de poursuite. Ces critères sont liés à la densité spectrale de puissance (DSP) en déplaçant l'énergie du signal du centre de la bande vers les bandes latérales, ainsi qu'à la forme de la fonction de corrélation (CF) en rendant son pic principal étroit. Cependant, les CFs de nouveaux signaux GNSS sont caractérisées par de multiples pics secondaires qui peuvent introduire un problème d'ambigüité pendant le processus de la poursuite.

La caractérisation du comportement des signaux et les performances du récepteur GNSS constituent des étapes essentielles dans les travaux de plusieurs chercheurs. De ce fait, des modèles mathématiques caractérisant les signaux GNSS comme, la CF, la DF et les erreurs de pseudo-distances, deviennent intéressants pour analyser et déterminer le design et les paramètres optimaux des récepteurs vis-à-vis des signaux utilisés. De nombreux modèles analytiques et numériques des CFs ont été proposés pour des signaux BOC dans les références [2-8] et pour des signaux MBOC (Multiplexed BOC) (ou CBOC et TMBOC) dans les références [8, 9]. La complexité et la précision des modèles théoriques posent un grand souci [10]. Dans la référence [4], les auteurs ont aussi contribué à la modélisation analytique des DFs et des erreurs de code due aux multitrajets pour une réception cohérente (C-ELP) des signaux $SinBOC(\alpha, \beta)$. Les résultats de leurs travaux sont valides qu'après des rectifications et des commentaires que nous avons présentés dans la référence [11]. En effet, ces modèles sont valides pour n'importe quel ordre de modulation ($M = 2\alpha/\beta$) mais pour un espacement de chip très étroit. En outre, les travaux des références [4] et [11] nous ont permis de contribuer à la modélisation des fonctions de ces mêmes signaux mais pour une configuration de réception NC-ELP, présentée dans [12].

L'objectif principal de cet ouvrage est de caractériser et modéliser analytiquement les signaux SinBOC et CosBOC qui n'ont pas été l'objet des autres travaux dans la littérature. Ces modèles mathématiques servent par la suite à manipuler d'une manière efficace les paramètres influents sur l'estimation du retard de propagation afin de minimiser les erreurs de poursuite de code dues aux multitrajets. Dans le contexte des signaux GNSS, l'utilisation de ces modèles offre plusieurs avantages, notamment la simplification des expressions des modèles, la possibilité de réaliser plus de traitement

2

et avec moins de calculs en comparaison avec les méthodes de calculs spectrales qui requièrent des intégrales et d'autres transformations.

Le présent document est organisé en cinq chapitres:

Le Chapitre 1 présente une description des caractéristiques des signaux de navigation à spectre étalé et leurs modulations. Les structures des signaux satellitaires sont introduites. Une présentation temporelle et fréquentielle, et une comparaison concise des différentes techniques de modulations GNSS modernes sont faites.

Le Chapitre 2 décrit la structure générale d'un récepteur et ses différents modules. Le principe fondamental de mesure de la pseudo-distance est introduit. Ensuite, les techniques d'acquisition et de poursuite du code à base de corrélation, pour une estimation précise des erreurs de code sont étudiées.

Le Chapitre 3 présente les divers postes d'erreurs liés à la propagation du signal et précisément les effets de multitrajets sur la précision des mesures d'observation du retard de code délivrées par un récepteur GNSS. Les erreurs sur l'estimé du retard de propagation dû aux multitrajets ont été représentées pour différents signaux GNSS dans les deux configurations. Pour finir, les performances obtenues, sur la mesure du code en poursuite, des techniques de mitigation des multitrajets à base de corrélation vis-à-vis des différents signaux satellitaires sont analysées et comparées par simulation. L'objectif de cette comparaison est d'évaluer l'influence de certains paramètres du signal et du récepteur.

Le Chapitre 4 caractérise le comportement des signaux en déterminant les modèles analytiques des CFs, DFs et offsets d'erreur. La première partie de ce chapitre présente de manière détaillée les modèles proposés par R.Benjamin Harris et E.Glenn Lightsey pour les signaux SinBOC dans une configuration cohérente et avec nos corrections effectuées. La deuxiéme partie détaille nos modéles analytiques pour une configuration non-cohérente. La dernière partie montre les résultats de simulations des modèles proposés et les corrections effectuées avec des résultats simulés, illustrant la fiabilité et l'intérêt de nos corrections et modèles proposés

Le Chapitre 5 détaille nos modèles proposés caractérisant les signaux CosBOC pour une configuration cohérente dans la première partie, ensuite ceux d'une configuration non-cohérente. Ce chapitre est terminé par une évaluation des résultats de simulations pour illustrer la fiabilité des modèles proposés.

Enfin, nous conclurons les travaux réalisés dans ce livre.

Références

[1]   E.D.Kaplan and C.J.Hegarty, *Understanding GPS Principles and Applications*, 2 ed. Boston,MA, USA: Artech House Publishers, 2006.
[2]   F.M.Sousa, F.D.Nunes, and J.M.Leitão, "Strobe pulse design for multipath mitigation in BOC GNSS receivers," presented at the Proceedings of IEEE/ION PLANS 2006, San Diego, CA, April 2006.

[3] F.Nunes, F.Sousa, and J.M.Leitão, "Multipath mitigation technique for BOC signals using gating functions," presented at the Proceedings of the European Space Agency Workshop on Satellite Navigation User Equipment Technologies, NAVITEC-2004, Noordwijk, The Netherlands, Dec 2004.

[4] R.B.Harris and E.G.Lightsey, "A General Model of Multipath Error for Coherently Tracked BOC Modulated Signals " *IEEE Journal of selected topics in signal processing* vol. 3, pp. 682-694, August 2009.

[5] J.Winkel, " Modeling and Simulating GNSS Signal Structures and Receivers," Ph.DThesis, Federal Armed Forces Munich, Werner-Heisenberg-Weg 39, D-85577, 2000.

[6] M.S.Yarlykov, "The Statistical Characteristics of Navigation Cosine Binary Offset Carrier Modulated Signals (CosBOC signals)," *Journal of Communications Technology and Electronics,* vol. 55, pp. 990-1004, Jan 2010.

[7] E.S.Lohan, A.Lakhzouri, and M.Renfors, "Binary-Offset-Carrier modulation techniques with application in satellite navigation system " *Wiley Journal of Wireless Communications and Mobile Computing* vol. 7, pp. 767-779, 2006.

[8] F.D.Côté, I.N.Psaromiligkos, and W.J.Gross, "GNSS Modulation: A Unified Statistical Description," *IEEE Transactions on Aerospace and Electronic Systems,* vol. 47, pp. 1814-1836, July 2011.

[9] E.S.Lohan, A.Lakhzouri, and M.Renfors, "Complex double binary-offset-carrier modulation for a unitary characterization of Galileo and GPS signals," *IEEE Proceedings on Radar, Sonar and Navigation,* vol. 153, pp. 403-408, October 2006.

[10] N.C.Shivaramaiah and A.G.Dempster, "An analysis of Galileo E5 signal acquisition strategies," in *Proceedings of the European Navigation Conference GNSS*, France, toulouse,, Apr 2008.

[11] S.Zitouni, K.Rouabah, S.Attia, and D.Chikouche, "Comments on a General Model of Multipath Error for Coherently Tracked BOC Modulated Signals," *Wireless Personal Communications, Springer,* vol. 70, pp. 1397-1407, June 2013.

[12] K. Rouabah, S.Chebir, S. Attia, M.Flissi, and D.Chikouche, "Mathematical Model of Non-Coherent-DLL Discriminator Output and Multipath Envelope Error for BOC(α,β) Modulated Signals," *Positioning,* vol. 4, pp. 65-79, Feb 2013.

[13] S.Zitouni, K. Rouabah, D. Chikouche, and K.Mokrani, "Multipath Performance Analysis for BOC Signal Using Enhanced Correlator of GNSS Receiver," presented at the Conférence Internationale des Systèmes Embarqués pour les Télécommunications et Instrumentations (ICESTI'12), Annaba, Algérie, November 2012,.

[14] S.Zitouni, D.Chikouche, K. Rouabah, and K.Mokrani, "Performance Assesement: Optimized BOC Solution for Future Satellite Navigation," presented at the Conférence Nationale sur les Télécommunications (CNT'12), Guelma, Algérie, November 2012.

[15] S.Zitouni, D.CHikouche, and K. Rouabah, "Common GPS/Galileo signals: MBOC VS BOC(1,1) performance comparison," presented at the The 8th International Workshop on Systems, Signal Processing and their Applications (WOSSPA 2013),, CDTA, Algiers, Algéria, May 2013.

[16] S.Zitouni, D.Chikouche, K. Rouabah, and K. Mokrani, "Comparative Performance Analysis of EML-Based Code Tracking on GNSS MBOC Signal Implementations," presented at the International Congress on Telecommunication and Application (ICTA'14), , Bejaia, Algeria, April 2014.

[17] S.Zitouni, D.Chikouche, and K.Rouabah, " Analysis of Correlation-Based Code Tracking Techniques in GNSS Receivers for SinBOC and CosBOC Signals," presented at the 08éme Conférence sur le Génie Electrique (CGE'08), EMP, Algiers, Algeria, April 2013, .

Chapitre 1

Caractéristiques temporelles et fréquentielles

des Signaux GNSS

1.1 Introduction

Les systèmes de navigation par satellite ont pris un essor très considérable à cause des demandes incessantes pour le développement des applications de localisation par satellite dans les multiples domaines civils et militaires. La modernisation du GPS et de GLONASS et la venue des deux systèmes Galileo et Compass motivent la recherche à développer de nouveaux services exprimant davantage de contraintes en termes de précision, de disponibilité, d'intégrité, d'interopérabilité entre les différents systèmes et d'indépendance entre les différents services. Ainsi le plan de modernisation des systèmes GNSS requière de nouveaux systèmes et structures des signaux qui incluent des clés d'innovation comme des canaux de donnés, des formats de message de navigation améliorés, des nouveaux structures des codes d'étalements et de schémas de modulations [1-61].

Ce chapitre décrit fondamentalement les différentes structures de signaux GNSS et leurs modulations associées qui s'articulent sur l'émission à spectre étalé. En effet, il nous semble important de présenter tout d'abord les fréquences, les données de navigation, les codes d'étalement et leurs caractéristiques, et la génération des signaux satellitaires. Ensuite, nous présenterons de manière plus concise le principe des différentes modulations, particulièrement celles des systèmes GPS et le future Galileo, et leurs caractéristiques, aussi bien spectrales que temporelles.

1.2 Caractéristiques des signaux GNSS

Les signaux GNSS sont des signaux à spectre étalé et à séquence directe "SESD" (DSSS: Direct Sequence Spread Spectrum) [1]. Ils sont modulés par des codes pseudo-aléatoires PRN (Pseudo Random Code Noise) quasi-orthogonaux qui ont un rythme beaucoup plus élevé que celui des données de navigation. Donc, le signal occupe une large bande passante proportionnelle au taux du code rendant difficile la distinction entre le bruit et le signal désiré. Le spectre d'un signal satellitaire est noyé dans le bruit, et seule la connaissance du code utilisé pour l'étalement permet de dés-étaler le signal. Il y a trois raisons principales pour lesquelles la modulation DSSS est utilisée pour les satellites de navigation [2]:

- Elle permet la confidentialité et la protection des informations échangées entre satellites/ utilisateur.

- Les inversions de phase dans le signal introduit par la séquence PRN permettent une recherche précise par le récepteur,

- Elle fournit un rejet significatif d'interférences à bande étroite.

- L'utilisation des différentes séquences PRN d'un système bien conçu permet à plusieurs satellites de transmettre des signaux à la même fréquence et en même temps.

- Chaque satellite a son propre code d'étalement permettant l'identification du satellite émetteur.

Pour cette dernière raison, la transmission simultanée de multiples signaux SESD qui ont différentes séquences d'étalements sur une fréquence porteuse commune s'appelle l'accès multiple à répartition par code "AMRC" (CDMA: Code Division Multiple Access).

1.3 Le message de navigation

Le message de navigation comporte des données bien définies, qui concernent les éphémérides[1], les almanachs[2], les corrections d'horloge[3], les corrections ionosphériques, un indicateur de bon fonctionnement du satellite/émetteur, un indicateur propre à chaque satellite et les coefficients nécessaires pour le calcul du temps UTC (Coordinated Universal Time).

Ces données sont évaluées dans les centres de contrôle au sol des systèmes GPS et Galileo puis elles sont transmises au moins quotidiennement aux satellites lors des communications avec une station de transmission au sol. Chaque satellite enregistre ces données à bord et les intègre dans les signaux qu'il transmet aux récepteurs. Ces informations sont diffusées à un débit extrêmement faible, de l'ordre de 50 bit/s pour le GPS C/A et jusqu'à 125 bit/s pour le système Galileo[3]. Le format du message de navigation est constitué d'une séquence binaire ayant un rythme faible.

Le signal satellitaire comportant un message de navigation, est connu comme "signal data", ou "signal pilote". Le signal pilote est utilisé pour certaines modulations comme une composante, par exemple un signal modulé CASM (Coherent Adaptive Subcarrier Modulation) et pour certains services de navigation [4]. Il permet au récepteur de passer les problèmes de synchronisation avec le message de navigation et offrir donc une meilleure robustesse avec certaines techniques de traitement de signal [5].

---

[1] Délivrent des informations sur la position des satellites, avec une précision de l'ordre de 1 à 10 m. Chaque satellite transmet uniquement les éphémérides qui le concernent.
[2] Délivrent les informations de position et d'état de l'ensemble de la constellation GNSS, sur plusieurs semaines, avec une précision de l'ordre de 1 km.
[3] Permettant au récepteur de synchroniser son horloge par rapport au temps GPS ou Galileo, en utilisant l'information de l'écart de l'horloge du satellite par rapport au temps système GPS / Galileo.

1.4 Les codes PRN de navigation

Les codes pseudo-aléatoires se composent d'éléments binaire appelés " bribes " (ou chips) d'amplitude -1 et 1 et de durée T_c. Un code PRN est périodique sur une période finie, appelée "séquence PRN", se répètant tous les N bits [6]. Cette séquence est générée par un registre à décalage à rétroaction linéaire de n étages. Un registre de décalage à rétroaction linéaire est un simple circuit numérique de taille fixe dans lequel les bits sont décalés à chaque coup d'horloge (dans le cas d'un système synchrone sur l'horloge); il est constitué d'une chaîne de n bascules synchronisées sur l'horloge, la sortie d'une bascule étant reliée à l'entrée de la suivante. Avec un registre de n bits, la plus longue durée peut être produite avant que la sortie ne se répète, $N = 2^n - 1$. Cette durée d'une période est souvent appelée la longueur maximale d'un code PRN (voir la figure 1.1). Les registres à décalage utilisés pour les construire sont en fait choisis de manière à obtenir la plus faible inter-corrélation entre deux séquences de code générées [7-9].

Une séquence d'un code SESD d'une longueur maximale N de n chips peut être donnée par:

$$s_t = c_{n-1}s_{t-1} \oplus c_{n-2}s_{t-2} \oplus \dots \oplus c_1 s_{t-n+1} \oplus c_0 s_{t-n} \tag{1.1}$$

Où s_t est la valeur de la séquence à l'instant t, les coefficients $c_n \in (0,1)$ sont des valeurs binaires aléatoires, et le $\oplus$ indique l'addition modulo 2. Pour une forme d'onde rectangulaire, elle peut être donnée comme suit:

$$c(t) = \sum_{n=0}^{N} c_n \, rect(t - nT_c) \quad \forall n \in N^* \tag{1.2}$$

Où $rect(.)$ est un signal élémentaire de type rectangulaire, d'amplitude 1, centré à l'origine et de durée un chip T_c. Pour démoduler le signal à spectre étalé par une séquence directe, il suffit donc de connaitre les séquences complexes $c_n = (-1,1)$. Il convient de noter que dernièrement plusieurs variantes à la base de signal à spectre étalé utilisant des chips non rectangulaires ont été étudiées pour les applications satellitaires.

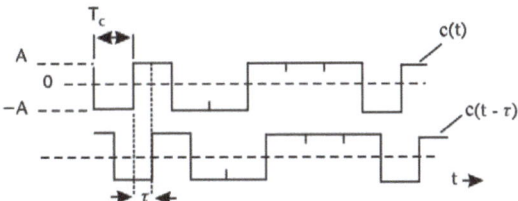

Figure 1.1 Séquence PRN de longueur maximale, N=9 [6].

Les signaux de nouveaux systèmes GPS et Galileo sont conçus pour avoir plusieurs codes pseudo-aléatoires dont les caractéristiques et les méthodes de génération varient selon le service et l'application considéré [10, 11]. Plus d'informations et fondements théoriques des codes PRN, y compris leurs génération, type et caractéristiques sont fournis dans [12] et pour les codes Gold dans [8, 13-18].

1.4.1 Codes GPS

On distingue différents types de codes utilisés par le système GPS:

- *Le code C/A (Coarse Acquisition):* Ce code, désigné comme un code Gold, est construit par la multiplication de deux séquences de même période $T_{C/A} = 1\ ms$, ayant une longueur $N = 2^{10} - 1 = 1023$ pour une durée d'un chip $T_c = \frac{1}{1023} = 977.5\ ns \approx 1\mu s$. Donc, son rythme est $R_{C/A} = \frac{1}{T_c} = 1.023\ MHz$. Ce code est utilisé par le service SPS (Standard Positioning Service) pour un usage civil.

- *Le code P (Precise):* Ce code, ayant une période $T_P = 1\ semaine$ (le délai de transmission) et un rythme dix fois plus supérieur que celui du code C/A, $R_p = 10,23\ MHz$, sa durée d'un chip est donc $0.1\mu s$. Ce code, connu comme le code P (Y), offre la possibilité de se transformer en un code Y(P) crypté. Il est utilisé par le service PPS (Precise Positioning Service) principalement destiné pour un usage militaire (armée américaine).

- *Les codes L1C:* Ces codes, ayant une longueur de 1023, sont respectivement réservés aux applications PRS (Public Regulated Service), et SPS (Standard Positioning Service).

- *Le Code M:* Ce code, ayant une longueur de 1023, est réservé aux applications militaires.

1.4.2 Codes Galileo

Différents types de codes sont utilisés par le système Galileo:

- *Les codes E6-A et E6-B*: Ces codes, ayant une longueur de 5115, sont utilisés par le service PRS (Public Regulated Service) réservé aux applications gouvernementales et militaires, ainsi que par le service CS (Commercial Service) réservé aux applications commerciales à accès restreint (payant).

- *Les codes E5-A et E5-B*: Ces codes, ayant une longueur de 10230, sont utilisés par le service OS (open Service) pour leurs caractéristiques semblables au code C/A du GPS mais en utilisant des techniques de modulation plus modernes, ainsi que par les services CS et SoL (Safety of Life).

- *Les codes E1*: Ces codes, ayant une longueur de 4092, sont réservés aux services OS, PRS, CS et SoL.

Alors, les codes pseudo-aléatoires associés au satellite i et au service k jouent le rôle de deux fonctions au niveau du récepteur GNSS:

- Identification des satellites (un code unique est affecté à chaque satellite),
- Mesure du retard de propagation affectant le code reçu (en effectuant une mesure de déphasage entre le code satellite et le code local généré par le récepteur).

8

1.4.3 Fonction de corrélation du code PRN

Le principe de la mesure de distance (ranging) repose sur la synchronisation (corrélation) de deux codes c_i (reçus provenant du satellite) et c_j (généré localement par le récepteur) afin d'identifier la valeur du pic de corrélation maximal. La fonction de corrélation (CF) d'une séquence d'étalement $c(t)$ est donnée par la relation:

$$R_C(\tau) = \frac{1}{NT_c} \int_0^{NT_c} c_i(t) c_j(t + \tau) dt \tag{1.3}$$

Où NT_c est la période du code (ou d'une séquence de code). En connaissant la fonction CF d'une fenêtre rectangulaire d'ouverture $2T_c$ comme étant un triangle donné par,

$$R_{rect}(\tau) = \begin{cases} A\left(1 - \frac{|\tau|}{T_c}\right), pour \ |\tau| \leq T_c \\ 0, \ ailleurs \end{cases} \tag{1.4}$$

La fonction de corrélation d'une séquence PRN finie peut être exprimée comme suit:

$$R_C(\tau) = \begin{cases} A\left(1 - \frac{|\tau|}{T_c}\right)\left(1 + \frac{1}{N}\right), pour \ 0 \leq |\tau| \leq T_c \\ -\frac{A}{N}, \ pour \ T_c \leq |\tau| \leq \frac{1}{2}NT_c \end{cases} \tag{1.5}$$

Puisque la séquence étant périodique, la CF d'un code PRN est aussi périodique [2]:

$$R_{PRN}(\tau) = -\frac{A}{N} + \left(1 + \frac{1}{N}\right) R_{rect}(\tau) \circledast \sum_{k=-\infty}^{+\infty} \delta(\tau + kNT_c), \forall k \in Z^* \tag{1.6}$$

Où $\delta(.)$ est une impulsion de Dirac, A l'amplitude et $\circledast$ l'opérateur de convolution.

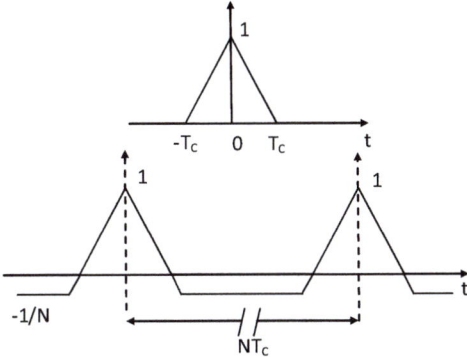

Figure 1. 2 Fonction de corrélation (a) fenêtre rectangulaire (b) code PRN.

La CF pour un code PRN est la série infinie de fonctions triangulaires avec une période NT_c et un terme constant (-A/N), comme illustré à la figure 1.2. Un fort pic de corrélation correspond à un alignement parfait entre les deux codes, reçu et généré. En dehors de l'intervalle de corrélation, la fonction de cross-corrélation est égale à $-\frac{A}{N}$ en raison de l'annulation de tous les états stables zéro pendant la génération du code [19]. Néanmoins, il est intéressant que ce terme converge vers zéro pour mieux avoir un maximum de corrélation et une orthogonalité entre codes (moins d'interférence) [20], et donc une meilleure acquisition. Pour cela, de longues séquences PRN à durée de chip faible donnent de meilleures performances en terme de poursuite. En revanche, le récepteur prend plus de temps pour acquérir le signal.

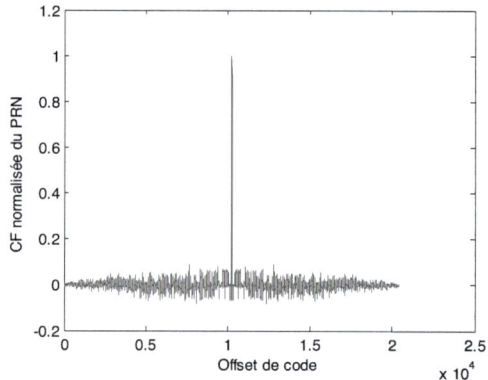

Figure 1. 3 Exemple de la corrélation entre deux codes PRN [19, 20].

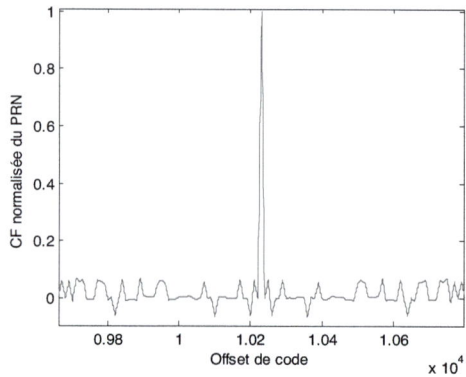

Figure 1. 4 Vue agrandie de la fonction de corrélation entre deux codes PRN [19, 20].

La corrélation circulaire croisée (inter-corrélation) pour les codes C/A prend trois valeurs différentes.

$$\begin{cases} -\dfrac{2^{\frac{n+2}{2}}+1}{N} \\ \dfrac{2^{\frac{n+2}{2}}-1}{N} \quad \text{avec } n = 10 \text{ et } N = 2^n - 1 \\ -\dfrac{1}{N} \end{cases} \tag{1.7}$$

Les figures 1.3 et 1.4 illustrent un exemple de l'inter-corrélation d'une séquence de code PRN. On constate que quelque soit le retard considéré, la fonction d'inter-corrélation présente toujours des valeurs faibles (la cross-corrélation) et un pic seulement lorsque les deux répliques sont alignés.

1.4.4 Spectre de puissance du code PRN

La densité spectrale de puissance (DSP) du code PRN est définie comme étant la transformée de Fourier de la fonction d'auto-corrélation, donnée par:

$$S(f) = \int_{-\infty}^{+\infty} R(\tau) e^{-j2\pi f \tau} \, d\tau \tag{1.8}$$

Comme la transformé de Fourier de (1.4) est,

$$S_{rec}(f) = A^2 T_c \, sinc^2(\pi f T_c) \tag{1.9}$$

Où $sinc(x) = \frac{\sin(x)}{x}$ et A=1. La DSP d'un code PRN est déterminée en utilisant les équations (1.5) et (1.6) [2].

$$S_{PN}(f) = \left(\frac{A}{N}\right)^2 \delta(f) + \left(\frac{A}{N}\right)^2 \sum_{k=-\infty}^{+\infty} (N+1)\, sinc^2\left(\frac{k\pi}{N}\right) \delta\left(2\pi f + \frac{2\pi k}{N T_c}\right), k = Z^* \tag{1.10}$$

La figure 1.5 montre que l'enveloppe du spectre discret périodique prend la forme d'une fonction $sinc$ qui a une amplitude de $\left(\frac{A}{N}\right)^2$ à $f = 0$. Comme la longueur de la séquence N est grande, les espacements $\frac{1}{NT_c}$(Hz), entre les raies diminuent, et le spectre de puissance devient continu. La DSP d'une séquence de code PRN est représentée à la figure 1.6.

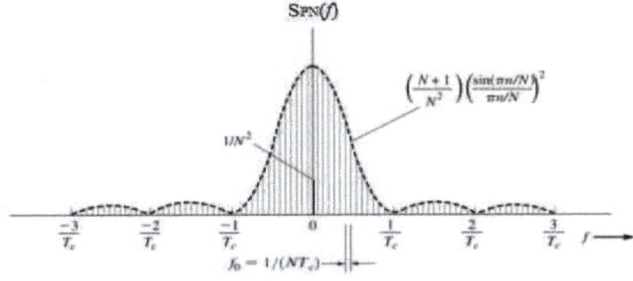

Figure 1.5 Enveloppe de spectre de puissance discrète [19, 20].

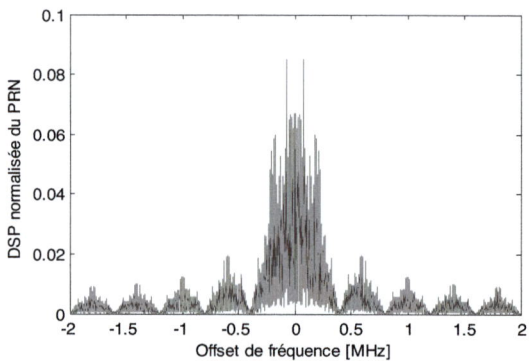

Figure 1. 6 Densité spectrale de puissance d'un code PRN [19, 20].

1.5 Structure des signaux radionavigation: GPS , Galileo et GLONASS

La plus simple composante d'un signal satellitaire est appelée canal [21]. Le signal radionavigation est composé d'une porteuse sinusoïdale qui transporte un message de navigation contenant les données nécessaires au positionnement, et un code unique PRN modulé de différentes manières. Toutefois, les nouvelles techniques de modulation de navigation (par exemple la modulation BOC pour Binary Offset Carrier) ajoutent un signal rectangulaire, nommé "sous-porteuse", qui les rend spécifiques. Les détails de ces modulations GNSS sont abordés dans les sections suivantes de ce chapitre. La structure générale des signaux GNSS est illustrée à la figure 1.7.

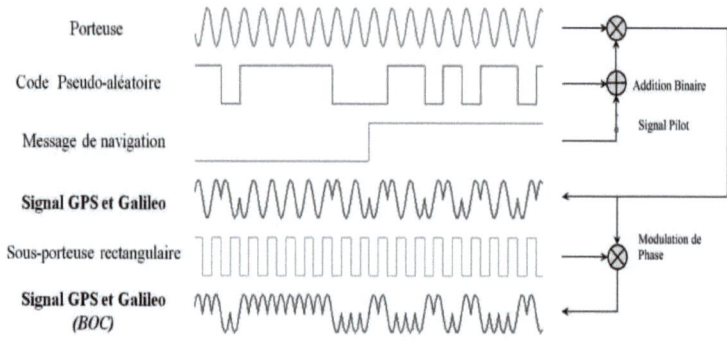

Figure 1. 7 Structure générale des signaux GNSS [21].

Un canal d'un signal de navigation émis par un satellite i est être défini comme suit:

$$s_e^i(t) = \sqrt{2P_e}\, d^i(t) c^i(t) x^i(t)\, e^{2\pi f_{RF,i} t}$$

Où

P_e est la puissance du signal émis,

$d(t)$ le message de navigation (d(t)=1 pour un signal pilote),

$c(t)$ le code d'étalement PRN,

$x(t)$ la sous-porteuse dans le cas du nouveau signal BOC (Binary Offset Carrier),

sinon $x(t) = 1$ dans le cas de l'ancien signal GPS, BPSK (Binary Phase Shift Keying),

$f_{RF,i}$ la fréquence porteuse.

En effet, un signal satellitaire est plus complexe car il est transmis sur deux porteuses et deux fréquences, en utilisant les codes d'étalement et la technique de modulation en quadrature (déphasage de 90°). Cette technique permet de générer le signal sur deux voies déphasées de 90°; la voie-I (In-phase) et la voie-Q (Quadrature). L'émission sur ces deux porteuses permet de véhiculer des informations de deux services dans le même signal satellitaire. On peut alors écrire [22]:

$$s_e^i(t) = s_1^i(t) + s_2^i(t)$$

$$s_e^i(t) = \left[\sqrt{2P_{e,1}}\, d_1^i(t) c_1^i(t) x_1^i(t) cos\left(2\pi f_{1,i}t\right) + \sqrt{2P_{e,2}}\, d_2^i(t) c_2^i(t) x_2^i sin\left(2\pi f_{1,i}t\right)\right] + \sqrt{2P_{e,3}}\, d_2^i(t) c_2^i(t) x_2^i cos\left(2\pi f_{2,i}t\right)$$

$$\text{()}$$

Où $P_{e,1}$ $P_{e,2}$ et $P_{e,3}$ sont les puissances d'émission. Le signal $s_i(t)$ transmis sur la fréquence porteuse f_1 est constitué: d'une composante I qui est modulée par un code $c_1^i(t)$ et un message de navigation $d_1^i(t)$ et, une composante Q qui est modulée par un code $c_2^i(t)$ et un autre message de navigation $d_2^i(t)$. De son coté, le signal transmis sur la fréquence porteuse f_2 est composé d'une seule composante I qui est modulée par le même code $c_2^i(t)$ et un message de navigation $d_2^i(t)$. Le type de codes utilisé est associé au service offert.

Ce modèle de signal s'applique actuellement sur les signaux GPS [2] qui se transmettent sur les bandes de fréquence L1 ($f_{L1} = 1575,42\ MHz$) et L2 ($f_{L2} = 1227,60\ MHz$) et utilisent les codes C/A et P associés respectivement aux services SPS porté par la voie-Q et PPS porté par la voie-I. La modernisation du GPS a motivé le développement de nouveaux services par la mise en place de nouveaux signaux supplémentaires.

1.6 Les nouvelles techniques de modulation des signaux de radionavigation

Le système GPS ancienne génération est basé sur la modulation PSK (Phase Shift Keying). Le développement du système GNSS a bénéficié de nouvelles méthodes de modulation plus modernes, comme la modulation BOC [23]. Cette modulation a poussé les chercheurs vers le développement de plusieurs variantes comme, SinBOC (Sine-phased BOC) [24], CosBOC (Cosine-phased BOC) [23, 25], CBCS (Composite Binary Coded Symbol) [26, 27], Multiplexed BOC (MBOC) [28, 29], Alternate BOC (AltBOC) [30], et CDBOC (Complex Double BOC) [31].

Il est intéressant de mentionner ici que les travaux menés dans le cadre de ce portent principalement sur les trois différentes modulations, à savoir Binary-PSK, SinBOC, et CosBOC, ainsi que sur leurs caractéristiques de corrélation qui sont fortement liées aux performances des techniques de traitement de signal en réception.

1.6.1 Modulation PSK (Phase Shift Keying)

Les signaux modulés en PSK mettent à notre disposition une extension de la théorie prévue pour les différentes nouvelles techniques de modulations planifiées pour le système GNSS modernisé. La modulation PSK est une famille de formes de modulation numériques ayant toutes pour principe de véhiculer de l'information binaire via la phase d'un signal de référence (porteuse). Les notations $PSK(f_c)$ ou $PSK(n)$ sont souvent utilisées pour désigner un signal modulé en PSK avec un taux de chip égal n multiple de la fréquence fondamentale $f_0 = 1.023\ MHz$, $f_c = n \times f_0$. On distingue les modulations BPSK (Binary PSK) et QPSK (Quadrature PSK).

Le signal BPSK(1) est le premier signal qui a été adopté par le système GPS L1 C/A. Il utilise deux éléments de signal, un avec la phase $0°$ et l'autre avec la phase $180°$ qui correspond respectivement aux valeurs 1 et 0 bit. L'expression générale d'un signal BPSK en bande de base est une fonction rectangulaire:

$$p_{BPSK}(t) = \begin{cases} 1 & for\ \ 0 \leq t \leq T_c \\ 0 & ailleurs \end{cases}$$

Où $T_c = 1/f_c$ est la durée d'un chip. La figure 1.8 illustre un signal modulé en BPSK.

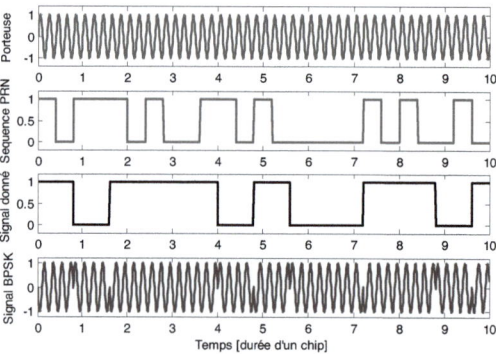

Figure 1.8 Porteuse RF, séquence PRN, signal donné et signal modulé en BPSK [32].

Pour une bande passante large, cette modulation est la plus robuste aux bruits de tous les modulations PSK [32] et même aux multitrajets lointains [33]. Mais, elle est inconvenable pour des applications à un débit de données élevé et une bande passante limitée [32] qui impliquent des structures de réception appropriées. Une solution pour augmenter le débit de transmission des données sans augmenter la bande passante est l'usage de la modulation QPSK (Quadrature PSK). Elle utilise deux bits par un seul changement de phase. Le système COMPASS a adopté QPSK(2) dans les bandes fréquentielles B1-B2, et QPSK(10) dans la bande B3[34].

La forme générale de la CF et de la DSP d'un signal BPSK(1) sont respectivement données sur les figures 1.9 et 1.10. Nous remarquons que le pic de la CF du signal GPS L1 C/A est un triangle d'ouverture $2T_c$ et que la largeur de la bande passante du lobe principal est donc de 2.046MHz.

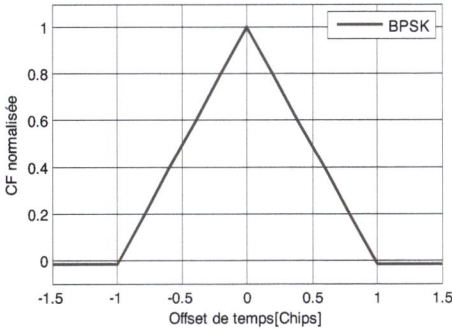

Figure 1. 9 Fonction de corrélation d'un signal BPSK(1), GPS C/A code [32].

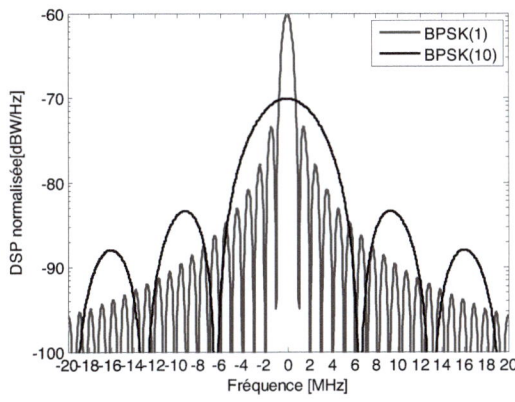

Figure 1. 10 DSP d'un signal BPSK(1) [32].

15

1.6.2 Modulations BOC (Binary Offset carrier): SinBOC et CosBOC

La modulation BOC est le fruit d'une recherche des solutions de rechange menée par John Betz, de MITRE Corporation en 1999, pour le système GPS modernisé [23, 24, 35]. Un signal modulé en BOC est défini par la multiplication synchrone d'un signal BPSK(n) à un taux de code d'étalement $f_c = n \times f_0$ et avec une sous-porteuse rectangulaire périodique $x(t)$ de fréquence $f_{sc} = m \times f_0$. Les deux signaux sont synchronisés à l'aide d'une horloge commune d'une fréquence $f_0 = 1.023\,MHz$ [24, 36], pour que les points de passage par zéro soient alignés. Les paramètres f_c et f_{sc} peuvent être aussi donnés par:

$$f_c = \frac{1}{T_c} \tag{1.11}$$

$$f_{sc} = \frac{1}{2T_{sc}} \tag{1.12}$$

Où T_c est la durée d'un chip du code d'étalement et T_{sc} la demi-période de la sous-porteuse. Un signal BOC est alors noté par $BOC(f_{sc}, f_c)$ ou encore $BOC(m, n)$ (ou par $BOC(\alpha, \beta)$). On peut le définir par le rapport $M = \frac{2f_{sc}}{f_c} = \frac{2m}{n}$, appelé ordre de modulation BOC ($M \in N^*$) [37]. Par exemple, $M = 2$ représente les modulations BOC(1,1), et BOC(2,2), tandis que $M = 12$ représente les modulations BOC(6,2) et BOC(15,2.5).

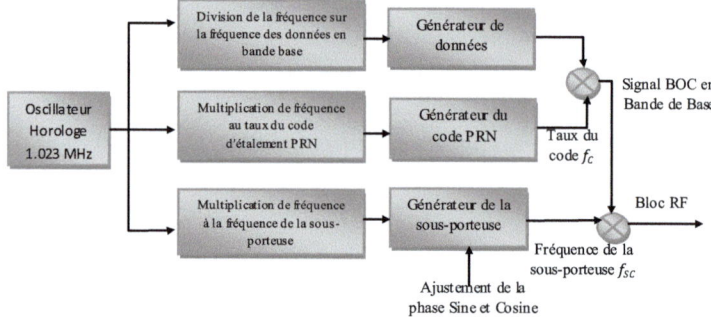

Figure 1.11 Bloc diagramme de générateur des signaux SinBOC et CosBOC.

La sous-porteuse dispose de deux phases impliquant deux types de synchronisation entre la sous-porteuse et le code d'étalement: une synchronisation sinus et une synchronisation cosinus. Ceci va engendrer deux variantes de modulation BOC [38] appelées SinBOC et CosBOC, et notées respectivement BOC_S et BOC_C. Selon la définition originale de la modulation BOC (m,n) [23, 38], la sous-porteuse peut être exprimée pour ces deux variantes comme suit:

$$x_{BOC_{S,C}}(t) = sign\big(\sin(2\pi f_{sc}t + \varphi_{S,C})\big) \tag{1.13}$$

Où $sgn(.)$ est l'opérateur signe (prend la valeur 1 si l'argument est positif, -1 si l'argument est négatif), $\varphi_s = 0$ et $\varphi_c = \pi/2$. La figure 1.11 présente le bloc diagramme de principe de la génération des signaux BOC.

Comme la forme d'onde de la sous-porteuse BOC est une séquence de +1 et -1, elle peut être exprimée pour SinBOC et CosBOC par [37]:

$$x_{BOC_S}(t) = p_{T_{sc}}(t) \otimes \sum_{i=0}^{M-1}(-1)^i \delta(t - iT_{sc}) \tag{1.14}$$

$$x_{BOC_C}(t) = p_{T_{sc}}(t) \otimes \sum_{k=0}^{1} \sum_{i=0}^{M-1}(-1)^{i+k} \delta(t - iT_{sc} - kT_{sc}/2) \tag{1.15}$$

Où $p_{T_{sc}}(t)$ est une fenêtre rectangulaire d'amplitude 1 et d'ouverture T_{sc}.

Une expression générale des signaux modulés en SinBOC, et CosBOC a été proposée dans la référence [39]. Ainsi, un modèle analytique des signaux modulés en BPSK, SinBOC et CosBOC a été proposée dans la référence [37]; elle englobe d'autres signaux modulés par des modulations à décalage fréquentiel plus souple à générer. Cette modulation générale, nommée DBOC (Double BOC), est définie par sa sous-porteuse comme suit:

$$x(t)_{DBOC} = p_{T_{sc}}(t) \otimes \sum_{k=0}^{\bar{M}-1} \sum_{i=0}^{M-1}(-1)^{i+k} \delta(t - iT_{sc} - k\bar{T}_{sc}) \tag{1.16}$$

Avec $\bar{T}_{sc} = T_C/(\bar{M}M)$, le paramètre $\bar{M}$ est l'ordre de modulation du deuxième niveau du signal ($M \in N^*$). Par exemple, pour un signal CosBOC(1,1): $M = 2$ et $\bar{M} = 2$, pour SinBOC(1,1): $M = 2$ et $\bar{M} = 1$, BPSK(1): $M = 1$ et $\bar{M} = 1$, et CosBOC(15,2.5) : $M = 12$ et $\bar{M} = 2$.

Les sous-porteuses de SinBOC et CosBOC pour M pair et impair peuvent être modélisées sous la forme suivante:

$$x_{BOC_S}(t) = (-1)^{k-1}, pour \quad t \in \left[\left(k - \frac{M}{2} - 1\right)T_{sc}, \left(k - \frac{M}{2}\right)T_{sc}\right] \tag{1.17}$$

$$x_{BOC_C}(t) = \begin{cases} 1, & pour \quad t \in \left[-\frac{M}{2}T_{sc}, \left(-\frac{M}{2} + 1\right)T_{sc}\right] \\ (-1)^k, & pour \quad t \in \left[\left(k - \frac{M}{2} - 0.5\right)T_{sc}, \left(k - \frac{M}{2} + 0.5\right)T_{sc}\right] \\ (-1)^M, & pour \quad t \in \left[\left(\frac{M}{2} - 0.5\right)T_{sc}, \frac{M}{2}T_{sc}\right] \end{cases} \tag{1.18}$$

Avec $k = 1, \dots, (M - 1)$.

La modulation SinBOC généralise la modulation Manchester pour $m = n$; mais pour $2m = n$, elle prend les caractéristiques statistiques du second ordre de la modulation $BPSK(n)$ [24]. La figure 1.12 représente les formes d'onde des sous-porteuses SinBOC et CosBOC pour M paire et impaire. Il en résulte que la forme d'onde de la sous-porteuse CosBOC(m,n) est le produit de deux formes d'onde, SinBOC(m,n) et SinBOC(2m,n) [40]. On note que le cas spécial de la modulation SinBOC pour $M = 1$ est BPSK(1). Ainsi, la figure 1.13 illustre clairement que le nombre de transitions dans une durée d'un chip de code PRN T_c, pour un signal SinBOC à spectre étalé est égal

17

à $2M$, et un signal CosBOC à spectre étalé est égal à $2M + 1$. Les valeurs n et m nous indiquent la relation entre la fréquence de la sous-porteuse et le rythme du code.

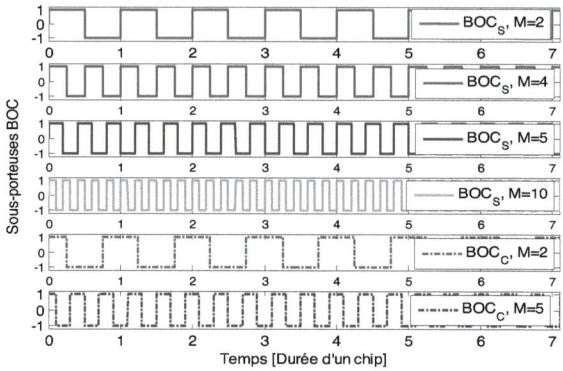

Figure 1. 12 Formes d'onde des sous-porteuses SinBOC et CosBOC pour M=2, M=4, M=5 et M=10 [40].

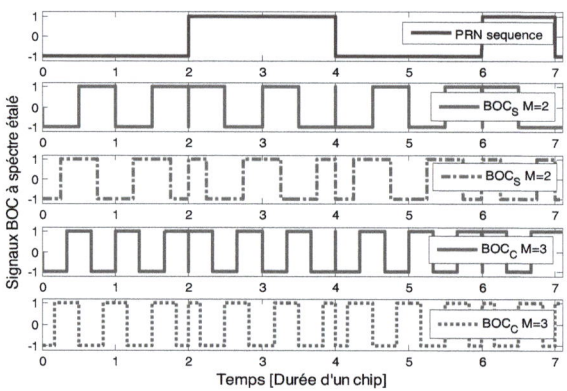

Figure 1. 13 Signaux SinBOC et CosBOC à spectre étalé pour M=2 et M=3 [40].

1.6.2.1 PSD des signaux modulés en SinBOC et CosBOC

La DSP du signal BOC à spectre étalé est obtenue à partir de la relation:

$$\bar{G}_{BOC}(f) \triangleq \frac{|X_{BOC}(f)|^2}{T_c} \tag{1.19}$$

Où $X_{BOC}(f)$ est la transformé de Fourier de $c(t)x_{BOC}(t)$. Théoriquement, la DSP d'un signal modulé en SinBOC(m,n) normalisée en bande de base a pour expression [6, 24]:

18

$$\bar{G}_{BOC_S} = \begin{cases} f_c \left(\frac{\tan\left(\frac{\pi f}{2f_{sc}}\right)\sin\left(\frac{\pi f}{f_c}\right)}{\pi f} \right)^2 , \frac{2f_{sc}}{f_c} \; paire \\ f_c \left(\frac{\tan\left(\frac{\pi f}{2f_{sc}}\right)\cos\left(\frac{\pi f}{f_c}\right))}{\pi f} \right)^2 , \frac{2f_{sc}}{f_c} \; impaire \end{cases} \tag{1.20}$$

et d'un signal modulé en CosBOC(pn,n) et $p \in N^*$ [38, 41, 42]:

$$\bar{G}_{BOC_C} = \begin{cases} f_c \left(\frac{2\sin^2(\pi f/4f_{sc})\sin(\pi f/f_c))}{\pi f \cos(\pi f/2f_{sc})} \right)^2 , \frac{2f_{sc}}{f_c} \; paire \\ f_c \left(\frac{2\sin^2(\pi f/4f_{sc})\cos(\pi f/f_c))}{\pi f \cos(\pi f/2f_{sc})} \right)^2 , \frac{2f_{sc}}{f_c} \; impaire \end{cases} \tag{1.21}$$

Ainsi, des DSPs pour des cas particuliers des signaux modulés en CosBOC(m,n), CosBOC(1,1), CosBOC(15,10), CosBOC(10,5) and CosBOC(5,2), sont données par M.S.Yarlykov [40]. Des modèles mathématiques des DSPs plus généralisées de CosBOC (m, n) et de DBOC sont données dans [37, 41]. Les différentes formes des spectres de puissance des signaux GPS et Galileo ont été représentées sur les figures 1.14 et 1.15, afin de montrer l'utilité de l'occupation spectrale des signaux modulés en BOC et les critères influents.

On voit que, grâce à l'insertion de la sous-porteuse par rapport au signal courant GPS C/A, le spectre de puissance des signaux BOC contient deux lobes principaux décalés en fréquence à droite et à gauche de la fréquence centrale de la porteuse, c'est à dire où le lobe principal du spectre GPS C/A se situe. En plus, la mise en place des lobes principaux du spectre BOC correspond aux faibles composantes du spectre GPS et vice-versa. Ceux-ci permettent la diversité et la séparation spectrale entre plusieurs signaux qui partagent la même bande de fréquence. De ce fait, l'interaction entre les services est minimisée.

On remarque que le nombre total des lobes du spectre de SinBOC est égal à M dont le nombre des lobes secondaires entre les lobes principaux est $M - 2$. Par exemple, pour M=4 (SinBOC(10,5)) le spectre de puissance contient deux lobes secondaires entre deux lobes principaux, comme le montre la figure 1.14. Donc, l'augmentation du rapport f_{sc}/f_c (ou M) élargit la distance entre les cotés latéraux, c'est à dire la bande passante. On note que la bande passante est égale à deux fois la somme des fréquences de la sous-porteuse et du code d'étalement. Par exemple, la bande passante du signal SinBOC(14,2) est égale à $32f_0$ (voir la figure 1.15). Les passages à zéro des lobes principaux sont espacés de $2f_c$ tandis que les passages à zéro des lobes secondaires sont espacés de f_c.

En effet, on remarque que l'amplitude des lobes de spectre du signal CosBOC, pour M impair (CosBOC(3,2)), à l'extérieur des lobes principaux est grande par rapport aux lobes entre ces derniers contrairement au spectre du SinBOC, conduisant à réduire les interférences avec les signaux de radionavigation existants. C'est l'une des idées principales derrière cette nouvelle technique de modulation. En plus le spectre d'un signal CosBOC est plus distribué que celui du SinBOC, ce qui permet d'améliorer la poursuite mais dans une réception à large bande passante comme il sera montré dans ce chapitre.

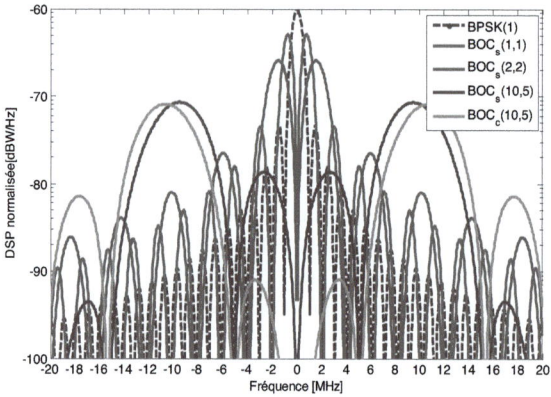

Figure 1. 14 Comparaison entre les DSPs de différents signaux BPSK(1), SinBOC(m,n) et CosBOC(m,n) [40].

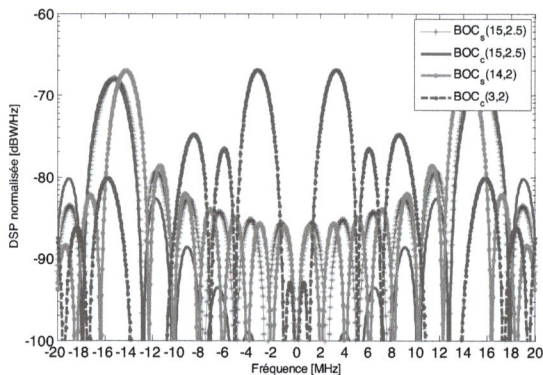

Figure 1. 15 Comparaison entre les DSPs de différents signaux SinBOC(m,n) et CosBOC(m,n) [40].

1.6.2.2 Fonctions de corrélation des signaux modulés en SinBOC et CosBOC

La forme de la CF est fortement liée aux performances du traitement de signal en réception satellitaire. Les CFs des signaux BOC avec une largeur de bande infinie (idéale non filtré) sont calculées à partir de la transformé de Fourier des équations (1.20) et (1.21)

20

$$R_{BOC}(\tau) = \int_{-\infty}^{+\infty} G_{BOC}(f)e^{j\,2\pi f \tau}\,df \tag{1.22}$$

Plusieurs expressions ont été données pour les CFs des signaux BOC(m,n). D'après J.Winkel [43], la CF SinBOC(m,n) a été donnée par l'expression:

$$R_{BOC\,(m,n)}(\tau) = \sum_{-M+1}^{M-1}(N - |k|)\left(2Tri\left(\frac{\tau}{T_c} - 2k\right) - Tri\left(\frac{\tau}{T_c} - 2k - 1\right) - Tri\left(\frac{\tau}{T_c} - 2k + 1\right)\right) \tag{1.23}$$

Où $k = 0,1,\dots,M - 1$ et τ exprime le changement de retard du code généré localement. $Tri(.)$ étant la fonction triangle avec une ouverture $[-T_c, T_c]$. Ce modèle de la CF proposé prend en compte la limitation de la bande.

Yarlykov, dans la référence [40], a proposé des modèles numériques idéals de la CF pour des cas particuliers de CosBOC, CosBOC (1,1), CosBOC (15,10), CosBOC (10,5) et CosBOC(5,2).

Dans la référence [37], la CF idéale d'un signal DBOC (incluant SinBOC, CosBOC et BPSK) a été donnée par la relation:

$$R_{DBOC}(\tau) = x(t)_{DBOC} \circledast x(t)_{DBOC} \tag{1.24}$$

$$R_{DBOC}(\tau) = Tri_{T_{sc}}(t) \circledast \sum_{k=0}^{\bar{M}-1}\sum_{j=0}^{\bar{M}-1}\sum_{i=0}^{M-1}\sum_{l=0}^{M-1}(-1)^{k+j+i+l}\delta(t - iT_{sc} + lT_{sc} - k\bar{T}_{sc} + j\bar{T}_{sc}) \tag{1.25}$$

Où $Tri_{\bar{T}_{sc}}(t) = p_{\bar{T}_{sc}}(t) \circledast p_{\bar{T}_{sc}}(t)$ est la fonction triangle avec une ouverture $[-T_{sc}, T_{sc}]$. Des modèles de CFs plus généraux englobant les signaux SinBOC (m,n) et CosBOC (m,n) et prenant en compte la limitation de la bande passante ont été drivés dans [44]. Néanmoins, ces modèles utilisent les probabilités en les rendant complexes.

Ainsi, une expression analytique de la CF pour les cas $M = \{2,4\}$, SinBOC(n,n) et SinBOC(2n,n), est donnée par [45]:

$$R_{BOC\,(m,n)}(\tau) = \begin{cases} (-1)^{k+1}\left[\frac{1}{p}(-k^2 + 2kp + k - p) - (4p - 2k + 1)\frac{|\tau|}{T_c}\right], pour\ |\tau| \le T_c \\ 0 \qquad\qquad\qquad\qquad\qquad\qquad\qquad\qquad\qquad ,ailleurs \end{cases} \tag{1.26}$$

Où $p = 1,2,\dots$, $k = \left\lceil\frac{2p|\tau|}{T_C}\right\rceil$ et $\lceil.\rceil$ représente l'opérateur de ceiling qui donne le plus petit entier supérieur à l'argument. En outre dans la référence [46], la CF SinBOC(m,n) est donnée par

$$R_{BOC\,(m,n)}(\tau) = \begin{cases} (-1)^{j-1}\left[\frac{j+(M-j)(2j-1)}{M} + \frac{-1-2(M-j)}{M}\frac{\tau}{T_{sc}}\right], pour\ 0 \le |\tau| \le MT_{sc} \\ 0 \qquad\qquad\qquad\qquad\qquad\qquad\qquad\qquad\qquad\qquad ,ailleurs \end{cases} \tag{1.27}$$

avec $j = \lceil|\tau|/T_{SC}\rceil$, $M = \frac{2m}{n}$ et $T_C = MT_{sc}$.

Les figures 1.16 et 1.17 montrent des CFs idéales des signaux BPSK(1), SinBOC et CosBOC pour différentes valeurs de M. On remarque que la forme de la corrélation présente des segments avec de multiples passages par zéro et de multiples pics secondaires autour d'un pic principal étroit. Les CFs de SinBOC et CosBOC ont respectivement $2M - 1$ et $2M + 1$ pics positifs et négatifs en alternance, qui sont séparés par une durée $T_{sc} = \frac{T_c}{M}$. Ce qui implique $2M - 2$ passages par zéro. Par exemple, pour M=4, la CF BOC(10,5) a six passages par zéro. La durée entre un pic et le plus proche passage par zéro est $\pm \frac{1}{(4f_{sc}-f_c)}$. Par exemple, la CF SinBOC(15,2.5), M=12, a 23 pics. Les pics sont séparés par 81.5 ns. la durée entre le pic principal et le plus proche passage à zéro est 17 ns. Tandis que la CF BPSK(1) a seulement un pic principal plus large que celui des signaux BOC.

En outre, on remarque que pour la même valeur de M, le pic principal de la CF CosBOC est plus étroit que celui du SinBOC, et tous les deux deviennent plus en plus étroit et presque une même largeur pour M plus élevé (voir la figure 1.17). Cependant, le nombre des pics secondaires augmente. On peut constater que la largeur du pic principal de corrélation dépend du taux de code d'étalement, de la fréquence et de la phase de la sous-porteuse par rapport au code d'étalement.

Un pic principal étroit permet de meilleure performance en terme de la précision de poursuite et la mitigation des multitrajets [2, 24, 47], en offrant une meilleure précision de positionnement [28, 33, 48, 49]. Alors, la modulation CosBOC peut offrir de meilleures performances intrinsèques au détriment de l'élargissement de la bande passante effective du signal [50]. Malheureusement, les pics de corrélation secondaires introduisent un problème d'ambigüité au niveau du récepteur [51-53]. En effet, il est essentiel de s'assurer que le récepteur poursuit le pic principal, qui représente la seule bonne corrélation entre le signal reçu et la réplique générée localement (processus de l'acquisition et de la poursuite). En outre, ils causent une dégradation des performances en présence des retards à long terme de propagation par trajets multiples [33, 46]. Malgré cela, ils sont faciles à les distinguer et les atténuer. Le filtrage aggrave le problème de l'ambigüité car il tend à arrondir et à atténuer les pics de corrélation, comme illustré à la figure 1.18.

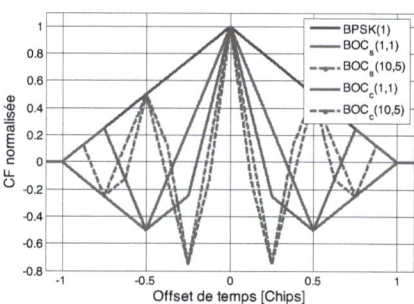

Figure 1. 16 Comparaison entre les CFs des signaux BPSK(1), SinBOC et CosBOC pour M=2 et M=4 [44].

22

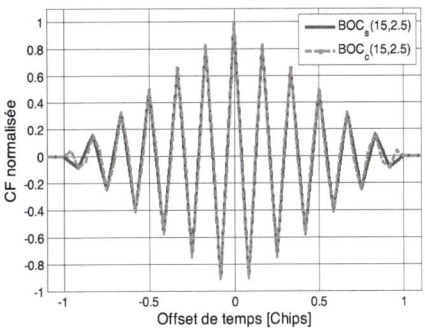

Figure 1. 17 Comparaison entre les CFs des signaux SinBOC et CosBOC pour M=12 [44].

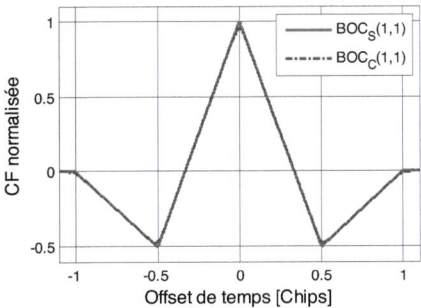

Figure 1. 18 L'allure de la CF BOC dans une bande passante finie [44].

1.7 Conclusion

Ce chapitre constitue le point commun entre les différentes parties de ce livre car les caractéristiques spectrales et temporelles des futures structures possibles des signaux de navigation ont été détaillées. Ce qui permet d'évaluer leur impact sur les récepteurs GNSS et de leur donner des modèles mathématiques dans la suite de notre travail.

Nous nous sommes penchés sur le principe de fonctionnement des systèmes GNSS, et les éléments essentiels des nouveaux signaux à étalement de spectre et modulations. Nous avons remarqué aisément qu'au sein de nouveaux systèmes, les signaux et services se sont multipliés par l'utilisation d'une voie pilote en plus d'une voie donnée pour la plupart des services GNSS modernisés. Ainsi, les différentes nouvelles techniques de modulation, SinBOC, et CosBOC offrent: la coexistence des signaux de différents systèmes sur des fréquences déjà utilisées, de meilleures performances en termes de temps d'acquisition et de poursuite des signaux (grâce à la corrélation étroite et les deux voies pilote et donnée), la flexibilité et la facilité de générer plusieurs formes d'ondes différentes qui s'adaptent avec les signaux classiques. Malheureusement, un inconvénient des modulations BOC est lié aux pics secondaires de la fonction de corrélation, qui peuvent causer un problème d'ambiguïté à la réception au niveau des boucles de poursuite de code.

Dans le chapitre suivant, nous allons présenter le contexte du système de réception, les erreurs de positionnement et des boucles de poursuite, et les erreurs adaptées aux signaux BOC.

1.8 Références

[1]   B.Sklar, *Digital Communications: Fundamentals and Applications*, Upper Saddle River, 1988.

[2]   E.D.Kaplan and C.J.Hegarty, *Understanding GPS Principles and Applications*, 2 ed. Boston,MA, USA: Artech House Publishers, 2006.

[3]   J. Marc-Piéplu and O.Salvatori, *GPS et Galileo: systèmes de navigation par satellites*, 2006.

[4]   D.Borio and L.L.Presti, "Data and Pilot Combining for Composite GNSS Signal Acquisition", *International Journal of Navigation and Observation,* vol. 2008, p. 12, 2008.

[5]   K.Muthuraman, S.Shanmugam, and G.Lachapelle, "Evaluation of Data/Pilot Tracking Algorithms for GPS L2C Signals Using Software Receiver", presented at the the 20th International Technical Meeting of the Satellite Division of The Institute of Navigation, Fort Worth, Sep 2007.

[6]   B.Hofmann-Wellenhof, H. Lichtenegger, and E. Wasle, "GNSS--global navigation satellite systems: GPS, GLONASS, Galileo, and more", ed Springer, Wein NewYork: Springer, 2007.

[7]   Spilker.J.J, "GPS Signal Structure and Performance Characteristics ", *AGARDograph N°245,article 5,* July 1979.

[8]   Holmes.J.K, "Coherent Spread Spectrum Systems", *A Wiley-Interscience Publication,* 1982.

[9]   Lemagner.F, "Communications à Spectre Etalé", *Cours ENAC,* 1993.

[10]   G.Gao, J.Spilker, T.Walter, P.Enge, and T.Pratt, "Code Generation Scheme and Property Analysis of Broadcast Galileo L1 and E6 Signals", presented at the the 19th International Technical Meeting of the Satellite Division of The Institute of Navigation, Fort Worth, Sep 2006.

[11] S.Wallner, J.Avila-Rodriguez, J.Won, G.Hein, and J.Issler, "Revised PRN CodeStructures for Galileo E1 OS", presented at the Proceedings of the 21st International Technical Meeting of the Satellite Division of The Institute of Navigation, Savannah, Sep 2008.

[12] M.Simon and al , *Spread Spectrum Communications Handbook*, New York: McGraw-Hill, 1994.

[13] Lam.A.W and Tantaratana.S, "Theory and Applications of Spread Spectrum Systems ", *Self Study Course,Prepared for the Educational Activities Board of the institute of Electrical and Electronics Engineer,Inc,* 1994.

[14] Haykin.J, *Digital Communication*, Jhon Wiley & Sons, 1988.

[15] Gold.R, "Carractiristic Linear Sequences and thier Coset Function", *SIAM J. Appl. Math,* vol. 14, pp. 980-985, 1966.

[16] Gold.R, "Optimal Binary Sequences for Spread Spectrum Multiplexing", *IEEE Transactions on Information Theory,* vol. IT-13, pp. 619-621, 1967.

[17] Gold.R, "Maximal Recursive Sequences with 3-Valued Recursive Cross-Correlation Functions", *IEEE Transactions on Information Theory,* pp. 154-156, .1968

[18] S. D.V and al, "Partial Correlation Effects in Direct-Sequence Spread Spectrum Multiple Access Communication Systems", *IEEE Transactions on Communications,* vol. COM-32,N°5, pp. 567-573, 1984.

[19] K.Borre, D.M.Akos, N.Bertelsen, P.Rinder, and S.Holdt Jensen, "A Software-Defined GPS and Galileo Receiver: A Single-Frequency Approach", Birkhäuser, Boston, 2006.

[20] Z.Yang, Z. Huang, and S.Geng, "Codes Cross-Correlation Impact on S-Curve Bias and Data-Pilot Code Pairs Optimization for CBOC Signals", *RadioEngineering,* vol. 22, pp. 841-850, September 2013.,

[21] "Galileo Project Office, GIOVE-A Navigation Signal-In-Space Interface Control Document", ed: ESA, 2007.

[22] P.Blunt, "Advanced global navigation satellite system receiver design", Doctor Surrey Space Centre University of Surrey, Angleterre, Feb 2007.

[23] J.W.Betz, "The Offset Carrier Modulation for GPS modernization", presented at the Proceedings of the National Technical Meeting of The Institute of Navigation (ION NTM'99), San Diego ,California, USA, January 1999.

[24]   J.W.Betz, "Binary offset carrier modulations for radionavigation", *Navigation: Journal of the Institute of Navigation,* vol. 48, pp. 227-246, 2002.

[25]   J.W.Betz and D.B.Goldsstein, "Candidate design for an additional civil signal in GPS spectral bands", in *Proceedings of the US Institute of Navigation NTM conferences* San Diego, CA,USA, Janury 2002, pp. 622-631.

[26]   G.W.Hein and al, "A candidate for the Galileo L1 OS optimized signal", presented at the Proceedings of the Institute of Navigation GNSS Long Beach, CA,USA, Sept 2005.

[27]   C.J.Hegarty, J.W.Betz, and A.Saidi, "Binary Coded Symbol Modulations for GNSS", in *Proceedings of the National Technical Meeting of the Institute of Navigation, ION-NTM 2005*, San Diego, California, USA, January 2005.

[28]   G.W.Hein, J.A.Avila-Rodriguez, S.Wallner, J. Betz, C.Hegarty, J.Rushanan, A.Kraay, A.Pratt, S.Lenahan, J.Owen, J.Issler, and T.Stansell, "MBOC: The new optimized spreading modulation recommended for GALILEO L1 OS and GPS L1C", presented at the Proceedings of IEEE/ION PLANS 2006 San Diego, California, USA, April 2006.

[29]   J. A. Avila-Rodriguez, S. Wallner, G.W. Hein, and al, "CBOC-an implementation of MBOC", in *Proceedings of the 1st CNES Workshop on Galileo Signals and Signal Processing*, Tolouse,France, October 2006.

[30]   G.W.Hein, J.Godet, and al, "Status of Galileo Frequency and Signal Design", presented at the Proceedings of ION GPS, Portland,OR, USA, 2002.

[31]   E.S.Lohan, A.Lakhzouri, and M.Renfors, "Complex double binary-offset-carrier modulation for a unitary characterization of Galileo and GPS signals", *IEEE Proceedings on Radar, Sonar and Navigation,* vol. 153, pp. 403-408, October 2006.

[32]   G.S.Rao, *Global Navigation Sattelite Systems,* India McGraw Hill Education 2010.

[33]   F.Nunes, F.Sousa, and J.Leitão, "Gating Functions for Multipath Mitigation in GNSS BOC Signals", *IEEE Transactions on Aerospace and Electronic Systems,* vol. 43, July 2007.

[34]   T. Grelier, A.Ghion, J.Dantepal, L.Ries, A. Delatour, J.L.Issler ,J. A. Avila-Rodriguez, S.Wallner, and G.W. Hein, "Compass Signal Structure and First Measurements", in *Proceedings of the 20th International Technical Meeting of the Satellite Division of The Institute of Navigation (ION GNSS 2007)*, 2007, pp. 3015 - 3024.

[35] J. W. Betz and K.R.Kolodziejski, "Extended theory of early-late code tracking for a bandlimited GPS receiver", *Navigation: Journal of the Institute of Navigation* vol. 47, pp. 211-226, 2000.

[36] F.Yongxin and D.Chao, "The Research on Synchronization Acquisition Technology for BOCsin and BOCcos Phase Modulation Signals", in *Third International Conference on Intelligent Networks and Intelligent Systems*, 2010, pp. 622-625.

[37] E.S.Lohan, A.Lakhzouri, and M.Renfors, "Binary-Offset-Carrier modulation techniques with application in satellite navigation system", *Wiley Journal of Wireless Communications and Mobile Computing* vol. 7, pp. 767-779, 2006.

[38] G.W.Hein, M.Irsigler, J.A.Avila-Rodriguez, and T.Pany, "Performance of Galileo L1 Signal Candidates", in *CDROM Proceedings of European Navigation Conference GNSS*, Rotterdam, Netherlands, May 2004.

[39] A. R.Pratt and J.I.R.Owen, "BOC modulation waveforms", presented at the Proceedings of the Institute of Navigation GPS/GNSS–2003, Portland, OR,, September.2003

[40] M.S.Yarlykov, "The Statistical Characteristics of Navigation Cosine Binary Offset Carrier Modulated Signals (CosBOC signals)", *Journal of Communications Technology and Electronics,* vol. 55, pp. 990-1004, Jan 2010.

[41] E.Rebeyrol, C.Macabiau ,L.Lestarquit, L.Ries, J.-L.Issler, M.L.Boucheret, and M.Bousquet, "BOC power spectrum densities", presented at the Proceedings of the Institute of Navigation NTM-2005, San Diego, CA, Janury 2005.

[42] E.S.Lohan, A.Lakhzouri, and M.Renfors, "Benefits of using lower chip rates for Galileo OS and PRS signals", presented at the CDROM Proceedings of European GNSS conference, Munich, Germany, July 2005.

[43] J.Winkel, "Modeling and Simulating GNSS Signal Structures and Receivers", Ph.DThesis, Federal Armed Forces Munich, Werner-Heisenberg-Weg 39, D-85577, 2000.

[44] F.D.Côté, I.N.Psaromiligkos, and W.J.Gross, "GNSS Modulation: A Unified Statistical Description", *IEEE Transactions on Aerospace and Electronic Systems,* vol. 47, pp. 1814-1836, July 2011.

[45] F.Nunes, F.Sousa, and J.M.Leitão, "Multipath mitigation technique for BOC signals using gating functions", presented at the Proceedings of the European Space Agency Workshop on Satellite Navigation User Equipment Technologies, NAVITEC-2004, Noordwijk, The Netherlands, Dec 2004.

[46] R.B.Harris and E.G.Lightsey, "A General Model of Multipath Error for Coherently Tracked BOC Modulated Signals", *IEEE Journal of selected topics in signal processing* vol. 3, pp. 682-694, August 2009.

[47] P.Misra and P.Enge, "Global Positioning System - Signals, Measurements and Performances ", Massachusetts, 2006.

[48] F. Dovis, L. L. Presti, M. Fantino, P. Mulassano, and J. Godet., "Comparison Between Galileo CBOC Candidates and BOC(1,1) in Terms of Detection Performance", *International Journal of Navigation and Observation,* vol. 2008, pp. 1-9, February 2008.

[49] B. W. Parkinson and J. J.Spilker, *Global Positioning System: Theory and Applications,* vol. 1. Washington, DC: American Institute of Aeronautics, 1996.

[50] L.Ries , F.Legrand , L.Lestarquit , W.Vigneau, and J.-L.Issler, "Tracking and Multipath Performance Assessments of BOC Signals Using a Bit-Level Signal Processing Simulator", presented at the Proceedings of ION GPS 2003, Portland,Oregon, September 2003.

[51] P.A.Bello and R.L.Fante, "Code Tracking Performance for Novel Unambiguous M-Code Time Discriminators", presented at the Proceedings of ION National Technical Meeting 2005, Institute of navigation, San Diego, California, January 2005.

[52] Y.Lee, Youngyoon Lee, Taeung Yoon, Chonghan Song, Sanghun Kim, and S. Yoo, "AltBOC and CBOC Correlation Functions for GNSS Signal Synchronization", presented at the ICCSA '09 Proceedings of the International Conference on Computational Science and Its Applications, Springer-Verlag Berlin, Heidelberg, 2009.

[53] E.Rebeyrol, C.Macabiau, L.Lestarquit, L.Ries, J.L.Issler, M.L.Boucheret, and M. Bousquet, "BOC Power Spectrum Densities", presented at the ION NTM, San Diego CA, January 2005.

[54] C.J.Hegarty, M.Tran, and J.W.Betz, "Multipath Performance of the new GNSS Signals", in *Proceedings of the National Technical Meeting of the Institute of Navigation, ION-NTM 2004*, San Diego, California, USA, January 2004.

[55] A. R.Pratt, J.I.R.Owen, G.W.Hein, and J.A.Avila-Rodriguez, "Tracking complex modulation waveforms -How to avoid receiver bias", in *Proceedings of IEEE/ION PLANS 2006*, San Diego, California, USA, April 2006.

[56] J. A. Avila-Rodriguez, G. W. Hein, S. Wallner, J. L. Issler, and L. Ries, "The MBOC modulation: The Final Touch to the Galileo Frequency and Signal Plan", presented at the Proceedings of the 20th International Technical Meeting of the

Satellite Division of The Institute of Navigation (ION GNSS 2007), Fort Worth, TX, Sep 2007.

[57]   *United States and the European Union announce final design for GPS-Galileo common civil signal,* Available: http://europa.eu/rapid/pressReleasesAction.do?reference=IP/07/1180&format=H TML&aged=0&language=EN&guiLanguage=fr

[58]   G.W.Hein, J.A.Avila-Rodriguez, and al, "MBOC: The new optimized spreading modulation recommended for GALILEO L1 OS and GPS L1C", *Inside GNSS-Working Papers,* pp. 57-65, 2006.

[59]   *GPS-Galileo Working Group A MBOC Recommendations, "Recommendations on L1 OS/L1C Optimization",* March 2006. Available: http://www.losangeles.af.mil/shared/media/document/AFD-070803-061.pdf

[60]   O.Julien, C.Macabiau, J. L. Issler, and L. Ries, "1-Bit processing of Composite (CBOC) signals", presented at the ESA-CNES workshop on GNSS signals: GNSS signal 2007, Noordwijk, The Netherlands 24-2 5April 2007.

[61]   S.Kim, S.Yoo, S.H.Yoo, S.Y.Kim, and S.Yooni, "New Correlation Functions for CBOC Satellite Signal Synchronization", *The 10th International Conference on Advanced Communication Technology,* vol. 2, pp. 1045-1047 February 2008.

[62]   S. Zitouni, D. Chikouche, and K. Rouabah, "Common GPS/Galileo signals: MBOC VS BOC(1,1) performance comparison", in *8th International Workshop on Systems, Signal Processing and their Applications (WoSSPA),,* Algiers, Algeria, May 2013, pp. 510 - 514.

[63]   E.S.Lohan, M.Z.H.Bhuiyan, and H.Hurskainen, "MBOC Signal Options-Performance of Multiplexed Binary Offset Carrier Modulations for Modernized GNSS Systems", *GPS World,* vol. 22, pp. 68-74, Jun 2011.

[64]   O.Julien, C.Macabiau, J. L. Issler, and L. Ries, "Two for one: Tracking Galileo CBOC Signal with TMBOC", *Inside GNSS journal,* pp. 50-57, 2007.

[65]   E.S.Lohan, "Analytical performance of CBOC-modulated Galileo E1 signal using sine BOC(1,1) receiver for massmarket applications", presented at the Proceedings of IEEE/ION PLANS 2010, Indian Wells, CA, May 2010.

Chapitre 2
Récepteurs GNSS et boucles de poursuite du code

2.2 Introduction

Dans ce chapitre, nous décrivons la chaine de réception et l'architecture des différents modules de réception utilisés. Nous présentons les principes fondamentaux de mesure de pseudo-distance et l'opération de corrélation effectuée par le récepteur GNSS. Puis, nous aborderons particulièrement les processus de l'acquisition et de la poursuite du code des signaux satellitaires pour une estimation précise des erreurs de code, grâce à des circuits bouclés. Nous distinguons les boucles à verrouillage de code cohérentes et non-cohérentes. Pour finir, nous présentons le processus de la poursuite de phase qui est attaché à l'estimation des erreurs de code.

2.3 Architecture d'un récepteur GNSS

L'objectif du récepteur GNSS est de mesurer la distance qui le sépare d'un satellite en visibilité. Le récepteur GNSS, basé sur les techniques d'étalement de spectre, est construit de plusieurs éléments essentiels pour réaliser ses fonctions principales. Il peut être divisé en quatre blocs: Antenne, étage radiofréquence, traitement du signal et calcul de navigation. Les fonctions des deux premiers blocs sont généralement les mêmes dans tous les récepteurs par contre les blocs restants sont souvent spécifiques, et dépendent du type de l'application dans laquelle le récepteur est destiné à être utilisé [1-27].

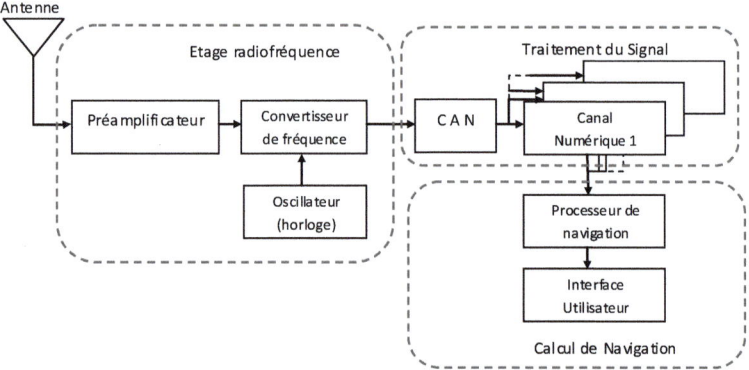

Figure 2. 1 Schéma de fonctionnement des récepteurs GNSS.

La figure 2.1 présente un schéma de fonctionnement des opérations principales d'un récepteur GNSS. Nous détaillons ces blocs dans les sections suivantes.

2.3.1 Antenne

L'antenne de réception reçoit et réunit les données de navigation véhiculés par les porteuses L1 et/ou L2,..., en polarisation circulaire droite pour accepter les signaux directs et rejeter les signaux parasites qui proviennent de directions situées en dessous de l'horizon. Elle possède une couverture hémisphérique en vue de poursuivre les satellites depuis le zénith et presque jusqu'à l'horizon pour tous les azimuts [4] [1]. Un préamplificateur, intégré à la base de l'antenne de réception, amplifie la puissance des signaux reçus au récepteur car elle est affaiblie par le bruit électromagnétique environnant ; ce qui permet de les traiter.

2.3.2 Etage radiofréquence

L'étage radiofréquence est l'organe responsable du traitement du signal Radio Fréquence (RF) de toutes les fréquences intermédiaires (FI). Le signal reçu par l'antenne est filtré, amplifié et converti à une fréquence plus faible f_I ($f_I = [1\text{MHz}, 20\text{MHz}]$) pour rendre possible son traitement. La conversion finale en bande de base exige la conversion du signal (FI) en une composante en phase (I) et une autre en quadrature (Q) [14].

2.3.3 Traitement du signal

Le signal est envoyé vers un canal numérique qui réalise deux opérations, l'acquisition et la poursuite, en vue de synchroniser la porteuse (phase et fréquence Doppler) et les données codées par étalement de spectre (retard de propagation) reçus avec le récepteur et les démoduler par la suite. Les acquisitions de phase et de code se déroulent en parallèle sur chacun des canaux de réception au moyen des circuits d'accrochage. La poursuite de phase et la poursuite de code peuvent être ou non effectuées en parallèle selon le choix de l'architecture de poursuite, à l'aide des boucles à verrouillage de code dites DLL (Delay Lock Loop) et des boucles à verrouillage de phase dites PLL (Phase Lock Loop). Lorsque les boucles PLL et DLL sont verrouillées, le message de navigation peut être extrait dans l'objectif de récupérer et mesurer l'instant de réception réelle.

La distance réelle entre le satellite et le récepteur (pseudo-distance) est mesurée avec un certain nombre d'erreurs en exploitant soit le code, soit la phase du signal reçu, mais celle du code est la plus élémentaire [2]. Sur cette dernière que nous allons nous pencher dans la suite de notre travail.

---

[4] En astronomie: L'azimut est un angle formé par le plan méridien d'un lieu avec un plan vertical situé en ce lieu, mesuré de 0 à 360°, dans le sens rétrograde, c'est à dire dans le sens horaire.

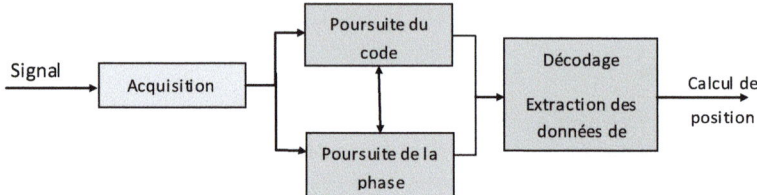

Figure 2. 2 Fonctions d'un canal de traitement du signal.

2.3.4 Calcul de navigation

Ce bloc exploite les mesures et les données de navigation déjà extraites lors du processus de l'acquisition et de la poursuite, pour effectuer leur calcul de navigation et fournir la solution de l'équation PVT, qui consiste à déterminer la Position, le Temps et la Vitesse d'un utilisateur.

Les solutions de l'équation PVT sont déterminées à chaque instant par le récepteur à travers la résolution de l'ensemble de quatre expressions. Chacune de ces expressions est associée à la position exacte du récepteur $P_{rec}(x, y, z)$ définie par trois paramètres inconnus, la longitude, la latitude et l'altitude, ainsi que l'écart de synchronisation Δt. Dans l'espace de localisation, ces inconnus sont des coordonnées sphériques et exigent quatre satellites (principe de trilatération) comme illustré à la figure 2.3. En effet, si on veut localiser un point M, de la surface du globe terrestre, il suffit d'entrer en contact avec trois satellites. Chaque satellite transmet son numéro d'identification (code pseudo-aléatoire), sa position précise par rapport à la terre, ou dans le repère lié à Greenwich, l'heure exacte d'émission du signal. Le récepteur GPS détermine alors le temps de propagation à la vitesse de la lumière et la distance au satellite grâce à son horloge synchronisée sur celle des satellites.

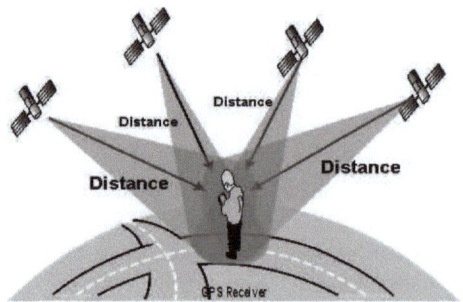

Figure 2. 3 Principe de localisation-trilatération [2].

Le système des équations de mesure des pseudo-distances pour les quatre satellites i ($i = 1,2,3,4$) se prend la forme suivante :

$$D_i = \begin{cases} P_{rec}\,(x,y,z) - P_{sat\,,1} + c \times \Delta t \\ P_{rec}\,(x,y,z) - P_{sat\,,2} + c \times \Delta t \\ P_{rec}\,(x,y,z) - P_{sat\,,3} + c \times \Delta t \\ P_{rec}\,(x,y,z) - P_{sat\,,4} + c \times \Delta t \end{cases} \qquad (2.1)$$

Tel que

$$\Delta t = \Delta t_{rec} - \Delta t_{sat,i} \qquad (2.2)$$

Où

- $c = 3 \times 10^8 m/s$ est la célérité de la lumière,

- $P_{sat,i}$ est la position du satellite i dans l'espace par rapport à la terre,

- P_{rec} la position du récepteur,

- Δt_{rec} l'écart de l'horloge du récepteur par rapport au temps de référence GPS/Galileo,

- $\Delta t_{sat,i}$ l'écart de l'horloge du satellite i par rapport au temps de référence du système utilisé par tous les satellites pour synchroniser l'émission et la datation de leurs signaux.

Lorsque la pseudo-distance est corrigée par le décalage de l'horloge du satellite, $\Delta t_{sat,i} = 0$, le récepteur doit résoudre le système des équations linéaires donné par l'expression:

$$D_i = \sqrt{(x - x_i)^2 + (x - y_i)^2 + (x - z_i)^2} + c \times \Delta t_{rec} \qquad (2.3)$$

Où x_i, y_i et z_i sont les coordonnées d'un satellite i, Δt_{rec} l'écart inconnu, et x, y et z les coordonnées inconnues de la position d'un récepteur.

2.4 Principe fondamental du positionnement

Le récepteur évalue sa position grace à l'estimation de la distance qui le sépare des satellites de navigation comme nous avons expliqué dans la section précédente. L'estimation de la distance associée à un satellite identifié k se fait à partir de l'estimation du retard sur le code du signal de navigation induit par le temps de propagation, comme illustré à la figure 2.4 [2]. On peut écrire :

$$D^k = c\tau^k \qquad (2.4)$$

Le récepteur connaît l'instant où le début de la séquence qui lui est parvenue à cause de la synchronisation (corrélation du code maximal) du signal reçu avec la même séquence de code générée localement.

2.5 Acquisition des signaux GNSS

Un récepteur GNSS parvient à obtenir sa première position après un certain délai de sa mise en marche, appelée temps de premier fix (varie de quelques secondes à quelques minutes). Le temps de premier fix dépend de deux conditions suivantes, qui doivent être vérifiées pour que le récepteur trouve sa solution de navigation :

* Acquisition des données de navigation récentes et des éphémérides diffusés par la constellation de satellites. Deux types de démarrage sont utilisés: "à froid " et " à chaud".

* Acquisition des signaux et des mesures de code.

L'acquisition a un double objectif:

* Chercher les satellites en visibilité et détecter la présence d'un signal satellitaire dans l'ensemble des signaux captés par l'antenne du récepteur,

* Evaluer le retard du code et la fréquence Doppler de ces signaux à la réception du signal associé afin d'initialiser les boucles de poursuite.

Ce processus de recherche exige que, pour un satellite identifié, la porteuse et le code générés localement sont alignés avec le signal reçu. L'alignement correct est obtenu par la mesure de la puissance de sortie des corrélateurs.

2.5.1 Principe de l'acquisition

Les circuits d'acquisition sont classés en trois grandes catégories: Acquisition séquentielle, acquisition parallèle, et acquisition hybride (séquentielle/parallèle). Il existe trois grands types de circuits d'acquisition séquentielle: acquisition par détection d'énergie, acquisition avec seuil auto-adaptatif et acquisition à seuil auto-adaptatif résistant aux interférences [4-6]. L'usage des codes plus longs pour les nouveaux signaux GNSS fait que la technique de recherche séquentielle est presque lente dans la plupart des cas [7].

Toutefois, l'acquisition parallèle se fait plus rapidement mais avec une complexité de mise en œuvre plus élevée par l'utilisation d'un grand nombre de corrélateurs et de filtres. La technique de recherche hybride constitue un bon compromis entre ces deux méthodes de recherche séquentielle et parallèle [7-11]. L'acquisition hybride est plus adoptée par les récepteurs GNSS surtout avec l'intégration des techniques numériques à la base de la transformée de Fourier rapide FFT [13].

La figure 2.4 illustre un circuit d'acquisition par corrélation parallèle qui est pré-positionné pour limiter sa recherche par un O.C.T (Oscillateur Commandé en Tension). Le contrôleur de puissance mesure la puissance du signal en sortie sur la largeur d'un incrément Doppler Δf correspondant [14].

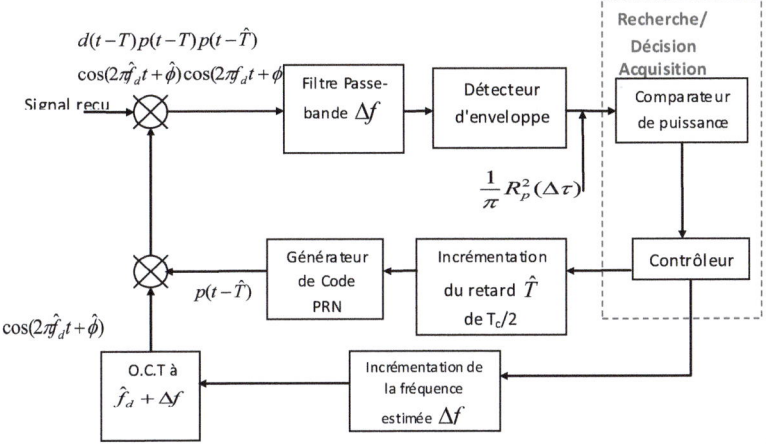

Figure 2. 4 Schéma général d'un circuit d'acquisition.

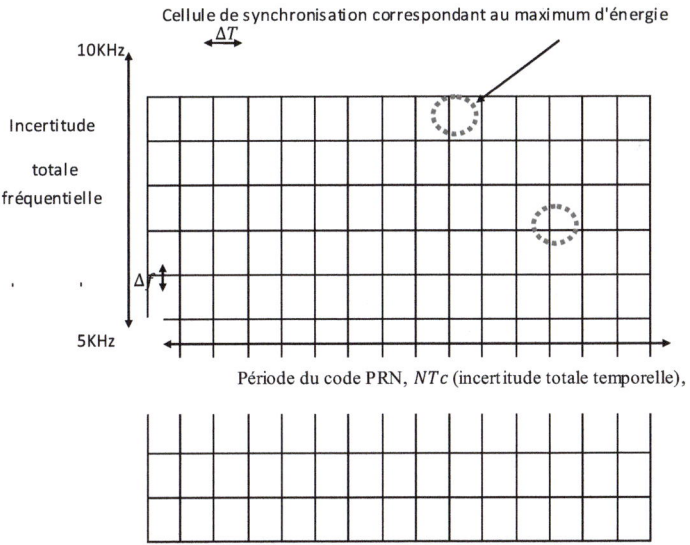

Figure 2. 5 Grille Temps/fréquence du processus de recherche de l'acquisition.

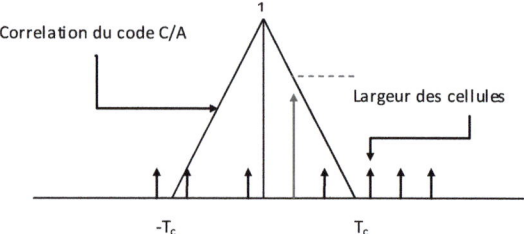

Figure 2. 6 Acquisition du code: exploration des cases temporelles.

Le récepteur doit parcourir toutes les cases de fréquences (ou un nombre limité si la boucle est pré-positionnée) (figure 2.5). En parallèle, on effectue la recherche du retard de temps à l'aide d'incrément de code (voir la figure 2.6) d'un demi chip $\Delta T = T_c/2$ au maximum pour ne pas risquer de passer le pic de corrélation sans le détecter. Si la corrélation entre le code reçu et le code généré localement est supérieure à un seuil préalablement fixé [5, 15], le récepteur estime le retard $\hat{T}$. Finalement, la boucle d'acquisition sera alors verrouillée et la recherche sera arrêtée. Ces informations sont indispensables à l'initialisation du récepteur pour passer en mode poursuite.

2.5.2 Fondements théoriques de l'acquisition

Le signal reçu à spectre étalé bruité est exprimé par :

$$s_r(t) = \sum_{k=1}^{N} s_r^k(t) + n(t)$$

(2. 5)

Où $n(t)$ est un bruit additif. $s_r^k(t)$ est le signal associé au satellite identifié k qui peut s'écrire par:

$$s_r^k(t) = 2\sqrt{p^k}c_k(t - T^k)e^{j2\pi f_d^k}$$

(2. 6)

Où T^k et f_d^k sont respectivement le décalage du temps de code c_k et la fréquence Doppler du signal à la réception qui peuvent être considérés constants sur un intervalle de corrélation. Pour effectuer l'étape d'acquisition pour le satellite k, le récepteur va produire une réplique,

$$r_{(\hat{T}, f_d)}^k(t) = 2\sqrt{p^k}c_k(t - \hat{T}^k)e^{j2\pi f_d^k}$$

(2. 7)

Avec $\left(\hat{T}^k, \hat{f}_d^k\right) \in E$ l'espace temps-fréquence à estimer, tel que $E = [T_{min}, T_{max}] \times [f_{min}, f_{max}]$. Le récepteur calcule alors l'ensemble des points de corrélation suivants:

$$R_k(\hat{T}, f_d) = \int_0^{\Delta T} s_r^k(t) r_{(\hat{T}, f_d)}^k(t)dt$$

(2. 8)

Lorsque la présence du satellite k est confirmée, l'estimation de T^k et de f_d^k s'effectuera par la recherche du maximum de corrélation possible:

$$(\hat{T}^k, \hat{f}_d^k) = Max_{(T, f_d) \in E} |R_k(\hat{T}, \hat{f}_d)| \qquad (2.9)$$

La recherche temps-fréquence est maximale si la réplique est synchronisée en temps et en fréquence avec le signal reçu, i.e., lorsque $\hat{T} = T^k$ et $\hat{f}_d = f_d^k$. Dans le cas contraire, la corrélation est nulle, $R_k(\hat{T}, \hat{f}_d) = 0$, le signal associé au satellite k n'appartient pas aux signaux reçus.

2.6 Poursuite des signaux GNSS

Le processus de poursuite vise l'affinement et l'estimation la plus précise du retard de code, de la fréquence et de la phase porteuse induite par les mouvements relatifs entre le satellite et le récepteur, après leur première estimation par le processus de l'acquisition. La figure 2.7 présente un schéma bloc fonctionnel du processus de poursuite.

Donc, on doit utiliser des circuits capables de maintenir une synchronisation (corrélation maximale) très précise des deux codes reçu et local, et suivre les variations des paramètres nécessaires au calcul de la position. Ces circuits consistent en des boucles à verrouillage de retard, celles de poursuite de la porteuse appelées "PLLs" (Phase Lock Loops), et celles de poursuite du code appelées les "DLLs" (Delay lock Loops). Par la suite dans notre travail, nous nous pencherons plus à fond sur la poursuite du code.

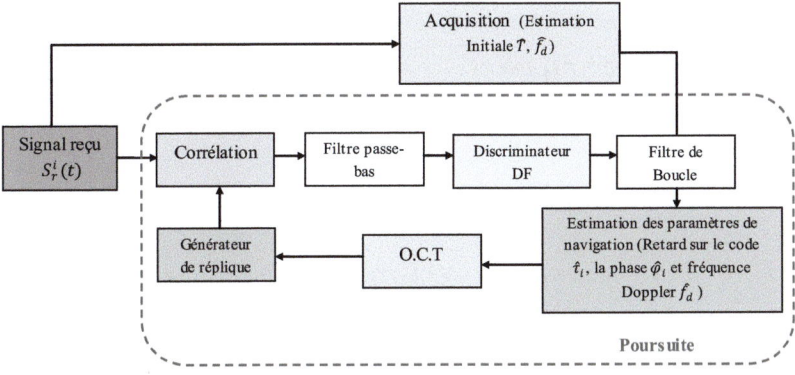

Figure 2. 7 Schéma bloc du processus de poursuite.

2.6.1 Fondements théoriques de la poursuite

Comme nous l'avons précédemment mentionné, une fois que le processus d'acquisition est terminé et le récepteur a une estimation de la partie entière (par rapport à T_c), du retard de propagation $\hat{T}$, il doit obtenir la valeur du retard fractionnaire noté $\hat{\tau}$. En prenant comme hypothèse de travail que le signal en entrée du récepteur est tout simplement un code PRN en bande de base sans modulation de la porteuse. La corrélation entre les deux signaux reçu et local est définie par :

$$R(\tau) = \int_{-\frac{T_c}{2}}^{\frac{T_c}{2}} s_r(t) c(t - \tau) dt \qquad (2.10)$$

Où τ est le retard entre les deux signaux. On note que l'ensemble de développement des équations est défini sur un seul cycle car la CF est périodique de période N (e.g. le Code C/A de longueur N=1023). Comme la synchronisation correspond à la valeur de corrélation maximale pour déterminer le retard de code $\hat{\tau}$, il nous faut maintenant résoudre par rapport à τ, en connaissant $\hat{f}_d$, l'équation suivante:

$$\hat{\tau} = Max_{\hat{\tau} \in \left[\frac{-T_c}{2}, \frac{T_c}{2}\right]} |R(\hat{\tau})| \Rightarrow \left. \frac{d}{d\tau} R(\tau) \right|_{\tau = \hat{\tau}} = 0 \qquad (2.11)$$

D'après les relations (2.10) et (2.11), l'évaluation de la dérivée peut être approchée par l'expression:

$$\frac{dc(t - \tau)}{d\tau} \approx \left. \frac{c(t - \tau - dT_c) - c(t - \tau + dT_c)}{2dT_c} \right|_{\tau = \hat{\tau}} = 0 \qquad (2.12)$$

Où dT_c, représente un petit incrément temporel d'une fraction de période chip. Si on met $dT_c = \Delta\tau/2$, tel que $\Delta\tau < T_c$, alors les codes de référence générés localement pour désétaler le signal reçu, associé au code $c(t - \tau)$, sont :

-   le code avance "E" (Early), $c(t - \hat{\tau} - \Delta\tau/2)$,

-   le code retard "L" (Late), $c(t - \hat{\tau} + \Delta\tau/2)$.

Par la suite, les sorties des deux branches avance et retard d'une boucle de poursuite classique sont:

$$\int_{-\frac{T_c}{2}}^{\frac{T_c}{2}} c(t - \tau) c\left(t - \hat{\tau} - \frac{\Delta\tau}{2}\right) dt = R(\tau - \hat{\tau} - \Delta\tau/2) \qquad (2.13)$$

$$\int_{-\frac{T_c}{2}}^{\frac{T_c}{2}} c(t - \tau) c(t - \hat{\tau} + \Delta\tau/2) dt = R(\tau - \hat{\tau} + \Delta\tau/2) \qquad (2.14)$$

Où $R(\tau - \hat{\tau} - \Delta\tau)$ et $R(\tau - \hat{\tau} + \Delta\tau)$ sont les CF avance et retard, notées respectivement par $R_E(\Delta\hat{\tau})$ et $R_L(\Delta\hat{\tau})$, tel que $\Delta\hat{\tau} = \tau - \hat{\tau}$, et l'espacement de chip entre corrélateurs E-L est $\Delta\tau$. La figure 2.8 représente la corrélation parfaite entre un code reçu et une réplique de code générée localement avancée et retardée par $\frac{T_c}{2}$ par rapport au code reçu.

On constate que la boucle de code est construite de telle manière qu'elle met en jeu un circuit d'une fonction discriminatoire (DF), de deux corrélateurs E-L. La différence entre eux forme un signal de correction, noté $D(\Delta\hat{\tau})$, et désigné par "tension d'erreur" ou aussi "courbe-S". Ce signal doit être alors utilisé pour piloter un O.C.T, en évaluant le retard $\hat{\tau}$ afin de mieux ajuster le code $c(t - \hat{\tau})$ avec le signal reçu. Quand le discriminateur de code détecte la condition $D(\Delta\hat{\tau}) = 0$ pour $\Delta\hat{\tau} = 0$ $(\tau = \hat{\tau})$, l'asservissement est considéré comme parfait, et le rythme de l'horloge O.C.T est alors inchangé. Par contre dès que $D(\tau - \hat{\tau})$ n'est plus centré en zéro, on sait que l'on commet une erreur $\Delta\hat{\tau}$ sur l'estimation du retard de propagation. On doit alors augmenter ou diminuer, selon le signe de $\Delta\hat{\tau}$, le rythme de l'horloge du O.C.T, de manière à appliquer le bon $\tau - \hat{\tau}$ au code de référence [15]. Maintenant, on justifie le concept "E-L" qui a été implanté dans une grande majorité des boucles à verrouillage de code.

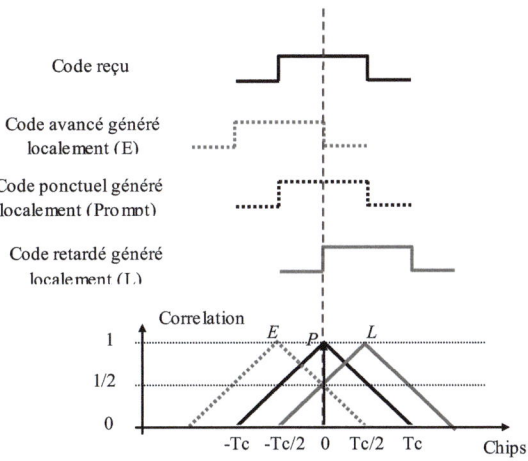

Figure 2. 8 Corrélation parfaite entre le code reçu et local, R_E, R_L pour $\frac{\Delta\tau}{2} = \frac{T_c}{2}$.

En effet, l'espacement de chip entre corrélateurs influe significativement sur les performances d'un récepteur classique en termes de précision d'estimation [16-19] et de mitigation de multitrajets. Plus l'espacement de chip entre corrélateurs est étroit, plus les performances sont améliorées.

2.6.2 Boucles de poursuite du code DLL

Le principe de fonctionnement des boucles DLLs utilise deux corrélateurs de codes indépendants, un en avance E et un autre en retard L avec un espacement de chip $\Delta\tau$, pour affiner l'estimation $\hat{\tau}$ [20]. Le premier sert à effectuer la corrélation du signal reçu avec un code de référence en avance de $\Delta\tau$ sur l'estimation locale, donné par $c(t - \hat{\tau} - \Delta\tau/2)$. Quant au deuxième corrélateur, il fait appel à un code de référence retard donné par $c(t - \hat{\tau} + \Delta\tau/2)$. Les sorties de ces deux corrélateurs sont moyennés à l'aide d'un filtre passe-bas ayant un temps d'intégration T_m beaucoup plus grand que l'intervalle Tc, comme illustré à la figure 2.7. Toutefois, la sortie du corrélateur ne suffit pas pour poursuivre le code car il n'y a aucune information sur le signe de l'erreur commise sur l'estimation du retard du signal reçu. Alors que la combinaison des sorties de plusieurs corrélateurs fournit une fonction DF capable d'évaluer et extraire avec précision la valeur du retard à appliquer au code de référence pour le synchroniser avec le code reçu.

Deux grandes catégories de boucles de poursuite de code classiques peuvent être utilisées:

- DLL cohérente "C-ELP" (pour Coherent-Early Late Processing),
- DLL non-cohérente "NC-ELP" (pour Non Coherent-Early Late Processing).

Tableau 2. 1 Description des différents types de boucles DLLs [14, 21].

Type de DLL		DF	Caractéristiques
C-ELP		$I_E - I_L$	Simple de tous les discriminateurs. Ne nécessite pas la composante Q mais nécessite une PLL optimale.
NC-ELP	Power-ELP	$(I_E^2 + Q_E^2)\text{-}(I_L^2 + Q_L^2)$	La réponse du discriminateur est presque la même que celle du C-ELP à l'intérieur de l'intervalle $|\Delta\tau| < \frac{T_c}{2}$ chip.
	Normalized Power-ELP	$\dfrac{(I_E^2 + Q_E^2) - (I_L^2 + Q_L^2)}{(I_E^2 + Q_E^2) + (I_L^2 + Q_L^2)}$	Le discriminateur a une grande immunité aux bruits intenses lorsque $|\Delta\tau| > \frac{T_c}{2}$ chip, mais moins de précision. Il peut être utilisé avec différents S/N et intensité de signal.
	Dot Product-ELP	$I_p(I_E - I_L) + Q_p(Q_E - Q_L)$	C'est le seul discriminateur qui utilise tous les six corrélateurs.

Les sections suivantes présentent avec plus de détails ces deux types de boucles DLL. La différence entre ces deux boucles DLLs réside dans le fait que la C-ELP utilise les informations délivrées par la boucle PLL pour construire sa fonction discriminatoire contrairement à la NC-ELP. Alors, les performances de la boucle DLL, dans le cas NC-ELP, sont indépendantes de celles de la boucle PLL. A cette fin, les boucles de poursuite NC-ELP doivent utiliser à la fois la composante en phase (I) et en quadrature de phase (Q). La boucle DLL doit posséder une contre-réaction vers le générateur des codes PRN pour un alignement parfait. Le tableau 2.1 résume les différentes boucles DLLs les plus utilisées [14]. Le type de discriminateur est lié à la mitigation du bruit et des exigences de l'application [21].Dans la suite de notre travail, nous allons nous intéresser à ces deux boucles, en supposant que la poursuite de la phase est parfaite.

2.6.2.1 La boucle DLL cohérente

Le discriminateur C-ELP utilise deux corrélateurs E-L. La tension d'erreur non perturbée $D_{C-ELP}(\Delta\hat{\tau})$ est définie par: $D_{C-ELP}(\Delta\hat{\tau}) = R_E(\Delta\hat{\tau}) - R_L(\Delta\hat{\tau})$

Où R_E, R_L sont respectivement les CFs entre le code reçu et le code de référence avancé et retardé, par l'espacement de chip $\Delta\tau$. Ou encore la tension d'erreur est donnée comme suit,

$$D_{C-ELP}(\Delta\hat{\tau}) = R\left(\Delta\hat{\tau} - \frac{\Delta\tau}{2}\right) - R\left(\Delta\hat{\tau} + \frac{\Delta\tau}{2}\right)$$

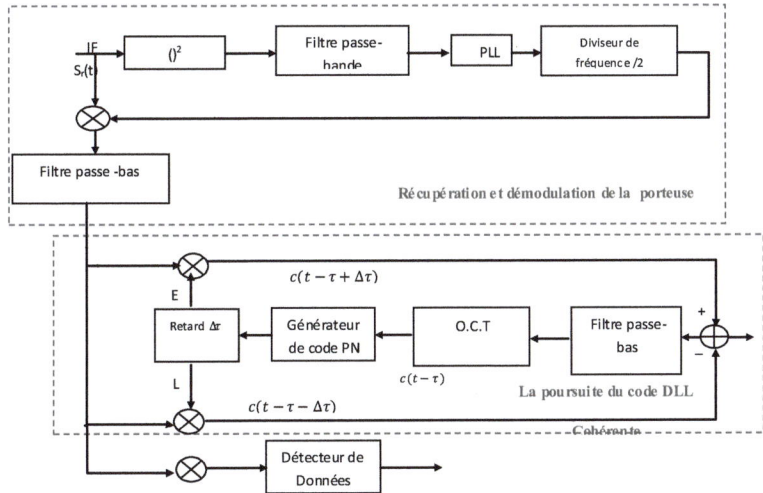

Figure 2. 9 Schéma de principe d'une boucle de code cohérente, C-ELP.

La figure 2.9 représente le schéma de principe de la boucle DLL cohérente [22] ainsi que les différentes étapes de construction de la tension d'erreur. Le filtre passe bas de la DLL sert à fournir une commande adaptée pour le générateur de la porteuse locale (O.C.T de la PLL) pour compenser l'erreur de synchronisation mesurée par le discriminateur [23]. Le filtre de la boule réduit le bruit dans la boucle. Il permet aussi d'éliminer les signaux parasites résiduels dues soit à des interférences extérieures, soit à la corrélation croisée avec les autres signaux[23].

La figure 2.10 présente les allures des tensions d'erreur cohérentes non perturbées pour les signaux BPSK, SinBOC(1,1), CosBOC(1,1), SinBOC(10,5). En supposant que l'espacement de chip est étroit $\Delta\tau = \tau_c/10$, on a un alignement parfait de la PLL.

Nous remarquons que la DF C-ELP est une fonction linéaire et paire. En outre, l'intervalle de la zone linéaire autour de $\Delta\hat{\tau} = 0$ est étroit pour les signaux sinBOC(10,5). Ainsi, en comparant la DF du cosBOC avec celle du SinBOC, pouvons observer que celle du CosBOC est plus étroite. Donc, cette zone de fonctionnement est plus étroite pour un ordre de modulation M élevé et un pic de corrélation principal plus étroit. Cette propriété permettra moins de calculs de poursuite et alors plus de précision. La DF BPSK présente un seul passage par zéro, contrairement aux autres signaux BOC. Ce qui entraine un problème d'ambigüité sur le point de verrouillage et induit par la suite des erreurs de poursuite [24]. Le nombre de points de passage par zéro est associé aux nombre de pics secondaires de la CF (l'ordre de modulation).

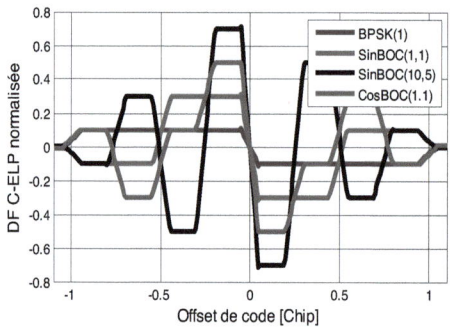

Figure 2. 10 DF C-ELP pour différents signaux, BPSK(1), SinBOC et CosBOC, avec $\Delta\tau = \frac{T_c}{10} chip$ [24].

2.6.2.2 La boucle DLL non-cohérente

Le discriminateur NC-ELP est basé sur deux corrélateurs E-L mais après une mise en quadrature des corrélations pour un alignement parfait au niveau de la PLL et un équarrisseur.

La DF non perturbée, $D_{NC-ELP}(\Delta\hat{\tau})$, s'écrit:

$$D_{NC-ELP}(\Delta\hat{\tau}) = R_E^2(\Delta\hat{\tau}) - R_L^2(\Delta\hat{\tau}) \tag{2.15}$$

Où R_E, R_L sont les CFs entre le code reçu et les codes de référence avancé et retardé par l'espacement de chip $\Delta\tau$. La DF peut s'exprimer comme suit,

$$D_{NC-ELP}(\Delta\hat{\tau}) = R^2\left(\Delta\hat{\tau} - \frac{\Delta\tau}{2}\right) - R^2\left(\Delta\hat{\tau} + \frac{\Delta\tau}{2}\right) \tag{2.16}$$

La figure 2.11 présente le schéma de principe de la boucle DLL non-cohérente [22] et les différentes étapes de construction de la tension d'erreur.

La figure 2.12 présente les allures des tensions d'erreur non-cohérentes et non perturbées pour les signaux BPSK(1), SinBOC(1,1), CosBOC(1,1), SinBOC(10,5) en supposant que l'espacement de chip est $\Delta\tau = \tau_c/10$.

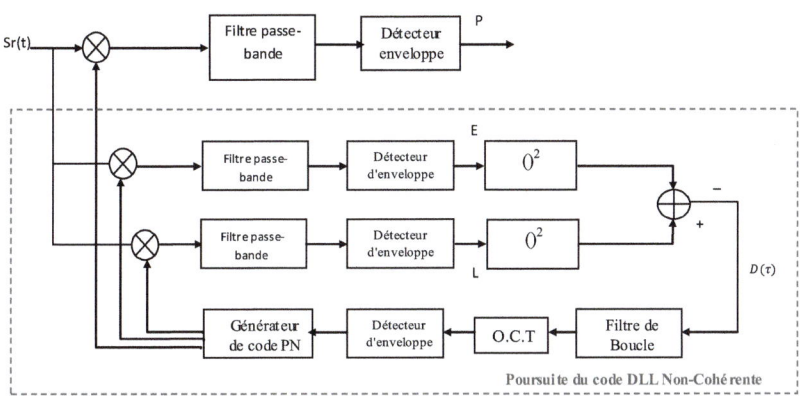

Figure 2. 11 Schéma de principe d'une boucle de code non-cohérente, NC-ELP.

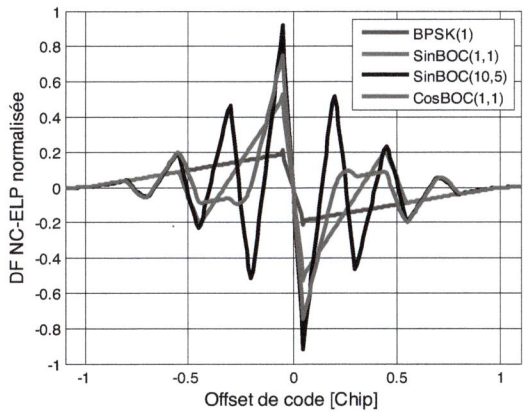

Figure 2. 12 DF NC-ELP pour différents signaux, BPSK(1), SinBOC et CosBOC, avec $\Delta\tau = \frac{T_c}{10} chip$ [22].

Nous remarquons que la DF NC-ELP est une fonction de deuxième ordre non-linéaire. Les caractéristiques des tensions d'erreurs de la NC-ELP et C-ELP sont les mêmes par rapport à la zone de fonctionnement et les points de passage par zéro.

2.6.3 Boucles de poursuite de Phase

La boucle de poursuite de phase est construite autour d'une boucle à verrouillage de phase (PLL) en mode fermé dite Boucle Costas [25] qui a un modèle linéaire permettant la démodulation de la porteuse et l'amélioration de la précision du retard de phase (due aux multitrajets) et de fréquence (due à l'effet Doppler) qui ont été déjà estimées dans l'acquisition. La figure 2.13 présente un schéma de principe d'une boucle de Costas pour l'ancien signal satellitaire GPS à code C/A [21]. L'architecture est la même que pour les nouveaux signaux BOC, la seule différence réside dans l'introduction d'un bloc supplémentaire qui est le générateur de la sous-porteuse qui sert à générer, en collaboration avec le générateur de code local, les codes BOC Galileo [26].

Tableau 2. 2 Différents types de la boucle Costas [14, 21].

Type de PLL: DF	Caractéristiques
	La sortie du discriminateur est proportionnelle à $\sin(\varphi)$
	La sortie du discriminateur est proportionnelle à $\sin(2\varphi)$ Il est sensible aux variations brusques de la phase π, Il poursuit réellement deux fois l'erreur de phase ; ce qui réduit son intervalle de stabilité à $\left[-\frac{\pi}{2}, \frac{\pi}{2}\right]$. Il exige une normalisation pour supprimer l'impact de la puissance du signal.
	La sortie du discriminateur est l'erreur de phase, Il est moins sensible à la transition de bit d'informations et le plus précis et rapide, Un intervalle de stabilité à $\left[-\frac{\pi}{2}, \frac{\pi}{2}\right]$, mais un zone linéaire plus large.

Le principe d'une boucle PLL est de multiplier le signal reçu par une référence variable générée localement (un signal sinusoïdal) et une autre déphasée de $\pi/2$. On obtient ainsi deux valeurs de corrélation, dites en phase et en quadrature de phase, pour chaque décalage de code estimé. Les deux composantes traversent un filtre passe-bas et un discriminateur pour extraire et évaluer l'erreur de phase entre les composantes en phase et en quadrature de phase du signal. Le filtre de la boucle supprime autant de bruit (dû à la variation du signal), lisse la phase résiduelle et fournit les valeurs des fréquences résiduelles. Ces valeurs estimées servent à ajuster simultanément la fréquence de la référence variable de l'oscillateur O.C.T. La phase et la fréquence de la réplique du signal reçu sont ainsi corrigées et estimées à chaque itération jusqu'à l'obtention d'une plus petite erreur de phase. Le Tableau 2.2 présente les différentes boucles PLL et leur caractéristiques [14, 21].

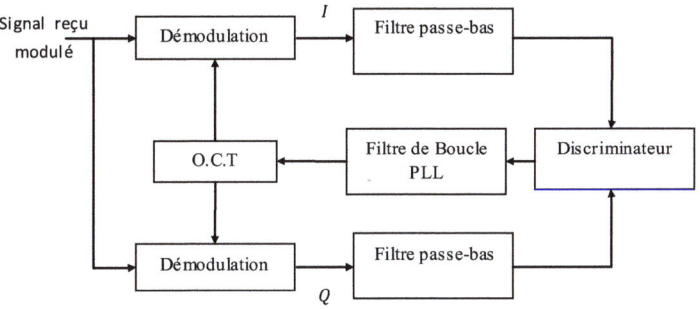

Figure 2. 13 Schéma de principe d'une boucle PLL de type Costas pour l'ancien signal satellitaire BPSK.

2.7 Conclusion

Le récepteur GNSS reçoit divers signaux satellitaires contenant des données de navigation bien définies indispensables pour calculer sa position. Cependant, ces données doivent être analysées pour estimer le temps de propagation associé à un satellite, qui est entaché des erreurs liées à la dynamique satellite/récepteur (l'effet Doppler), à l'atmosphère, aux bruits thermiques et aux multitrajets,..., etc. Pour cette raison, des méthodes de réception séparent le signal désiré du bruit et d'autres signaux et estiment ainsi les erreurs de propagation. Les fonctionnalités des modules d'un récepteur GNSS nouvelle génération ont été étudiées dans ce chapitre pour comprendre le déroulement du positionnement.

En effet, l'information de code est un indispensable pour un positionnement précis. L'influence des erreurs de l'effet de multitrajets sur la phase de la porteuse est beaucoup plus petit que celui sur la phase du code [27]. De part ce fait, nous nous sommes intéressés particulièrement à l'étude des boucles de poursuite de code et l'influence des effets de multitrajets qui sera l'objectif de notre travail. Nous avons distingué des boucles de poursuite de code cohérente et non-cohérente. Nous avons présenté le comportement de la tension d'erreur et les fondements théoriques de chaque boucle pour différents signaux satellitaires, BPSK, SinBOC, et CosBOC. Les nouveaux signaux

GNSS offrent une poursuite de code plus précise mais introduisent un problème d'ambigüité sur le point de verrouillage et induisent par la suite des erreurs de poursuite. Ces performances sont liées aux propriétés intrinsèques des signaux et les pics secondaires de la CF.

Le chapitre suivant analyse principalement l'influence des erreurs de multitrajets sur les boucles de poursuite de code pour différents signaux satellitaires, et évalue les techniques classiques de mitigation des multitrajets.

2.8 Références

[1]   M.Braash and A.Van-Dierendonck, "GPS   Receiver   Architectures   and Measurements", *Proceedings of the IEEE,* vol. 87, pp. 48-64, 1999.

[2]   J. Marc-Piéplu and O.Salvatori, *GPS et Galileo: systèmes de navigation par satellites*, 2006.

[3]   A. Vervisch-Picois, "Etude de Systèmes de Positionnement en Intérieur Utilisant des Mesures de Phase du Code ou de Phase de la Porteuse de Signaux de Navigation par Satellites", Doctorat, Electronics Departement L'institut national des télécommunications et l'Université Pierre et Marie Curie - Paris 6 2010.

[4]   Holmes.J.K, "Coherent Spread Spectrum Systems", *A Wiley-Interscience Publication* 1982.

[5]   Lemagner.F, "Communications à Spectre Etalé", *Cours ENAC,* 1993.

[6]   Doris.D, "Description Des Techniques De Traitement Du Signal Réduisant L'influence De Multitrjets Sur La Réception GPS", *Rapport d'avancement I,* 1995a.

[7]   R.Khan, S.U.Khan, R. Zaheer, and S.Khan, "Acquisition strategies of GNSS receiver", presented at the International Conference on Computer Networks and Information Technology (ICCNIT), 2011.

[8]   C.Baum and V.Veeravalli, "Hybrid acquisition schemes for direct sequence CDMA systems", in *IEEE International Conference on ICC'94,*, Clemson University, pp.1433-1437, May 1994.

[9]   A.Lakhzouri, E.S.Lohan, and M.Renfors, "Hybrid search single and double-dwell acquisition architectures for Galileo signal", presented at the CDROM proceding of IEEE IST Mobile and Wireless Communication,, 2004.

[10]   E.S.Lohan, A.Lakhzouri, and M.Renfors, "Selection of the multiple-dwell hybrid-search strategy for the acquisition of Galileo signals in fad-ing channels", presented at the In Proceeding of PIMRC, Barcelona, Spain,, Sep 2004.

[11] H.So, "Hybrid GNSS Receiver for Super Fast Acquisition Time, Five Times Faster than Conventional GNSS Receiver", presented at the Proceedings of the 20th International Technical Meeting of the Satellite Division of ION GNSS 2007, Fort Worth, TX, Sep 2007.

[12] K.Krumvieda, P.Madhani, C.Cloman, E.Olson, J.Thomas, P. Axelrad, and W.Kober, "A complete IF software GPS receiver: A tutorial about the details", in *ION GPS 2001*, UT, USA, pp.789-829, Sep 2001.

[13] D.Akopian, "Fast FFT based GPS satellite acquisition methods", presented at the IEE Proceedings on Radar, Sonar and Navigation, , Aug. 200.5

[14] E.D.Kaplan and C.J.Hegarty, *Understanding GPS Principles and Applications*, 2 ed. Boston,MA, USA: Artech House Publishers, 2006.

[15] Spilker.J.J, "GPS Signal Structure and Performance Characteristics", *AGARDograph N°245,article 5,* July 1979.

[16] Issler.J.L, Cugny.B, and Agnieray.P, "Multipath Effects on GPS Mesurements during an orbital", *In Proceedings Of ION GPS 92,* pp. 841-851, 1992.

[17] VanNee.R.D.J, "Multipath Effects on GPS Code Phase Measurments", *Journal Of the Institute of Navigation* ,vol. 39, pp. 177-190, 1992c.

[18] VanNee.R.D.J, "The Influence of GPS Multipath Errors on The Position ReferenceSystem", *Delft University of technology,Technical report* December-1992d.

[19] Mahooti.S and Landry.R, "New Theories and GPS Experiments about Effects of Multipath and RF Jammers", *Proceedings of ION GPS-94,7th Internatoonal Technical Meeting of The Satellite Division of The institute of Navigation* pp. 883-897, September-20-3-1994.

[20] D.Skournetou and E.S.Lohan, "Discontinuity-based code delay estimator for GNSS signals", presented at the Proceedings of the 4th Advanced Satellite Mobile Systems (ASMS '08) Bologna, Italy, August 2008.

[21] K.Borre, D.M.Akos, N.Bertelsen, P.Rinder, and S.Holdt Jensen, "A Software-Defined GPS and Galileo Receiver :A Single-Frequency Approach", Birkhäuser, Boston, 2006.

[22] S.A.Tretter, *Communication System Design Using DSP Algorithms with Laboratory Experiments for the TMS320C6713™ DSK,* Springer-Verlag US: Information Technology: Transmission, Processing, and Storage, 2008.

[23]   F.Legrand, "Modèles de boucle de poursuite de signaux à spectre étale et méthode d'amélioration de la précision des mesures brutes", PhD, Institut National Polytechnique de Toulouse (INPT), Toulouse, France 2002.

[24]   Zheng Yao, Xiaowei Cui, M. Lu, Z. Feng, and J. Yang, "Pseudo-Correlation-Function-Based Unambiguous Tracking Technique for Sine-BOC Signals", vol. 46, pp. 1782-1796, October 2010.

[25]   E.R.Best, *Phase-Locked Loops: Design, Simulation, and Applications,* New York, NY: McGraw-Hill Professional, 2007.

[26]   K.Rouabah, "Etude et Amélioration des Performances des boucles de poursuite de code dans les Récepteurs de Navigation Galileo en Présence de Trajectoires Multiples", thèse de Doctorat, Département d'Electronique,Faculté des Sciences de l'Ingénieur Université de Sétif Algerie 2010.

[27]   J.Dickman, Z.Zhu, and C.Bartone, "Carrier phase multipath error characterization and reduction in single aircraft relative positioning", *GPS Solutions,* vol. 14, pp. 141-152, 2010.

Chapitre 3

Poursuite du code des futurs signaux satellitaires en présence de Multitrajets

3.1 Introduction

Les caractéristiques des signaux GNSS seront modifiées au niveau de l'antenne du récepteur à cause de leur propagation sous forme d'ondes électromagnétiques jusqu'à l'utilisateur. Les détails des divers phénomènes physiques liés à la propagation du signal sont présentés dans ce chapitre. Une attention particulière est accordée aux caractéristiques principales des multitrajets qui constituent une source d'erreur pénalisante en termes de précision sur les informations délivrées par le récepteur GNSS du fait de leur caractère local et temporel. Les multitrajets affectent les mesures d'observations de la phase du code et de la porteuse et entraînent un biais sur l'estimé du retard de propagation du signal direct [1-9].

Nous présentons d'abord une étude de la réception GNSS en présence de multitrajets et leurs impacts sur la poursuite de codes cohérente et non-cohérente. Les différentes techniques visant à lutter contre ces multitrajets et à réduire l'erreur qu'ils impliquent, sont également décrites. Les performances des techniques principales de mitigation de multitrajets à base de corrélation vis-à-vis des différents signaux satellitaires sont egalement analysées par simulation et comparées.

3.2 Puissance des signaux à la réception

Les puissances des signaux sont atténuées à cause de leur propagation en espace libre à travers les différentes couches de propagation. La puissance du signal reçu peut s'écrire:

$$P_r = P_e - P_{prop} - P_{atmo} \tag{3.1}$$

Avec P_e la puissance du signal émis, P_{prop} et P_{atmo} les pertes en espace libre et atmosphériques. P_{prop} est donnée par l'expression :

$$P_{prop} = \left(\frac{\lambda}{4\pi R}\right)^2 \tag{3.2}$$

Où R est la distance séparant les deux antennes satellite/utilisateur et λ la longueur d'onde correspondante à la fréquence du signal. Les satellites de navigation sont dimensionnés de façon à transmettre des signaux GPS et Galileo qui ont des niveaux de puissances minimales spécifiés par les normes définies au tableau 3.1.

La puissance du signal satellitaire à la surface de la terre est inférieure au niveau de bruit des récepteurs, à cause de la modulation à étalement de spectre SESD, la distance récepteur-satellite et la puissance de transmission du satellite.

Tableau 3. 1 Niveaux de puissance des signaux GPS et Galileo à la réception [1].

Signal	Puissance Minimale reçue (dBW)
E1	-155
E5	-155
E6	-157
C/A	-160
P	-163

3.3 Les facteurs perturbants lors de la propagation et de la réception

Les signaux satellitaires se propagant dans l'espace libre sont soumis à de nombreuses sources de perturbation dues en grande partie à l'atmosphère et l'environnement dans lequel évolue l'utilisateur, comme les représente la figure 3.1. Les erreurs liées à l'effet Doppler, l'horloge et la traversée de l'atmosphère, constituent les sources d'erreur importantes qui peuvent être modélisées et corrigées.

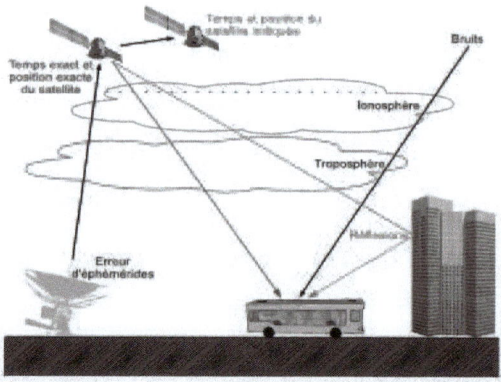

Figure 3. 1 Représentations des différentes erreurs de propagation [1].

Toutefois, d'autres erreurs difficiles à éliminer sont celles dues aux interférences inter-canaux, au bruit du canal et aux effets des multitrajets ou masquages. Les erreurs de multitrajets sont locales et de caractère aléatoire. Tous ces facteurs resultent en des erreurs affectant la précision des mesures de pseudo-distance et de pseudo-vitesse.

3.3.1 Les erreurs d'horloge

Les satellites sont équipés des horloges atomiques ultrastables afin de contrôler toutes les opérations de temps et notamment la génération du signal transmis. Les horloges du satellite et du récepteur doivent être parfaitement synchronisées pour déterminer précisément le temps de propagation et calculer la position du récepteur [2, 3].

3.3.2 L'effet Doppler

Le phénomène Doppler résulte lorsqu'une source de vibration relative entre l'émetteur (sons, ultrasons, lumière, ondes radio,...) d'une fréquence donnée est en mouvement par rapport à un récepteur, provoquant ainsi une modification de la fréquence du signal reçu. L'effet Doppler impose au récepteur de suivre les variations de fréquences pendant toute la phase de poursuite du satellite. Soit le modèle simplifié du signal émis au niveau du satellite suivant:

$$s_e(t) = c(t)e^{-i2\pi f_p t} \tag{3.3}$$

Avec $c(t)$ le code PRN du signal et f_p la fréquence porteuse. En supposant que le signal émis ne subit aucune perturbation lors de sa propagation, le récepteur reçoit le signal suivant :

$$s_e(t) = c(t - \tau(t))e^{-i2\pi f_p (t-\tau(t))} \tag{3.4}$$

Avec $\tau(t)$ le retard exprimé en secondes associé au temps de propagation du signal.

$$\tau(t) = \tau_0 + \frac{\int_0^t v_{rad}(t)dt}{c} \tag{3.5}$$

Où c est la vitesse de la lumière et $\vec{V}_{rad}$ la vitesse radiale satellite/ récepteur. Avec v_{rad} constante, on obtient l'expression du retard comme suit:

$$\tau(t) = \tau_0 + \frac{v_{rad} t}{c} \tag{3.6}$$

Donc:

$$s_e(t) = c\left(t\left(1 - \frac{v_{rad}}{c}\right) - \tau_0\right)e^{-i2\pi f_p t\left(1-\frac{v_{rad}}{c}\right)-i2\pi f_p \tau_0} \tag{3.7}$$

La fréquence porteuse du signal reçu est alors modifiée par la fréquence Doppler f_d définie par:

$$f_d = -f_p \frac{v_{rad}}{c} \tag{3.8}$$

C'est l'aproximation au premier ordre de l'effet Doppler sur la porteuse du signal de navigation. En générale, la fréquence Doppler sur la fréquence porteuse s'écrit:

$$f_d = -f_p \frac{(v_s - v_u)^T}{c} u_r \tag{3.9}$$

Où v_s et v_u représentent respectivement la vitesse satellite et la vitesse utilisateur, et u_r le vecteur unitaire radial de l'utilisateur vers le satellite. L'effet Doppler affectera aussi le rythme binaire des signaux binaires transportés par la porteuse au moyen de la dérivée Doppler suivante:

$$f_d^{\ code} = f_d^{\ porteuse} \frac{R_C}{f_p} \tag{3.10}$$

Avec R_C le rythme chip du code pseudo-aléatoire.

3.3.3 Les bruits thermiques du récepteur

Le bruit thermique du recepteur est dû à l'agitation des électrons des conducteurs du récepteur (résistances) sous l'action de la température. Il est considéré comme l'une des sources d'erreur majeures qu'il est possible de filtrer sous certaines conditions. Sa densité de puissance en Watt par Hertz est constante avec la fréquence pour les domaines de fréquences habituellement utilisés en transmission. Elle est donnée par:

$$N_0 = KT\Delta f \tag{3.11}$$

Avec

- $K = 1.38 \times 10^{-23} J/°K$ la constante de Boltzman,
- T la température du récepteur en degrés Kelvin,
- Δf la bande passante du filtre de mesure en Hertz,
- N_0 la puissance du bruit exprimée en Watts, mais convertie en général en dBm.

La puissance totale du bruit à travers une bande passante B vaut:

$$N = N_0 + B + N_r \ (dBm) \tag{3.12}$$

N_r sont les pertes propres au récepteur.

Le rapport entre la puissance du signal et la puissance du bruit constitue une information importante pour toute application des systèmes GNSS. La force du signal est vue comme une bonne indication de la qualité du signal reçu et donc de la mesure de pseudo-distance déduite [2]. Il peut être défini par:

$$SNR = P - N \ (dBm) \tag{3.13}$$

On peut aussi quantifier la qualité du signal par le rapport C/N_0 entre la puissance du signal et la puissance du bruit par unité de largeur de bande comme suit:

$$C/N_0 = P - N + B = C - N_0 = SNR + B(dBHz) \tag{3.14}$$

Où P est la puissance du signal à la réception, C la puissance de la porteuse en dBm ou dBW, N_0 la densité de puissance du bruit en dBm-Hz ou dBW Hz et B la largeur de la bande d'observation.

Les récepteurs ne tolerant pas généralement les signaux en dessous de 30 dB/Hz mais les récepteurs récents à haute sensibilité acceptent une gamme de signaux plus large. Les effets atmosphériques

3.3.4 Le masquage

Le masquage (shadowing en anglais), constitue le problème principal pour les équipes terrain, exigeant une grande précision dans des conditions GNSS difficiles. Il intervient en présence d'un obstacle entre un satellite GNSS et un récepteur qui empêche le recepteur de suivre efficacement l'évolution du satellite et recevoir le signal direct, appelé aussi signal LOS (Line Of Sight). Le classement des environnements en fonction de la hauteur des obstacles et de la largeur des rues a été étudié dans les références [10, 11] et résumé au tableau 3.2. Alors, le récepteur utilise les signaux reçus en leur attribuant des pseudo-distances erronées affectant sensiblement l'estimation de la position à cause de ce masquage.

Tableau 3. 2 Classification des environnements de propagation proposée dans [10, 11].

Environnements	Elévation des masques	Hauteur des masques	Largeur des rues
Dégagé (résidentiel)	< 10°	6 m	7 m
Visibilité réduite (zone industrielle)	10°-40°	8 m	19 m
Visibilité très réduite (urbain)	40°-60°	25 m	20-25 m
Mauvaise visibilité (urbain dense)	> 60°	30m	45-60 m

3.3.5 Les réflexions

La propagation d'un signal dans un environnement contraint subit de nombreuses perturbations associées à des réflexions, diffractions, diffusions [12, 13] ou obstructions du signal par des obstacles proches de l'antenne.

La figure 3.2 présente différents états de réception d'un signal qui sont très fréquents en environnement urbain. Le signal (a) est bloqué par un obstacle (masqué). Le signal (b) est une réception directe d'un signal LOS. Le signal (c) est reçu par multitrajet, c'est-à-dire que le récepteur reçoit le signal en trajet direct (LOS) combiné avec un écho après une réflexion, qui s'appelle signal multitrajet. Le signal (d) représente une réception par réflexion, c'est-à-dire que le récepteur reçoit un signal en l'absence du signal direct.

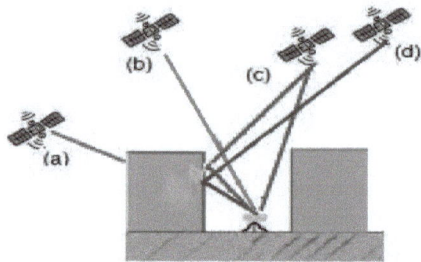

Figure 3. 2 Différents états de réception pour les signaux GNSS [12, 13].

La réflexion du signal satellitaire sur une surface se compose de deux composantes: l'une spéculaire et l'autre diffuse [14, 15].

3.3.6 Les Multitrajets

Le phénomène de multitrajets est provoqué par les différentes surfaces réfléchissantes (le sol, la mer, des toits, des bâtiments, des arbres,...,etc.) et les obstacles entourant le récepteur, qui gènent la propagation des signaux satellitaires. Ces signaux ont tendance à subir des réflexions, des diffractions ou à être complètement bloqués. A la réception, le signal reçu n'est plus le signal LOS souhaité mais plutôt un signal composite qui est la somme du LOS et un ou plusieurs autres signaux à trajets multiples retardés dans le temps et la phase, et ayant des puissances différentes par rapport au signal LOS. Le décalage de phase est lié aux conditions géométriques et temporelles, alors que ce code dépend des caractéristiques du signal. La puissance des signaux multitrajets dépend des propriétés électromagnétiques de la surface réfléchissante (généralement plus faible que le signal LOS). La superposition de deux trajets ayant la même phase peut resulted en un multitrajet fort par rapport au trajet direct [16].

Généralement, ces signaux à trajets multiples déforment le signal reçu et sa fonction corrélation CF et induisent un biais sur l'estimé du retard de propagation du signal direct lors du processus de l'acquisition et de la poursuite du signal reçu. Ce biais donne des erreurs d'estimation des distances satellite/utilisateur [17] de quelques centimètres à plusieurs mètres. Les caractéristiques de ces multitrajets, leurs nombres, amplitudes, retards et déphasages, sont très imprévisibles et dépendent dans une large mesure de l'environnement local.

Alors, le retard d'un m ^{ième} signal multitrajet d'une longueur d_m par rapport au trajet direct d'une longueur d_0 est exprimé par [18]:

$$\Delta\tau_m = \frac{d_m - d_0}{c} \tag{3.15}$$

Où c est la vitesse de la lumiére 3×10^8m/s. Le retard d'un signal multitrajet peut s'exprimer en fonction de l'angle d'élévation d'un satellite θ (figure 3.3), par [19]:

$$\Delta\tau = 2\frac{h}{c}\sin\theta \tag{3.16}$$

Le récepteur choisit le signal direct parmi les signaux multitrajets reçus au delà d'une valeur du retard $\Delta\tau$, par exemple pour le code C/A si le retard $\Delta\tau > 1.5\mu s$ et pour le code P(Y) si le retard $\Delta\tau > 0.5\mu s$ [7]. Notez que la région éventuelle des retards de multitrajets pour le code C/A est alors $2h\sin\theta > 1.5\mu s.c$ ou $\Delta R > 448.5m$. L'augmentation de la distance récepteur-obstacle favorise un affaiblissement du signal multitrajet. En général, les réflexions issues des signaux satellites situés très bas sur l'horizon sont peu atténuées et peu retardées, et provoquent des effets de multitrajets sgnifiants qui rend délicate l'exploitation des mesures en provenance de ces satellites [20].

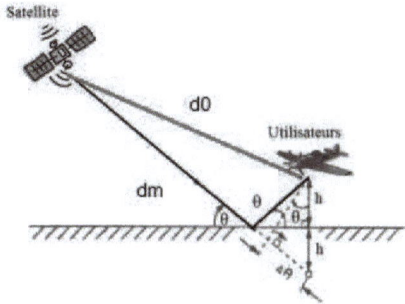

Figure 3. 3   La variation de Multitrajets en fonction de l'angle d'élévation du satellite et l'altitude du récepteur [19].

3.4 Représentation d'un signal multitrajet

Le signal reçu à l'entrée de l'étage du traitement de signal au recepteur GNSS peut s'exprimer en présence de multitrajets [21, 22] par:

$$s_r(t) = \sqrt{2P}\sum_{i=0}^{M}a_i d(t - \tau_i - k_i T_c)c(t - \tau_i - k_i T_c)\cos(2\pi f_0 t + \varphi_i) + \eta(t) \tag{3.17}$$

Où :

- P est la puissance du signal
- a_i le coefficient d'amplitude, variant dans le temps en fonction du coefficient de réflexion, et affecte la $i^{\text{éme}}$ composante du signal reçu,
- $d(t)$ le message de navigation et $c(t)$ son code associé,

- $\Delta T_i = \tau_i + k_i T_c$ le retard de propagation total, variant dans le temps, de chaque composante M du signal reçu. T_c est la durée chip du code C/A.

- $k_i T_c$ la somme des retards de propagation, connue d'après le processus d'acquisition,

- τ_i le retard relatif de la i ^{ieme} composante du signal réfléchi par rapport au signal direct, sa mesure est effectivement réalisée par la boucle de poursuite de code,

- f_0 la fréquence intermédiaire.

- φ_i la phase variant dans le temps. C'est une fonction du retard de propagation $k_i T_c$, de la phase initiale φ_0 et du changement de phase dû à la réflexion.

- $\eta(t)$ le bruit.

Le signal direct est exprimé pour l'indice $i = 0$ par:

$$s_{LOS}(t) = \sqrt{2P}a_0 \, d(t - \tau_0)c(t - \tau_0) \cos(2\pi f_0 t + \varphi_0) \qquad (3.18)$$

De plus, puisque nous ne nous intéressons qu'aux mesures des erreurs de navigation, nous allons négliger, dans les développements [14, 23] suivants, l'influence du message des données. Nous allons se concentrer de manière plus précise, dans la suite, sur l'influence des multitrajets spéculaires sur les performances de la réception au niveau de la boucle de poursuite de code.

Pour le cas d'un multitrajet spéculaire, le signal peut être exprimé sous la forme:

$$s_r(t) = \sqrt{2P}a_0 \, d(t - \tau_0)c(t - \tau_0) \cos(2\pi f_0 t + \varphi_0)$$

$$+\sqrt{2P}a_1 d(t - \tau_1 - kT_c)c(t - \tau_1 - kT_c) \cos(2\pi f_0 t + \varphi_1) + \eta(t) \qquad (3.19)$$

Où τ_1 représente le retard de la 1ère composante du signal réfléchi par rapport au signal LOS. Les paramètres caractérisant le signal multitrajet sont considérés constants et déterministes sur de courtes périodes (fenêtre d'observation) comme nous allons les présenter et les traiter tout au long de notre travail. Ainsi, nous allons utiliser un modèle de multitrajets spéculaires avec lequel il est facile de travailler et même facilite de comprendre les processus de traitement du signal pour bien les généraliser. Le bruit est omis dans le reste de notre travail.

3.5 Représentation de la fonction de corrélation d'un signal multitrajet

En présence de multitrajet diffuse, la fonction de corrélation (CF) déformée s'exprime comme suit:

$$\hat{R}(\tau) = a_0 R_{LOS}(\tau - \tau_0) + \sum_{i=1}^{N} a_i \cos(\varphi_i - \hat{\varphi}_0) R_{LOS}(\tau - \tau_0 - \tau_i) \qquad (3.20)$$

Elle prend la forme pour un multitrajet spéculaire:

$$\hat{R}(\tau) = a_0 R_{LOS}(\tau - \tau_0) + a_1 \cos(\varphi_1 - \hat{\varphi}_0) R_{LOS}(\tau - \tau_0 - \tau_1) \qquad (3.21)$$

Les figures 3.4 (a) et (b) présentent les allures respective des CFs composites en présence de multitrajets spéculaires en phase ($\varphi_1 - \hat{\varphi}_0 = 0$) et en opposition de phase ($\varphi_1 - \hat{\varphi}_0 = \pi$). On considère l'exemple de la CF d'un signal SinBOC avec M=2. On suppose que le signal multitrajet spéculaire par rapport au signal LOS est retardé de $\tau_0 - \tau_1 = \frac{T_C}{5} chip$ et a une amplitude relative $A = \frac{a_1}{a_0} = 0,5$. On remarque clairement que le multitrajet peut aussi produire plusieurs pics dans la corrélation. Ces pics sont déphasés d'une durée qui correspond à la longueur que le trajet indirect a parcouru en plus du trajet direct avant de parvenir à l'antenne. Cette déformation du pic de corrélation pouvant créer une imprécision sur la localisation du pic principal et l'estimation de la valeur de temps de propagation τ_0. Cependant, dans le cas où le signal multitrajet est en phase avec le signal LOS (figure 3.4 (a)), la composante multitrajet MP va se rajouter de manière **constructive** avec le trajet direct. L'estimation du temps de propagation sera alors surestimée. Si le multitrajet est en opposition de phase avec le trajet direct (figure 3.4 (b)), la composante MP va se rajouter de manière **destructive** avec le LOS; ce qui aura pour conséquence de sous estimer l'estimation du retard.

En effet, le développement de nouveaux corrélateurs dans le bloc "traitement du signal" du récepteur pourra atténuer l'impact de cette distorsion et extraire le pic principal correspondant au trajet direct LOS. On note que l'impact du multitrajet devient plus significatif si son retard est plus petit que la durée d'un chip T_c.

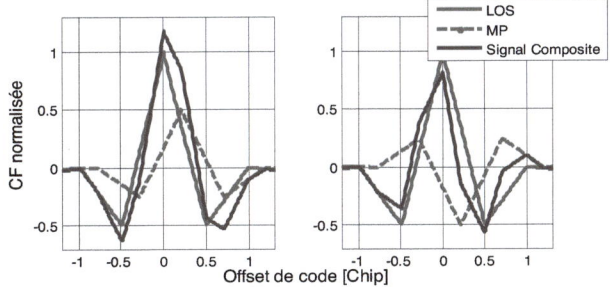

Figure 3. 4   Exemple de la CF SinBOC avec M=2 à la réception en présence d'un multitrajet: (a) en phase, (b) en opposition de phase.

3.6 Caractérisation des performances de la DLL en présence des multitrajets

La boucle de poursuite de code utilise la corrélation du code pour caler sa réplique locale sur celle du signal reçu. La présence de multitrajets aurra pour conséquence directe la déformation de la tension d'erreur et une translation du premier point de passage à zéro (le point de fonctionnement). En effet, la boucle de poursuite DLL poursuit le retard du signal composite reçu, et non celui du signal LOS. Donc, la DLL s'asservit sur une mauvaise valeur du retard et commet une erreur de poursuite sur l'estimation du retard du signal direct, connue comme "**offset de code**". Les signaux à trajets multiples avec des retards relatifs moins de $1.5T_c$ peuvent induire des erreurs de positionnement importantes, sinon le récepteur les rejettent puisque la corrélation de ces signaux avec le code local est trop faible. Par exemple, si la longueur relative des signaux indirects L1 GPS est inférieure à 0.5 chip, $\tau_0 - \tau_i \approx 488ns$, la pseudo-distance vaut alors: $3.10^8 \times 488.10^{-9} = 146,4\ m$.

Nous signalons que les effets Doppler affectant le signal GNSS seront négligés pour mener à bien nos calculs.

3.6.1 Expression de la tension d'erreur de la DLL cohérente en présence de multitrajets

En présence de multitrajets diffus, la DF cohérente est formée en soustrayant les signaux avance et retard [24]:

$$\widehat{D}_{C-ELP}(t, \hat{\tau}_0) = \sum_{i=0}^{N} a_i \left[R_p \left(\hat{\tau}_0 - \tau_i - \frac{\Delta\tau}{2} \right) - R_p \left(\hat{\tau}_0 - \tau_i + \frac{\Delta\tau}{2} \right) \right] cos(\varphi_i - \hat{\varphi}_0) \tag{3.22}$$

En présence de multitrajets spéculaires, la tension d'erreur s'exprime maintenant,

$$\widehat{D}_{C-ELP}(t, \hat{\tau}_0) = a_0 \left[R_p \left(\hat{\tau}_0 - \tau_0 - \frac{\Delta\tau}{2} \right) - R_p \left(\hat{\tau}_0 - \tau_0 + \frac{\Delta\tau}{2} \right) \right] cos(\varphi_0 - \hat{\varphi}_0)$$

$$+ a_1 \left[R_p \left(\hat{\tau}_0 - \tau_1 - \frac{\Delta\tau}{2} \right) - R_p \left(\hat{\tau}_0 - \tau_1 + \frac{\Delta\tau}{2} \right) \right] cos(\varphi_1 - \hat{\varphi}_0) \tag{3.23}$$

Où:

- $\tau_m = \hat{\tau}_0 - \tau_0$ représente la différence de phase entre le code reçu direct estimé et le code local,

- $\Delta\tau_m = \tau_1 - \tau_0$ est associé au retard relatif du signal réfléchi par rapport au signal direct,

- $\Delta\varphi_m = \varphi_1 - \hat{\varphi}_0$ représente la différence de phase relative du signal réfléchi par rapport au signal direct.

D'après l'équation (2.16) et supposant que la PLL s'asservie sur la phase du trajet direct, $\varphi_0 - \hat{\varphi}_0 = 0$, la tension d'erreur de la DLL C-ELP, en présence de multitrajets spéculaires, est reformulée comme suit :

$$\widehat{D}_{C-ELP}(\Delta\tau_m) = D_{C-ELP}(\tau_m) + A \, cos(\Delta\varphi_m) D_{C-ELP}(\tau_m - \Delta\tau_m) \tag{3.24}$$

On peut remarquer, en comparant (3.25) au (2.16) que le fonctionnement de l'opération de poursuite est affectée par la présence de la composante multitrajet dans le signal reçu. Les Figures 3.5, 3.6 et 3.7 présentent les DFs C-ELP avec un espacement de chip standard $\Delta\tau = \frac{4T_c}{5M}$ pour un signal SinBOC d'ordre de modulation M=2 en présence des multitrajets spéculaires en fonction de la phase relative $\Delta\varphi_m$, de l'amplitude relative A (SMR, Signal to Multipath Ratio) et du retard relatif $\Delta\tau_m$. On Remarque que la tension d'erreur est distordue et ne passe plus par zéro en zéro; ce qui résulte en une erreur de poursuite du code en présence de multitrajets. Le niveau de distorsion et la valeur de biais d'erreur sont plus ou moins lies aux caractéristiques du multitrajet. La valeur du biais d'erreur est la même pour les deux cas de la phase $\Delta\varphi_m = 0$ et $\Delta\varphi_m = \pi$. Mais elle est positive dans le cas d'un multitrajet constructif ($\Delta\varphi_m = 0$) et négative ($\Delta\varphi_m = \pi$) dans le cas d'un multitrajet destructif.

De plus, plusieurs points de passage par zéro, sont observes; ce qui conduit à une forte ambigüité sur le processus de verrouillage de la DLL et une erreur sur l'estimation du retard.

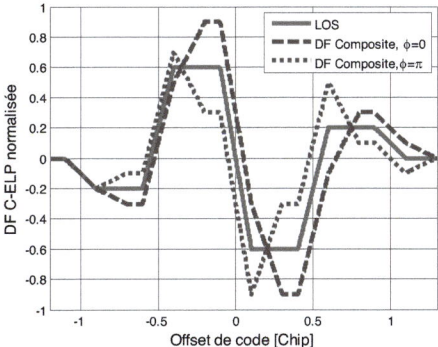

Figure 3. 5 DF C-ELP avec $\Delta\tau = \frac{4T_c}{5M}$ en présence de multitrajets pour $\Delta\tau_m = \frac{T_c}{5}$ et $A = 0.5$.

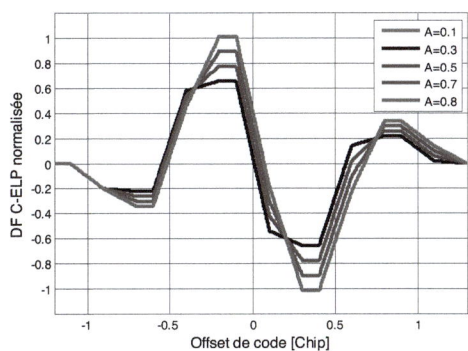

Figure 3.6 DF C-ELP avec $\Delta\tau = \frac{4T_c}{5M}$ en présence de multitrajets pour $\Delta\tau_m = \frac{T_c}{5}$ et $\Delta\varphi_m = 0$.

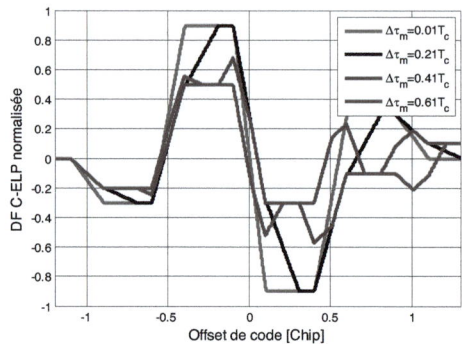

Figure 3.7 DF C-ELP avec $\Delta\tau = \frac{4T_c}{5M}$ en présence de multitrajets pour $\Delta\varphi_m = 0$ et $A = 0.5$.

3.6.2 Expression de la tension d'erreur de la DLL non-cohérente en présence de multitrajets

L'expression de la tension d'erreur de la boucle de poursuite de code non-cohérente en présence de multitrajets diffus est [25]:

$$\widehat{D}_{NC-ELP}(t, \hat{t}_0)$$

$$= \left|\sum_{i=0}^{N} a_i \cos(\varphi_i - \widehat{\varphi}_0) R_p\left(\hat{t}_0 - \tau_i - \frac{\Delta\tau}{2}\right)\right|^2 - \left|\sum_{i=0}^{N} a_i \cos(\varphi_i - \widehat{\varphi}_0) R_p\left(\hat{t}_0 - \tau_i + \frac{\Delta\tau}{2}\right)\right|^2 \qquad (3.25)$$

En présence de multitrajets spéculaires, elle est exprimée par:

$$\widehat{D}_{NC-ELP}(t, \hat{t}_0)$$

$$= \left(a_0 \cos(\varphi_0 - \widehat{\varphi}_0) R_p\left(\hat{t}_0 - \tau_0 - \frac{\Delta\tau}{2}\right) + a_1 \cos(\varphi_1 - \widehat{\varphi}_0) R_p\left(\hat{t}_0 - \tau_1 - \frac{\Delta\tau}{2}\right)\right)^2$$

$$- \left(a_0 \cos(\varphi_0 - \widehat{\varphi}_0) R_p\left(\hat{t}_0 - \tau_0 + \frac{\Delta\tau}{2}\right) + a_1 \cos(\varphi_1 - \widehat{\varphi}_0) R_p\left(\hat{t}_0 - \tau_1 + \frac{\Delta\tau}{2}\right)\right)^2 \qquad (3.26)$$

$$\widehat{D}_{NC-ELP}(t, \hat{t}_0)$$

$$= a_0^2 \cos(\varphi_0 - \widehat{\varphi}_0)^2 \left(R_p^2\left(\hat{t}_0 - \tau_0 - \frac{\Delta\tau}{2}\right) - R_p^2\left(\hat{t}_0 - \tau_0 + \frac{\Delta\tau}{2}\right)\right)$$

$$+ a_1^2 \cos(\varphi_1 - \widehat{\varphi}_0)^2 \left(R_p^2\left(\hat{t}_0 - \tau_1 - \frac{\Delta\tau}{2}\right) - R_p^2\left(\hat{t}_0 - \tau_1 + \frac{\Delta\tau}{2}\right)\right)$$

$$+ 2a_0 a_1 \cos(\varphi_0 - \widehat{\varphi}_0) \cos(\varphi_1 - \widehat{\varphi}_0) \left(R_p\left(\hat{t}_0 - \tau_0 - \frac{\Delta\tau}{2}\right) R_p\left(\hat{t}_0 - \tau_1 - \frac{\Delta\tau}{2}\right)\right.$$

$$\left. - R_p\left(\hat{t}_0 - \tau_0 + \frac{\Delta\tau}{2}\right) R_p\left(\hat{t}_0 - \tau_1 + \frac{\Delta\tau}{2}\right)\right) \qquad (3.27)$$

Soit en insérant les différentes notations τ_m, $\Delta\tau_m$ et $\Delta\varphi_m$, et en négligeant l'influence de la boucle de phase sur les performances de la boucle de code, $\varphi_0 - \hat{\varphi}_0 = 0$, nous obtenons alors:

$$\hat{D}_{NC-ELP}(\Delta\tau_m)$$

$$= \left(a_0 R_p \left(\tau_m - \frac{\Delta\tau}{2} \right) + a_0 R_p \left(\tau_m + \frac{\Delta\tau}{2} \right) + a_1 \cos(\Delta\varphi_m) R_p \left(\tau_m - \Delta\tau_m - \frac{\Delta\tau}{2} \right) \right.$$

$$\left. + a_1 \cos(\Delta\varphi_m) R_p \left(\tau_m - \Delta\tau_m + \frac{\Delta\tau}{2} \right) \right)$$

$$\times \left(a_0 R_p \left(\tau_m - \frac{\Delta\tau}{2} \right) - a_0 R_p \left(\tau_m + \frac{\Delta\tau}{2} \right) + a_1 \cos(\Delta\varphi_m) R_p \left(\tau_m - \Delta\tau_m - \frac{\Delta\tau}{2} \right) \right.$$

$$\left. - a_1 \cos(\Delta\varphi_m) R_p \left(\tau_m - \Delta\tau_m + \frac{\Delta\tau}{2} \right) \right) \tag{3.28}$$

D'après (2.16) et (2.20), on obtient:

$$\hat{D}_{NC-ELP}(\Delta\tau_m) = \left(D_{E+L}(\tau_m) + \frac{a_1}{a_0} \cos(\Delta\varphi_m) D_{E+L}(\tau_m - \Delta\tau_m) \right)$$

$$\times \left(D_{C-ELP}(\tau_m) + \frac{a_1}{a_0} \cos(\Delta\varphi_m) D_{C-ELP}(\tau_m - \Delta\tau_m) \right) \tag{3.29}$$

D'après (3.25), la sortie de la DLL non-cohérente, en présence de multitrajet spéculaire prend la forme:

$$\hat{D}_{NC-ELP}(\Delta\tau_m) = \hat{D}_{E+L}(\Delta\tau_m) \times \hat{D}_{C-ELP}(\Delta\tau_m) \tag{3.30}$$

Tel que:

$$\hat{D}_{E+L}(\Delta\tau_m) = D_{E+L}(\tau_m) + \frac{a_1}{a_0} \cos(\Delta\varphi_m) D_{E+L}(\tau_m - \Delta\tau_m) \tag{3.31}$$

Alors, la tension d'erreur de la DLL non-cohérente est en fonction de celle de la DLL-cohérente qui se multiplie par un terme du 1er ordre. Ce terme spécifique varie ainsi en fonction du retard du multitrajet. En effet, on conclut rapidement d'après (3.31) et les simulations de la DF C-ELP (figures 3.5, 3.6 et 3.7) qu'il y aura un déplacement du point qui peut être négatif ou positif et une déformation de l'allure de la DF NC-ELP qui peut être moins ou plus suivant les paramètres relatifs du trajet réfléchi par rapport au trajet direct: amplitude, retard et phase.

La figure 3.8 illustre la variation de la tension d'erreur de la DLL non-cohérente et l'impact du terme $\hat{D}_{E+L}(\Delta\tau_m)$, en fonction du retard du multitrajet MP. En effet, on remarque que la courbe $\hat{D}_{E+L}$ a une valeur constante et positive dans la zone de fonctionnement de la tension d'erreur, $\Delta\tau$. Donc, le terme $\hat{D}_{E+L}(\Delta\tau_m)$ n'a pas d'influence sur le point de fonctionnement de la tension d'erreur, c'est à dire sur l'estimation du retard du signal direct, mais sur la pente de la tension d'erreur dans cette zone.

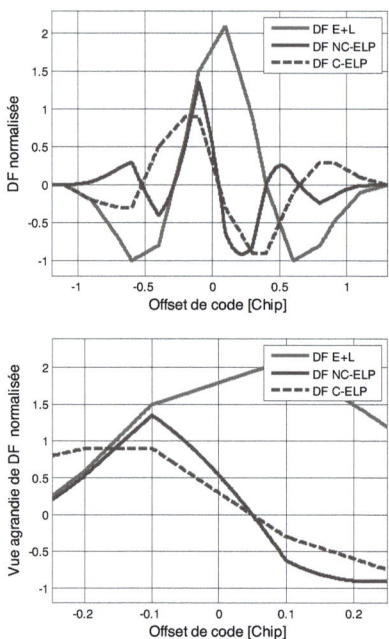

Figure 3.8 DF NC-ELP et DF C-ELP avec $\Delta\tau = \frac{4T_c}{5M}$ en présence de multitrajets

pour $\Delta\tau_m = \frac{T_c}{5}$ et $A = 0.5$.

3.7 Expression de l'offset de code en présence de multitrajets spéculaires

En absence de multitrajets et bruits, la boucle DLL fait tendre la tension d'erreur vers zéro pour une valeur de $\Delta\tau_m = 0$. En présence de multitajets, la boucle DLL fait tendre vers zéro, mais pour une valeur $\Delta\tau_m$ non nulle. Il en résulte une erreur de poursuite, nommée offset de code. Pour obtenir l'expression de l'offset de code en fonction de la variable $\Delta\tau_m$, il nous faut donc résoudre maintenant, par rapport à la variable τ_m, les équations (3.24) et (3.30) correspondantes aux configurations cohérente et non-cohérente. La valeur $\Delta\varphi_m$ étant assimilée à une constante sur l'intervalle d'observation.

- **Pour la DLL-cohérente**

$$D_{C-ELP}(\tau_m) + A\,cos(\Delta\varphi_m)\,D_{C-ELP}(\tau_m - \Delta\tau_m) = 0 \qquad (3.32)$$

- **Pour la DLL non-cohérente**

$$\widehat{D}_{E+L}(\Delta\tau_m) \times \widehat{D}_{C-ELP}(\Delta\tau_m) = 0 \qquad (3.33)$$

Pour obtenir l'expression de l'offset de code de la DLL cohérente en fonction des paramètres des signaux réfléchis par rapport au signal direct, il nous faut donc, pour les différentes valeurs de $\Delta\tau_m$, calculer l'expression du point d'intersection de deux courbes correspondantes aux tensions d'erreur directe et réfléchie. Le décalage d'une fonction par rapport à l'autre nous conduit à distinguer des zones différentes qui ont des intervalles de validité déterminés.

En pratique, la phase relative d'un multitrajet par rapport à la phase du signal LOS n'est pas constante (les Dopplers ne sont pas forcément égaux) et donc un multitrajet stationnaire peut basculer de l'état destructif à l'état constructif. Ce fait que les erreurs induites par un multitrajet peuvent varier au cours du temps. Donc les performances d'un algorithme de traitement en présence d'un multitrajet sont souvent représentées par le tracé de son enveloppe d'erreur. Le tracé représentatif de l'offset de code est nommé **"enveloppe d'erreur de multitrajets"** (MEE, Multipath error envelope). L'offset de code est dépend de l'amplitude, du retard et de la phase relatifs du signal réfléchi par rapport au signal direct. Il est aussi lié à l'espacement de chip comme le montre les équations (3.32) et (3.33).

3.7.1 Expression de l'offset de code maximale absolue en présence de multitrajets spéculaires

La recherche de l'enveloppe d'erreur passe par la recherche des solutions maximales des équations (3.32) et (3.33). Nous remarquons que les erreurs de code absolues maximales se produisent pour les deux configurations de réception cohérente en non-cohérente pour :

$$Max\left(\mathcal{D}\,_{\substack{C-ELP \\ NC-ELP}}(\Delta\tau_m)\right) \qquad \cos(\Delta\varphi_m) = \pm 1 \tag{3.34}$$

Alors c'est pour
$$\Delta\varphi_m = \begin{cases} \varphi_1 - \hat{\varphi}_0 = 0 \\ \varphi_1 - \hat{\varphi}_0 = \pi \end{cases}$$

On obtient ainsi pour la tension d'erreur de code, la courbe simplifiée :

$$max\left(\mathcal{D}_{C-ELP}(\Delta\tau_m)\right) = D_{C-ELP}(\tau_m) \pm AD_{C-ELP}(\tau_m - \Delta\tau_m) \tag{3.35}$$

$$max\left(\mathcal{D}_{NC-ELP}(\Delta\tau_m)\right) = \left(D_{E+L}(\tau_m) \pm AD_{E+L}(\tau_m - \Delta\tau_m)\right) \times max\left(\mathcal{D}_{C-ELP}(\Delta\tau_m)\right) \tag{3.36}$$

Le tracé de l'enveloppe d'erreur représente les solutions τ_m pour tous les retards $\Delta\tau_m$ relatifs du signal réfléchi par rapport au signal direct [26]. Il donne une bonne idée de l'effet des multitrajets sur l'erreur de poursuite de code et les performances des techniques de corrélation [27]. Plus l'enveloppe des multitrajets est faible, meilleure sera la technique de mitigation des multitrajets utilisée.

3.7.2 Moyenne courante de l'erreur de multitrajets

Un autre critère fiable qui peut server à analyser les performances de multitrajets est le calcul de la moyenne courante de l'erreur de multitrajets (RAE, Running Average Error) qui est la somme commutative des valeurs absolues maximales de l'enveloppe d'erreur [28]. De bonnes performances de trajets multiples sont caractérisées par une petite valeur moyenne maximale et une convergence rapide vers zéro.

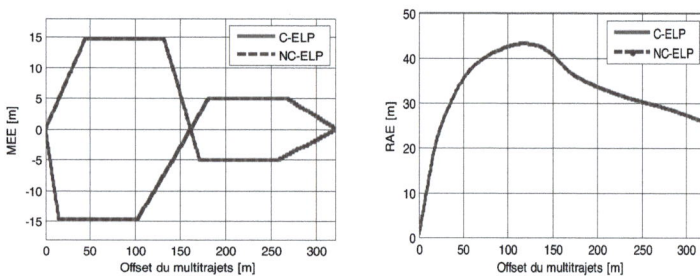

Figure 3.9 Comparaison entre l'offset d'erreur des multitrajets dans C-ELP et NC-ELP avec $\Delta\tau = \frac{4T_c}{5M}$ pour $\Delta\tau_m = \frac{T_c}{5}$ et $A = 0.5$.

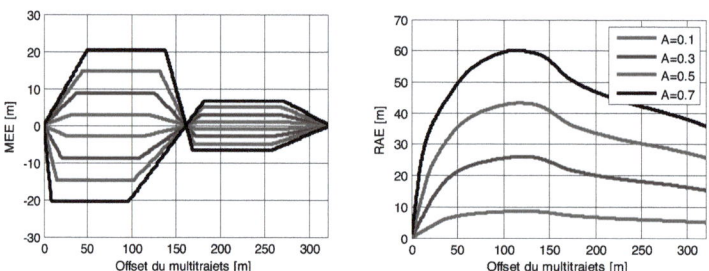

Figure 3.10 Comparaison entre l'offset d'erreur des multitrajets dans C-ELP et NC-ELP avec $\Delta\tau = \frac{4T_c}{5M}$ pour $\Delta\tau_m = \frac{T_c}{5}$.

Toutes les courbes présentées dans ce qui suit sont normalisées par rapport à la durée chip. Pour obtenir l'erreur équivalente en mètres, on doit donc multiplier les offsets résultantes par la valeur 293.25.

$$\tau_m = \tau_m \times \frac{c}{f_c} = \tau_m \times \frac{3\times10^8}{1.023\times10^6} \approx \tau_m \times 293.25 \quad (m) \tag{3.37}$$

Les figures 3.9 (a) et (b) illustrent respectivement les MEEs et RAEs d'un signal SinBOC avec M=2 pour une DLL cohérente et non-cohérente avec un espacement de chip $\Delta\tau = \frac{4T_c}{5M}$ et $A = 0.5$ en présence d'un multitrajet spéculaire. En effet, ces figures montrent que les offsets de codes maximales de ces deux configurations cohérente et non-cohérente sont similaires. La figure 3.10 présente l'offset de code maximale et sa moyenne pour différentes valeurs de A qui montrent que ces dernières sont inversement proportionnelles à la valeur des erreurs.

3.8 Techniques de mitigations et corrections de Multitrajets

L'effet de multitrajets constitue une des sources d'erreurs majeurs pour les applications GNSS de haute précision de positionnement [29, 30]. Ceci justifie l'intérêt grandissant qu'accorde les chercheurs à la caractérisation de la dégradation de la précision des informations GNSS imposée par le canal multitrajet. Ce qui a poussé à la recherche des techniques permetant de réduire, ou éliminer les effets de multitrajets sur les observations GNSS. Ces techniques de mitigation de multitrajets sont classées en trois catégories principales:

- Des techniques de réception multi-antennes [31],
- Des techniques de post-corrélation et au cours de la corrélation pour estimer la direction du signal d'intérêt [32],
- Des méthodes de traitement du signal qui sont au sein des algorithmes de réception [33].

3.8.1 Les techniques de prétraitement et de réception multi-antennes

On appliqué ces techniques avant que les signaux issus des satellites pénètrent dans la chaîne de traitement du récepteur [34-39]. Parmi ces techniques, on trouve:

- Les méthodes qui développent des modèles caractérisant la propagation par trajets multiples pour choisir les antennes de réception performants. On trouve dans cette famille l'antenne Choke-Ring [5], multi-beam qui est munie d'un plan absorbant polarisé [34-36].
- Les techniques qui garantissent la répétabilité de la propagation par trajets multiples d'un jour à l'autre, et qui caractérisent l'environnement de propagation par trajets multiples en azimut et en élévation [39].

3.8.2 Les techniques au sein du bloc de traitement du signal à la réception

Ces techniques font partie des boucles de poursuite de code et de fréquence. Deux techniques différentes sont généralement utilisées dans cette famille:

- La première approche la plus importante [28] est la modification de la boucle de poursuite en utilisant le n-EML (narrow correlator) [40], SC (Strobe Correlator) [41-43], MET (Multipath Elimination Technology), PAC (Pulse Aperture

---

[5]L'antenne Choke Ring: La conception de l'antenne Choke Ring consiste à envelopper un élément d'antenne central avec plusieurs anneaux conducteurs concentriques, placés dans une gaine protectrice. Sa conception lui donne la capacité de rejecter les multitrajets et les signaux à faible altitude (y compris les réfrexions au sol).

Correlator) de NovAtel [14], MCRW (Modified Correlator Reference Waveform) [41, 44] et MGD (Multiple Gate Delay) [45],...etc.

▪ La seconde repose sur l'estimation des signaux directs et des signaux réfléchis afin d'identifier leurs paramètres caractéristiques (l'amplitude, le retard de propagation et la phase) par l'emploi des méthodes "MEDLL" (Multipath Estimating DLL), "Modified RAKE DLL", "MMT" (Multipath Mitigation Technology), l'estimateur des moindres carrés (MC) et les moindres carrés pondérés (MCP), ou encore les filtres bayésiens statiques (filtre Kalman), filtres particuliers basés sur une estimation séquentielle de Monte Carlo (SCM).

3.8.3 Les techniques de post-traitement et d'estimation

On appliqué ces techniques au bloc d'estimation de la position après la mesure de la pseudo-distance. Parmi ces techniques, on trouve:

▪ Des méthodes basées sur l'analyse de la cohérence des différentes mesures de code, et l'élimination des satellites de grande biais de position (les plus bas étant les plus sensibles aux multitrajets) [46] par l'emploi d'algorithme d'intégrité[6] RAIM (Receiver Autonomous Integrity Monitoring)[47]. Le principe de l'algorithme RAIM consiste en la redondance de mesures et l'exclusion d'une mesure identifiée comme fautive.

3.9 Influence des paramètres de signal et de récepteur sur l'erreur de multitrajet

Dans notre travail, nous nous intéressons aux techniques de mitigation des multitrajets au sein du bloc de traitement de signal. Les performances de la navigation et la réception des signaux affectés par les multitrajets dépendent de différents paramètres du signal reçu et du récepteur. Parmi les paramètres les plus influents, on cite:

- Le type de modulation,

- Le taux de chip,

- La bande passante de pré-corrélation du filtre front-end utilisé,

- Le type de discriminateur utilisé dans la boucle de poursuite de code,

- Le type de corrélateur utilisé,

- L'espacement de chip entre les corrélateurs utilisés dans les boucles DLL et PLL,

- Le nombre des signaux à trajets multiples,

- Les retards, les amplitudes et les phases des signaux multirajets par rapport au signal LOS, etc.

---

[6] L'intégrité est définie comme l'aptitude du système à alerter en temps utile l'utilisateur de son impossibilité de fournir le service de positionnement dans les conditions attendues

La communauté GNSS a commencé des études d'atténuation de trajets multiples basées sur la corrélation et la fonction discriminatoire des boucles DLLs au début des années 1990. Dans la suite, nous présentons un récapitulatif des méthodes classiques de mitigation les plus célèbres élaborées pour les signaux GNSS existants. Ces techniques sont commercialement disponibles dans les récepteurs GNSS.

3.10 Les techniques de correction des multitrajets au bloc de traitement du signal

3.10.1 La technique n-EML

La technique de corrélation étroite n-EML est connue depuis quelques années [19]. Le diagramme en bloc de son principe de fonctionnement est présenté à la figure 3.11 et les sorties des corrélateurs sont données par les équations (2.13) et (2.14). La première génération de récepteurs GPS a utilisé les "corrélateurs standards" qui ont un espacement de chip entre corrélateurs fixé à une valeur inférieure à un chip ($\Delta\tau \leq$ 1 $chip$). Le concept principal derrière les corrélateurs n-EML est la rétrécission d'espacement de chip à une valeur inférieure à un demi chip ($\Delta\tau < 0.5\ chip$). Ceci permet de réduire les erreurs de poursuite en présence de bruit et de propagation par trajets multiples [19]. Bien que le corrélateur étroit est développé pour les signaux BPSK, on peut également l'utiliser pour les signaux BOC. Le choix de l'espacement de chip est lié à la bande de pré-corrélation du filtre utilisé avec la fréquence d'échantillonnage associée [48]:

$$\Delta\tau \geq \frac{f_{chip}}{BW} \tag{3.38}$$

Où f_{chip} est le taux de chip du code et BW la bande passante d'un filtre front-end. La bande passante du filtre est inversement proportionnelle à l'espacement de chip.

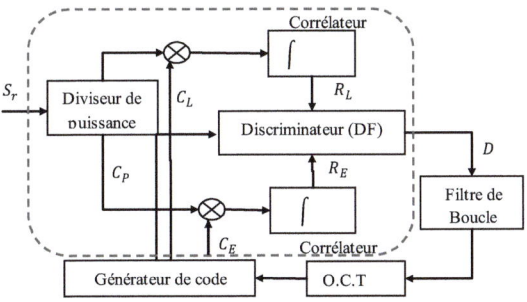

Figure 3.11 Diagramme de bloc d'une DLL à base de la corrélation conventionnelle.

Plusieurs DFs peuvent être utilisées avec le corrélateur étroit, comme, par exemple, les discriminateurs C-ELP, NC-ELP, DP-ELP (voir tableau 2.1). Cependant, nos résultats sont basés uniquement sur la structure cohérente C-ELP car ces différents discriminateurs ont des performances presque similaires. L'évaluation de nos résultats est faite en supposant que l'espacement de chip du discriminateur n-EML est $\Delta\tau = 0.1$ *chip*, ainsi que la bande de pré-corrélation est illimitée.

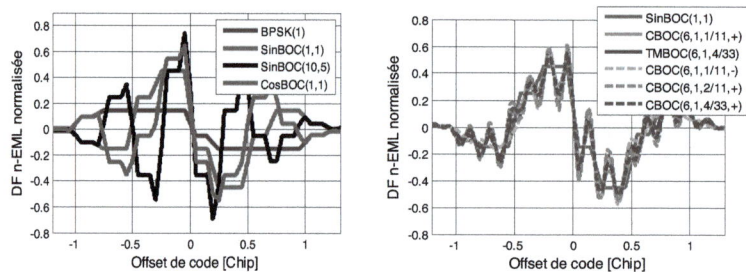

Figure 3.12 Les allures des DFs n-EML avec $\Delta\tau = 0.1$ *chip* pour différents signaux SinBOC, CosBOC et MBOC.

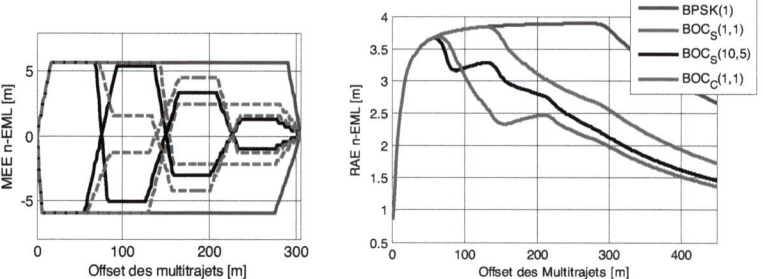

Figure 3.13 Les MEEs et RAEs d'un corrélateur n-EML avec $\Delta\tau = 0.1$ *chip* pour différents signaux SinBOC, CosBOC et BPSK(1).

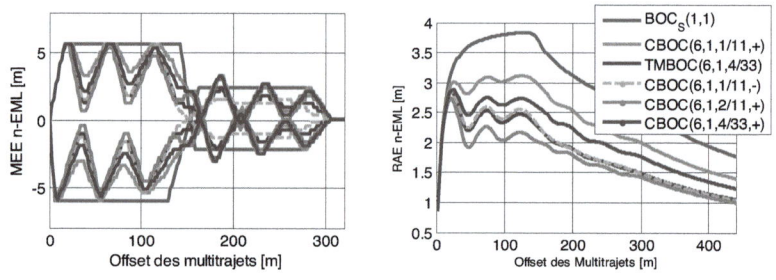

Figure 3.14 Les MEEs et RAEs d'un corrélateur n-EML avec $\Delta\tau = 0.1$ *chip* pour différents signaux MBOC.

Les courbes-S sur les figures 3.12 sont présentées pour différents signaux, SinBOC, CosBOC et MBOC, en supposant que les paramètres relatifs de multitrajets sont $\alpha_m = 0.5$, $\Delta\tau_m = T_c/5$ chip et $\varphi_m = 0$. Nous pouvons remarquer que l'effet de multitrajets est réduit parce que la courbe-s du corrélateur n-EML est moins déformée et retardée par rapport à celle du corrélateur standard. Ainsi, on remarque que la DF n-EML pour un signal BPSK a un seul point de verrouillage stable à ($\tau = 0$). Par contre, pour SinBOC(1,1), CosBOC(1,1) et MBOC, elle a trois points de verrouillage stables, et deux points instables à T_c. Ces points introduisent un problème d'ambigüité dans la poursuite de code; ce qui signifie que la DLL peut se tromper et commet une erreur de poursuite sur l'estimation du retard du signal direct. Ces points d'ambigüités augmentent proportionnellement à la valeur de l'ordre de modulation M.

Les figures 3.13 et 3.14 présentent le MEE et le RAE du discriminateur n-EML pour des signaux BOC, BPSK(1) et MBOC. Les simulations sont effectuées en supposant que le multitrajet est maximal ($\varphi_m = \{0, \pi\}$), a une amplitude relative de $\alpha_m = 0.5$ et un retard $\Delta\tau_m$ variant de 0 à ($MT_{sc} + \Delta\tau$) chip. Il est possible de voir d'après les figures 3.13 et 3.9 que les erreurs maximales de multitrajets du n-EML sont deux fois plus petits que ceux du discriminateur standard pour les retards inférieurs à 150 m. En outre, on remarque que le signal CosBOC donne une meilleure mitigation du multitrajet aux retards relatifs moyens du multitrajet par rapport au signal SinBOC de même ordre M.

Comme montre la Figure 3.14, les signaux TMBOC et CBOC ont de meilleures performances par rapport aux signaux BOC et BPSK pour tous les retard relatifs $\Delta\tau_m$ et principalement dans les retards moyens d'environ 150 m. Néanmoins, tous les signaux ont presque les mêmes performances en termes des multitrajets pour les courts retards. En outre, on peut voir que l'implémentation CBOC(6,1,2/11, +) est la plus robuste car elle possède un pic de corrélation principal le plus étroit. Les signaux CBOC(6,1,1/11,-) et TMBOC(6,1,4/33) présentent à peu près la même performance aux multitrajets.

3.10.2 La technique Double Delta (ΔΔ)

La technique Double Delta (ΔΔ), proposée pour améliorer la boucle de poursuite de code, est basée sur l'augmentation du nombre de corrélateurs pour former le discriminateur. Elle fait partie des deux cas particuliers typiques de discriminateurs: "HRC" (High Resolution correlator) [49] et "SC" (Strobe Correlator) de Ashtech [41, 42]. Plusieurs discriminateurs peuvent être aussi réalisés par la combinaison différente de ces corrélateurs, comme le "PAC" (Pulse Aperture Correlator) de Novatel [14], le "MCRW" (Modified Correlator Reference Waveform) [41, 44] et le "MGD" (Multiple Gate Delay).

3.10.3 La technique MGD

Le nombre de corrélateurs Early-Late et les facteurs de pondération utilisés pour les combiner caractérisent la technique MGD (Multiple Gate Delay) [45]. Ceux-ci sont optimisés en fonction du profil de multitrajets, comme mentionné dans [50]. Cette méthode est plus performante aux ambigüités de la CF BOC. Toutefois, elle offre des performances légèrement meilleures que la n-EML au dépens d'une complexité plus élevée et une sensibilité aux paramètres choisis de la DF (les pondérateurs, le nombre de corrélateurs et l'espacement de chip) [50, 51]. Dans [50], il est également indiqué que la technique $\Delta\Delta$ représente un cas particulier de l'implémentation MGD. Dans notre travail, nous s'intéressons aux techniques les plus célèbres HRC et SC.

3.10.4 La technique HRC

La technique HRC utilise deux paires de corrélateurs pour cnstruire une fonction linéaire de discriminateur [49];

$$D_{HRC}(\tau) = \left[R_E\left(\tau - \frac{\Delta\tau}{2}\right) - R_L\left(\tau + \frac{\Delta\tau}{2}\right)\right] - \frac{1}{2}\left[R_E(\tau - \Delta\tau) - R_L(\tau + \Delta\tau)\right] \tag{3.39}$$

La technique HRC effectue l'opération de la poursuite de code en utilisant la dérivée seconde du code généré localement d'après L. Weill [52]. Donc, un discriminateur de type HRC utilise un code généré localement différent du code local habituel qui peut être exprimé par l'expression de l'équation suivante [53]:

$$c_{HRC}(t) = 2c(t) - c(t - \delta_{HRC}) - c(t + \delta_{HRC}) \tag{3.40}$$

Avec δ_{HRC} un paramètre définissant la réplique locale HRC. Cette technique vise à supprimer des parties alternantes significatives dans le code local d'entrée (figure 3.15); ce qui aura un impact sur l'atténuation des multitrajets puisqu'ils seront bloqués si leurs retards sont supérieurs à δ_{HRC} [53]. Ce qui veut dire que la mitigation de multitrajets sera meilleure pour de petites valeurs de δ_{HRC}. Toutefois, cette opération dégrade sérieusement la CF.

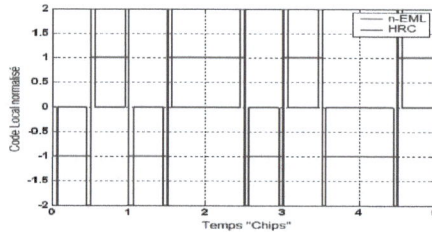

Figure 3.15 Les codes locaux utilisés par les discriminateurs n-EML et HRC.

La figure 3.16 montre clairement que la DF HRC d'un signal sinBOC (1,1) est nulle, dans certains intervalles de temps; ce qui minimise le problème d'ambigüité et les erreurs de poursuite de code. En outre, la courbe-s du HRC pour un signal sinBOC(1,1) présente seulement quatre points indésirables de verrouillage, deux stables à $-T_c$ et $+T_c$ et deux instables à $-0.5T_c$ et $+0.5T_c$. Tandis que, le nombre de ces points indésirables est plus grand pour les signaux MBOC et SinBOC(10,5). On remarque que les pentes

70

au niveaux du point de fonctionnement sont différentes et la plus grande est celle du signal CBOC(6,1,1/11,-).

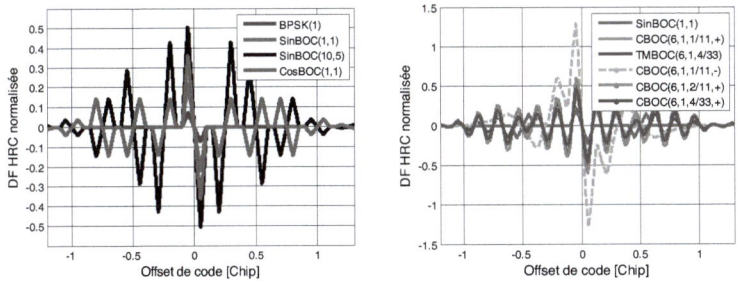

Figure 3.16 Les allures des DFs HRC avec $\Delta\tau = 0.1$ *chip* pour différents signaux SinBOC, CosBOC et MBOC.

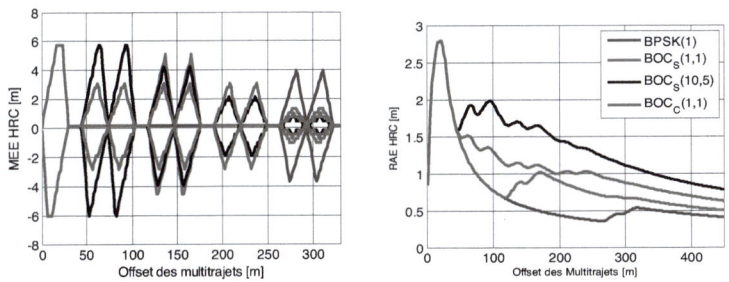

Figure 3.17 Les MEEs et RAEs d'un discriminateur HRC avec $\Delta\tau = 0.1$ *chip* pour différents signaux SinBOC, CosBOC et BPSK(1).

Les résultats de simulations des MEE et RAE du discriminateur HRC sont présentés aux figures 3.17 et 3.18. La figure 3.17 montre que le signal BPSK(1) est plus robuste aux trajets multiples en utilisant la technique HRC. Ainsi, le signal $BOC_S(1,1)$ donne de mauvaises performances que les options du signal CosBOC et MBOC pour les retards moyens (environ de 150m), tandis que dans certaines régions, l'offset de code est supprimé définitivement. La comparaison entre les différentes options de MBOC montre que les paires des signaux CBOC(6,1,1/11,-) et CBOC (6,1,2/11,+), CBOC(6,1,1/11,+) et TMBOC (6,1,4/33), ont des erreurs maximales presque similaires. Alors que le signal CBOC(6,1,1/11,-) a une mauvaise performance en termes du multitrajets.

En général, Les erreurs de code d'un discriminateur HRC sont plus petites que celles de n-EML pour les courts et les longs retards relatifs de multitrajets. Néanmoins, elles ont besoin de plus de mitigation. Un HRC modifié a été proposé par H. So et al. [54] pour pouvoir réduire les erreurs de multitrajets à court retard, tandis qu'il est toujours sensible aux longs retards [55]. Cependant, la variante CosBOC n'est pas prise en compte dans ces techniques et elle a encore besoin de nouvelles techniques de mitigation de multitrajets.

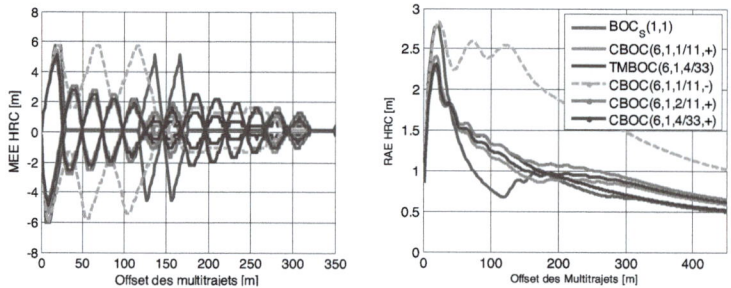

Figure 3.18 Les MEEs et RAEs d'un discriminateur HRC avec $\Delta\tau = 0.1\ chip$ pour différents signaux MBOC.

3.10.5 La technique SC

La difference entre de la technique SC avec HRC reside dans les facteurs de pondérations utilisés pour combiner les corrélateurs dans un discriminateur. La DF est définie dans [42, 56] par:

$$D_{SC}(\tau) = 2[R_E(\tau - d/2) - R_L(\tau + d/2)] - [R_E(\tau - d) - R_L(\tau + d)] \qquad (3.41)$$

Ou aussi,

$$D_{SC}(\tau) = 2D_{HRC}(\tau) \qquad (3.42)$$

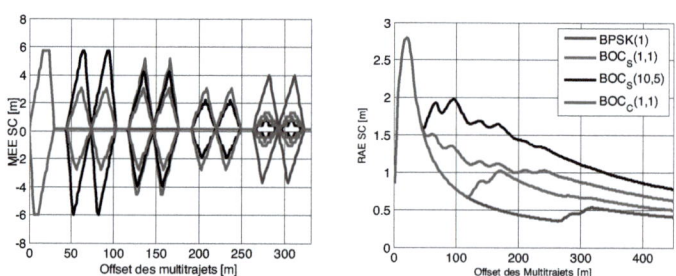

Figure 3.19 Les MEEs et RAEs d'un discriminateur SC avec $\Delta\tau = 0.1\ chip$ pour différents signaux SinBOC, CosBOC et BPSK(1).

72

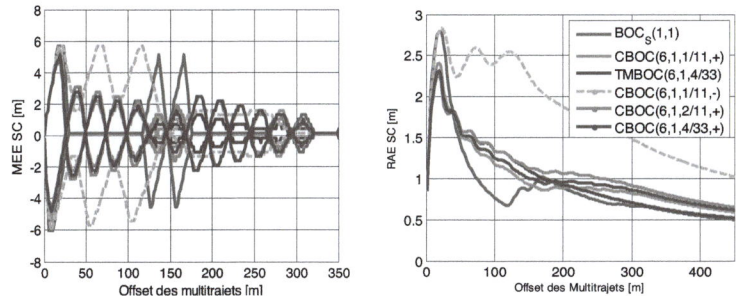

Figure 3.20 Les MEEs et RAEs d'un discriminateur SC avec $\Delta\tau = 0.1$ *chip* pour différents signaux MBOC.

D'après (3.42), on constate que les courbes-s du SC ont les mêmes formes que celles du HRC mais avec des amplitudes doublées et des aires étroites autour des points de passage par zéro. Les discriminateurs SC et HRC donnent des offsets de code presque similaires en comparant les résultats présentés aux figures 3.19 et 3.20. En conséquence, la valeur de l'offset de code est indépendante de l'amplitude de la DF.

3.10.6 La technique Early-Late Slope (ELS)

C'est NovAtel qui a introduit cette technique aux récepteurs GPS comme une technologie d'élimination de multitrajets (MET). Elle réalise une paire de corrélateurs qui vise à déterminer la pente des deux cotés du maximum du pic principal de la CF.

$$\zeta_m = \frac{y_1 - y_2 + \frac{d}{2}(a_1 + a_2)}{a_1 - a_2}$$ (3.43)

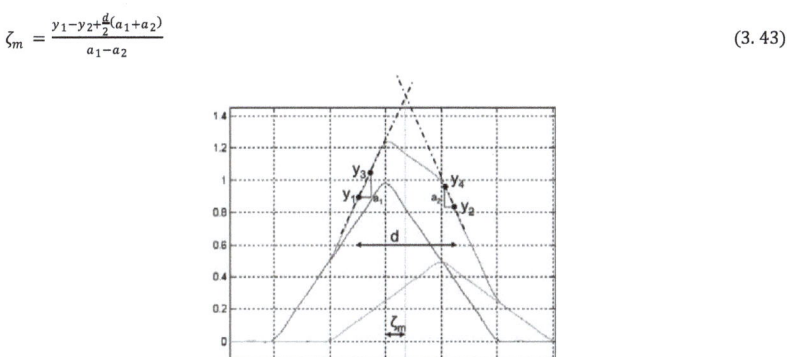

Figure 3.21 La correction du retard de code dû aux multitrajets par la technique ELS.

Une fois ces deux valeurs de pentes sont déterminées, on peut facilement déduire l'abscisse du point d'intersection des deux tangentes à la courbe de part et d'autre du maximum. Cette abscisse correspond à la corrélation à effectuer sur le retard du code pour que la CF ait bien un maximum pour un retard de code nul. La correction du retard de code ζ_m due à la présence du multitrajet, définie par (y_1 , y_3) et (y_2 , y_4) (figure 3.24) est donnée par [41].

Cette simple technique n'utilise que très peu de ressources de calcul. Cependant, les résultats de simulation effectués dans [41] ont mis en évidence que la technique ELS est dépassée par la HRC à l'égard de MEE pour les signaux modulés en BPSK et BOC.

3.10.7 La technique Early1-Early2

Cette technique implémente deux corrélateurs en avance (E1, E2) situés sur la pente de la fonction de corrélation avance [41, 57]. On détermine le rapport d'amplitude de la sortie de ces deux corrélateurs dans le cas où il n'y a pas de multitrajet [58]:

$$R = E1/E2 \tag{3.44}$$

Lorsque le signal direct est affecté par un signal réfléchi parasite, la CF est déformée et l'amplitude des deux corrélateurs devient égale à $A1 = E1 + A$ et $A2 = E2 + A$, où A est la constante de multitrajets ajoutée. On forme alors la fonction d'erreur:

$$\Delta R = A1 - R.A2 \tag{3.45}$$

$$\Delta R = \frac{A_1 E_2 - A_2 A_2}{E_2} \tag{3.46}$$

Lorsque la CF n'est pas déformée, on a $\Delta R = 0$. Cette technique présente de bonnes performances pour des multitrajets ayant un retard important. L'offset de code est nul pour les retards supérieurs à $(1 + E2)$ [41]. Par contre aux retards courts et moyens, elle présente de mauvaises performances par rapport aux HRC/SC. En conséquence, la technique HRC/SC manifeste de meilleures performances dans des environnements à trajets multiples. Pour cette raison, nous nous sommes intéressés dans notre travail à ces deux techniques.

3.10.8 Les autres techniques de mitigation de multitrajets avancées

Des techniques de mitigation de multitrajets, nommées "SCM" (Side Lobes Cancellation Method), basées sur la différence des pentes de la CF ont été proposées dans [59, 60]. Elles reposent toutes sur l'idée de supprimer les lobes secondaires de la CF des signaux BOC et utilisent un seul corrélateur de référence ideal; ce qui tend à réduire la complexité du récepteur.

Une architecture de boucle de poursuite de code, implémentant plusieurs corrélateurs et un filtre de Kalman étendu, a été proposée dans [61, 62] afin d'estimer les paramètres du signal direct et des signaux multitrajets. Les chercheurs proposent également d'autres techniques plus avancées qui donnent de bons résultats en termes de réduction de l'erreur induite par les multitrajets au prix d'une augmentation de la complexité matérielle. Parmi ces méthodes, on trouve des techniques basées sur des approches statistiques, comme la MEDLL [63], la MRDLL [64] (Modified Rake DLL), la MMT

[65], la FIMLA (Fast Iterative Maximum-Likelihood Algorithm) [66], la VC (Vision Correlator) [67], RSSML [68], ...etc. Elles utilisent les estimateurs du Maximum de Vraisemblance (ML, Maximum Likelihood) ou du Minimum de l'Erreur Quadratique Moyenne pou estimer toutes les composantes du signal reçu, le retard de propagation, l'amplitude et la phase.

Des techniques basées sur un traitement fréquentiel par ondelettes sont décrites dans [69, 70] et d'autres basées sur un traitement de signal en utilisant un opérateur quadratique d'énergie, dénommé Teager-Kaiser (TK), comme PT(Diff2) (PT based on 2nd-order differentiation) [71] et PT(TK) (PT based on Teager Kaiser)[72], TK + nEML. Cet opérateur est par ailleurs utilisé en vue de lever l'ambiguïté de la fonction de corrélation BOC [73]. Ces méthodes améliorent significativement les performances de mitigation du recepteur contre les multitrajets au prix d'une grande complexité matérielle. Toutefois, la plupart de ces techniques souffrent d'une grande limitation à cause du fait qu'elles sont partiellement inefficaces contre les courts/ moyens retards de propagation, c'est le cas général de la propagation en environnement urbain[74] [8]. Pour plus de détails, un état de l'art de toutes ces techniques de mitigation et leurs performances est présenté aux références [41, 60, 68].

3.11 Conclusion

Dans ce chapitre, nous avons introduit les différentes problématiques liées à la propagation du signal GNSS. Les masquages et les réflexions, décrits sous le nom "phénomène de multitrajets", sont les sources d'erreurs le plus pénalisantes sur l'estimation de la pseudo-distance. Nous avons étudié l'influence des multitrajets sur la propagation et le traitement des signaux satellitaires. En effet, nous avons étudié son influence sur les boucles de poursuite de code DLL cohérente et non-cohérente. Les formes de la DF et de l'offset de code vis à vis des erreurs de multitrajets ont été présentées. Les performances des techniques de mitigation de multitrajets standards, n-EML, HRC, SC, vis à vis des signaux SinBOC, CosBOC, CBOC et TMBOC ont été étudiées et comparées en termes de complexité du récepteur, de la DF, des MEEs et des RAEs.

Les résultats des simulations ont montré que l'espacement étroit du discriminateur n-EML diminue les erreurs de multitrajets. Par la suite, nous nous sommes intéressés aux discriminateurs HRC/SC qui donnent une meilleure performance de mitigation de multitrajets. En outre, les points ambigus de passage par zéro pour les signaux BPSK(1) et SinBOC(1,1) sont moins présents. Le signal CosBOC a besoin de nouvelles techniques de mitigation. Le signal MBOC permet une meilleure performance intrinsèque que le BOC(1,1) par rapport aux courts retards. Enfin, les performances de poursuite de code d'un tel discriminateur et un tel type du signal en présence de multitrajets, dépendent du compromis entre leurs paramètres, où elles peuvent être excellentes avec un espacement de chip étroit entre les corrélateurs, une bande passante plus large et un taux de chip de code approprié.

Dans les chapitres suivants, nous modélisons analytiquement l'influence des Multitrajets spéculaires sur les nouveaux signaux GNSS, SinBOC, et CosBOC, et sur la caractéristique des tensions d'erreur des DLL de code cohérente et non-cohérente en utilisant des corrélateurs standard et étroit, EML et n-EML. Ces modèles mathématiques servent par la suite à savoir manipuler les paramètres influents sur l'estimation de retard de propagation afin de minimiser les erreurs de poursuite de code.

3.12 Références

[1]   R. Loukil, "Conception et mise en oeuvre de module de contrôle de puissance et de génération de bruit pour conditionner les signaux RF d'un simulateur de constellation GPS et Galileo", Maîtrise en génie électrique Département de Génie électrique, Ecole de technologie supérieure université du Québec, Montréal, 2010.

[2]   N.Viandier, "Modelisation et utilisation des erreurs de pseudodistances GNSS en environnement transport pour l'am´elioration des performances de localisation", Doctorat, L'ecole centrale de Lille, Universitè Lille Nord de France, France Juin 2011.

[3]   ARINC Research Corporation, "NAVSTAR GPS Space Segment/Navigation Interfaces, Interface Specification, IS-GPS-200D (Public Release Version)", ARINC Re-search Corporation, Tech. Rep., 2004 ,public release version.

[4]   A. Vervisch-Picois, "Etude de Systèmes de Positionnement en Intérieur Utilisant des Mesures de Phase du Code ou de Phase de la Porteuse de Signaux de Navigation par Satellites", Doctorat, Electronics Departement , L'institut national des télécommunications et l'Université Pierre et Marie Curie - Paris 6 2010.

[5]   F. Duquenne, S. Botton, F. Peyret, D. Bétaille, and P. Willis, *GPS localisation et navigation par satellites.* Lavoisier, 2005.

[6]   J.A.Klobuchar, ""Ionospheric Effects on GPS", in Global Positioning System : Theory and Applications," *American Institute of Aeronautics and Astronautics,* vol. 1, 1996.

[7]   B. W. Parkinson and J. J.Spilker, *Global Positioning System: Theory and Applications,* vol. 1. Washington, DC: American Institute of Aeronautics, 1996.

[8]   B.W.Parkinsonm and J.J.Spilker, "Global Positioning System : Theory and Applications", *merican Institute of Aeronautics and Astronautics,* vol. 1, 1996.

[9]   H.Hopfield, "Two quadratic tropospheric refractivity profilefor correction satellite data", *Journal of Geophysical research,* 1969.

[10]   M.Malicorne, M. Bouquet, V. Chalmettes, and C. Marabou, "Effects of masking angle and multipath on GALILEO performances in different environments", *Proceedings of 8th St Petersburg International Conference on Integrated Navigation systems,* 2002.

[11]   D.F.Nahimana, "Impact des multitrajets sur les performances des systèmes de navigation par satellite : Contribution à l'amélioration de la précision de localisation par modélisation bayésienne", Ph.D, Ecole Centrale de Lille, Lille, France 2009.

[12]   Beckmann.P and Macdoran.P, "The Scattering of Electromagnetic Waves form Rough Surfaces", in *Pergamon Press, The MacMillan Co,*, ed. New York, 1963.

[13]   Boithias.L, *Propagation des ondes radioélectrique dans l'envirennement terrestre,* 1983.

[14]   VanNee.R.D.J, "Multipath Effects on GPS Code Phase Measurments", *Journal Of the Institute of Navigation,* vol. 39, pp. 177-190, 1992c.

[15]   Aubert.J.C and al, "Carractirization of Multipath on Land and Sea at GPS frequencies", in *In Proceedings of the 7 th International Technical Meeting of the Satelite Division of the Institute of Navigation,ION GPS- -94,* ed, 1994, pp. 1155-1171.

[16]   K.Rouabah and D.Chikouche, "GPS/Galileo Multipath Detection and Mitigation Using Closed-Form Solutions", *Mathematical Problems in Engineering,* September 2009.

[17]   R.B.Harris and E.G.Lightsey, "Precise Observation of BOC Modulated Signals in the Presence of Noise and Specular Multipath", in *IEEE/ION Position, Location and Navigation Symposium,* 2008.

[18]   M.Malicorne, "Analyse des performances de systèmes de navigation par satellites pour les applications en environnement urbain", Doctorat Doctorat, Ecole Nationale de l'Aéronotique et de l'Espace, Doctorat ,Toulouse 2001.

[19]   P.Gustavsson, "Development of a MatLab based GPS constellation simulation for navigation algorithm developments", Department of Space Science, Master of science programme in space engineering,, Luleà University of Technology,, Kiruna.2005 ,

[20]   J. Marc-Piéplu and O.Salvatori, *GPS et Galileo: systèmes de navigation par satellites,* 2006.

[21]   Proakis.J.G, *Digital Communications, Chapter 7,* 1983.

[22]   R.Bischoff, R.Häb-Umbacha, and N.S.Ramesh, "Multipath-Resistant Time of Arrival Estimation for Satellite Positioning", *Elsevier International Journal of Electronics and Communications,* vol. 58, pp. 3-12, 2004.

[23]   Braasch.M.S, "On the Carractirization of Multipath Errors in Satellite-Based Precision Approach and Landing System, Ph.D Thesis", Ohio State University, 1992a.

[24]   M.Braasch, " Multipath Effects, In: GPS Positioning System : Theory and Applications", in *Progress in Astronautics and Aeronautics* vol. 163, B. W. P. a. J.J.Spilker, Ed., ed Washington: American Institutes of Astronautics and Aeronautics 1996, pp. 547-568.

[25]   J.M.Kelly, M.S.Braasch, and M.F.DiBennedetto, "Characterization of the effects of high multipath phase rates in GPS", *GPS Solutions,* vol. 7, pp. 5-15, 2003.

[26]   A.J.vanDierendonck, P.Fenton, and T.Ford ",Theory and performance of narrow correlator spacing in a GPS receiver", *Navigation: Journal of the Institute of Navigation,* vol. 39, pp. 265-283, 1992.

[27]   G.W.Hein, M.Irsigler, J.A.Avila-Rodriguez, and T.Pany, "Performance of Galileo L1 Signal Candidates", in *CDROM Proceedings of European Navigation Conference GNSS*, Rotterdam, Netherlands, May 2004.

[28]   M.Irsigler, J.A.Avila-Rodriguez, and G.Hein, "Criteria for GNSS multipath performance assessment", presented at the Proceedings of ION GNSS 2005, Long Beach, CA, September 2005.

[29]   M.Zahidul, H.Bhuiyan, and E.S.Lohan, "Multipath Mitigation Techniques for Satellite-Based Positioning Applications*", International Journal of Navigation and Observation,* vol. 2010, p. 15, 2010.

[30]   M.S.Braasch, "On the Characterization of Multipath Errors in Satellite-Based Precision Approach and Landing Systems", Doctor of Philosophy The Faculty of the College of Engineering and Technology Ohio University, 1992.

[31]   J.Ray, "Mitigation of GPS Code and Carrier Phase Multipath Effects Using a Multi-Antenna System, PhD thesis," Department of Geomatics Engineering, Calgary university, Calgary, Alberta, Canada, 2000.

[32]   D.N. Aloi and F.Van Graas, "Ground-multi path mitigation via polarization steering of GPS signal", *IEEE Transactions on Aerospace and Electronic Systems,* vol. 40, pp. 536- 552 April 2004.

[33]   F.Nunes, F.Sousa, and J. Leitao, "BOC/MBOC Multicorrelator Receiver with Least-Squares Multipath Mitigation Technique", in *The 21st International Technical Meeting of the Satellite Division of The Institute of Navigation*, Savannah, GA, Sep 2008, pp. 652 - 662.

[34]   D.Manandhar, R. Shibasaki, and P. Normark, "GPS signal analysis using LHCP/RHCP antenna and software GPS receiver", *ION GNSS 2004,* pp. 21-24, 2004.

[35]   A.M.Dinius, "GPS Antenna Multipath Rejection Performance", Lincoln Laboratory, Massachusetts Institute of Technology, United States 1995.

[36]   D.Aloi and F.Van Graas, "Ground-multipath mitigation via polarization steering of GPS signal", *IEEE Transactions on Aerospace and Electronic Systems,* vol. 40, pp. 536-552, April 2004.

[37]   R.Schubert, N.Mattern, and G.Wanielik, "An evaluation of nonlinear filtering algorithms for integrating GNSS and inertial measurements", presented at the Position, Location, And Navigation Symposium, 2008 IEEE/ION.

[38]   A.Lahrech, C.Boucher, J.Choquel, and J.Noyer, "Fusion multi-capteurs pour l'aide à la navigation routière", presented at the Majestic 2005, 2005.

[39]   L.J.Garin, "The "Shapping Correlator" Novel Multipath Mitigation Technique Applicable to GALILEO BOC(1,1) Modulation Waveforms in High Volume Markets", presented at the The European Navigation Conference,, 2005.

[40]   A.J.van-Dierendonck, P.Fenton, and T.Ford, "Theory and Performance of Narrow Correlator Technology in GPS Receiver", *NAVIGATION: Journal of The Institute of Navigation,* vol. 39, pp. 265-283, 1992.

[41]   M.Irsigler and B. Eissfeller, "Comparison of Multipath Mitigation techniques with Consideration of Future Signal Structures", presented at the Proceedings of the 16th International Technical Meeting of the Satellite Division of the Institute of Navigation, ION GPS/GNSS 2003, Portland, Oregon, USA, September 9-12, 2003.

[42]   L.Garin and J.M.Rousseau, "Enhanced strobe correlator multipath rejection for code & carrier", in *Proceedings of the 10th International Technical Meeting of the Satellite Division of the Institute of Navigation (ION GPS '97)*, Kansas City, MO, September16-19, 1997, pp. 559-568.

[43]   V.A.Veitsel, A.Zhdanov, and M.I.Zhodzishsky, "The mitigation of multipath errors by strobe correlators in GPS / GLONASS receivers", *GPS Solutions,* vol. 2, pp. 38-45, October 1998.

[44]   L.R.Weill, "Multipath mitigation-how good can it get with new signals?," *GPS World,* vol. 16, pp. 106-113, 2003.

[45]   R.Fante, "Unambiguous tracker for GPS binary-off set carrier signals", presented at the Proceedings of the National Technical Meeting of the Institute of Navigation, Albuquerque, NM,USA, , 2003.

[46]   J. Beugin and J. Marais, "Application des principes de la sûreté de fonctionnement à l'évaluation du service de localisation par satellites dans le domaine ferroviaire", *Recherche, Transports, Sécurité,* pp. 89-103, 2008.

[47]   R.Brown, "A baseline GPS RAIM scheme and a note on the equivalence of three RAIM methods", *Journal of the Institute of Navigation,* vol. 39, 1992.

[48]   J. W. Betz and K.R.Kolodziejski, "Extended theory of early-late code tracking for a bandlimited GPS receiver", *Navigation: Journal of the Institute of Navigation* vol. 47, pp. 211-226, 2000.

[49]   G.A.McGraw and M.S.Braasch, "GNSS multipath mitigation using gated and high resolution correlator concepts", *Proceedings of the ION National Technical Meeting* pp. 333-342, January 1999.

[50]   H.Hurskainen, E.S.Lohan, X.Hu, J.Raasakka, and J.Nurmi., "Multiple gate delay tracking structures for GNSS signals and their evaluation with Simulink, SystemC, and

VHDL.International Journal of Navigation and Observation", *International Journal of Navigation and Observation,* vol. 2008, p. 17, 2008.

[51]   M.Z.H.Bhuiyan, "Analyzing code tracking algorithms for Galileo Open Service signal", Master's thesis, Tampere University of Technology, Aug 2006.

[52]   L.Weill, "GPS Multipath Mitigation by Means of Correlator Reference Waveform Design", in *Proceedings of the US Institute of Navigation NTM* Santa Monica, CA, pp.197-206, 1997.

[53]   O.Julien, "Design of Galileo L1F Receiver Tracking Loops", Department of Geomatics Engineering, UNIVERSITY OF CALGARY, UCGE Reports PHD Thesis, 2005.

[54]   H.So, G.Kim, T.Lee, S.Jeon, and C.Kee, "Modified High-Resolution Correlator Technique for Short-Delayed Multipath Mitigation", *Journal of Navigation,* vol. 62, pp. 523-542, July 2009.

[55]   K. Rouabah, D.Chikouche, F.Bouttout, R.Harba, and P.Ravier, " GPS/Galileo multipath mitigation using the first side peak of double delta correlator", *Wireless Personal Communications,* vol. 2011, pp. 321-333, 2011.

[56]   L.Garin, F.van-Diggelen, and J.M.Rousseau, "Strobe and Edge Correlator Multipath Mitigation for Code", presented at the Proceedings of the 9th International Technical Meeting of the Satellite Division of The Institute of Navigation (ION GPS 1996),, Kansas City, MO, September 17-20,1996.

[57]   A.J.vanDierendonck and M.Braasch, "Evaluation of GNSS re-ceiver correlation processing techniques for multipath and noise mitigation", in *Proceedings of Intitute of Navigation National Technical Meeting of the Institute of Navigation (ION-NTM '97),* Santa Monica, Calif, USA,, 1997.

[58]   V.Heiries, "Optimisation d'une chaîne de réception pour signaux de radionavigation à porteuse à double décalage (BOC) retenus pour les systèmes GALILEO et GPS modernisé", Mathématiques, Informatique et Télécommunications de Toulouse -MITT Institut Supérieur de l'Aéronautique et de l'Espace, PhD thesis, Toulouse, France 2007.

[59]   C.Lee, S.Yoo, S.Yoon, and S.Y.Kim, "A novel multipath mitigation scheme based on slope differential of correlator output for Galileo systems", in *in Proceedings of the 8th International Confenrence on Advanced Communication Technology (ICACT'06),* Phoenix Park, Korea, pp.1360-1363, February 2006.

[60]   A.Burian, E.S.Lohan, and M.K.Renfors, "Efficient delay tracking methods with sidelobes cancellation for BOC-modulated signals", *EURASIP Journal on Wireless Communications and Networking,* vol. 2007 p. 20, July 2007.

[61]   G.I.Lee, H.S.Kim, Y.J.Lee, and C.G.Park., "A gps c/a code tracking loop based on extended kalman filter with multipath mitigation", in *Proceedings of the 15 th*

International Technical Meeting of the Satellite Division of The Institute of Navigation (ION GPS 2002)   Portland, OR, pp.446 - 451, Sep 2002.

[62]   M.Spangenberg, V.Heiries, A.Giremus, and V.Calmettes, " Multi-channel extended kalman filter for tracking boc modulated signals in the presence of multipath", in *Proceedings of the 18th International Technical Meeting of the Satellite Division of The Institute of Navigation (ION GNSS 2005)*   Long Beach, CA, pp.2155 - 2165, Sep2005.

[63]   R.Van-nee, J.Siereveld, P.C.Fenton, and B.R.Townsend, "The multipath estimating delay lock loop: approaching theoretical accuracy limits", presented at the Proceedings of the IEEE Position, Location and Navigation Symposium, Las Vegas, NV, April 1994.

[64]   C.M.Laxton and S.L.Devilbiss, "GPS multipath mitigation during code tracking", in *Proceedings of the IEEE American Control Conference 1997*, Albuquerque, NM, USA, pp.1429 - 1433 1997.

[65]   L.Weill, "Multipath mitigation using modernized GPS signals: how good can it get?", in *Proceedings of the 15th International Technical Meeting of the Satellite Division of The Institute of Navigation (ION GPS 2002)*, Palm Springs, Calif, USA, pp. 493–505, , Sept 2002.

[66]   M.Sahmoudi and M.G.Amin, "Fast Iterative Maximum-Likelihood Algorithm (FIMLA) for Multipath Mitigation in the Next Generation of GNSS Receivers", *IEEE Transactions on Wirless communications* vol. 7, pp. 4362 - 4374, 2008.

[67]   P.C.Fenton and J.Jones, "The theory and performance of NovAtel Inc.'s Vision Correlator", in *Proceeding s of the 18th International Technical Meeting of the Satellite Division of The Institute of Navigation (ION GNSS '05)*, Long Beach, Calif, USA, pp. 2178-2186, Spet 2005.

[68]   M.z.H.Bhuiyan and E.S.Lohan, "Advanced Multipath Mitigation Techniques for Satellite-Based Positioning Applications", *International Journal of Navigation and Observation,* vol. 2010, p. 15, 2010.

[69]   Y.Zhang and C. Bartone, "Real-time multipath mitigation with wavesmoothtm technique using wavelets", in *Proceedings of the 17th International Technical Meeting of the Satellite Division of The Institute of Navigation (ION GNSS 2004)*, Long Beach, CA, USA, pp.1181 - 1194, Sep 2004.

[70]   E.M. De Souza, "Multipath reduction from gps double dierences using wavelets : How far can we go", in *Proceedings of the 17th International Technical Meeting of the Satellite Division of The Institute of Navigation (ION GNSS 2004)*, Long Beach, CA, USA, pp.2563 - 2571, Sep 2004.

[71]   M.Z.H.Bhuiyan, E.S.Lohan, and M.Renfors, "Code tracking algorithms for mitigating multipath effects in fading channels for satellite-based positioning", *EURASIP Journal on Advances in Signal Processing,* vol. 2008, 2008.

[72]   M.Z.H.Bhuiyan, E.S.Lohan, and M.Renfors, "Peak tracking algorithm for Galileo-based positioning in multipath fading channels", in *Proceedings of the IEEE International Conference on Communications (ICC'07)*, Glasgow, pp. 5927-5932, June 2007.

[73]   V.Heiries, C.Rendon, and V.Calmettes, "Solving the correlation ambiguity issue of boc modulated signal by a nonlinear quadratic operator", in *Proceedings of the 19th International Technical Meeting of the Satellite Division of The Institute of Navigation (ION GNSS 2006)*   Fort Worth, TX, pp.1001 - 1010, Sep 2006.

[74]   M.Z.H.Bhuiyan, M.K.Renfors, and E.S.Lohan, "Code   tracking algorithms for mitigating multipath effects in fading   channels for satellite-based positioning", *EURASIP Journal on Advances in Signal Processing,* vol. 2008, 2008.

Chapitre 4

Modèles proposés pour des réceptions cohérente et non-cohérente de signaux SinBOC

4.1 Introduction

Dans ce chapitre, nous présentons les modèles analytiques de la CF, la DF et les erreurs de poursuite en absence et en présence des multitrajets pour une boucle de code cohérente C-ELP qui ont été proposées par R.Benjamin Harris et E.Glenn Lightsey [1] pour des signaux $sinBOC(\alpha,\beta)$. Dans ces modèles nous avons trouvé des fautes destructives que nous avons corrigé et développé. L'évaluation de ces modèles avec nos corrections effectuées ont été validées par des simulations. L'approche présentée dans ce chapitre a fait l'objet d'une publication dans un journal [2].

Par la suite, grâce à ces modèles, des modèles analytiques de DFs, et des erreurs de poursuite de code pour une configuration non-cohérente NC-ELP pour un signal $sinBOC(\alpha,\beta)$ ont été proposés et présentés en détail [3]. Les implémentations montrent que ces modèles proposés demandent des formules de dérivation plus complexes et qu'ils concordent avec ceux des résultats numériques. En fait, ces modèles proposés apportent de meilleurs avantages que ceux du modèle numérique proposé dans des articles de la littérature car ces derniers nécessitent des méthodes de calcul spectrales complexes et des ressources informatiques évoluées.

4.2 Le modèle analytique de la CF SinBOC(α,β)

La modélisation analytique de la CF du signal $sinBOC(\alpha,\beta)$, s_{BOC}, développée par [1] est détaillée dans cette section. La CF $sinBOC(\alpha,\beta)$ est obtenue à partir de la définition de la corrélation comme suit:

$$R_{BOC}(\tau) = \int_{-\infty}^{+\infty} S_{BOC}(t) S_{BOC}(t-\tau) dt \qquad (4.1)$$

Où τ est un décalage estimé pour une meilleure réception. La figure 4.1 illustre la corrélation entre un signal $sinBOC(\alpha,\beta)$ et une version décalée de ce même signal pour $\tau > 0$. Dans cet exemple, l'ordre de modulation est M = 8.

D'après la figure 4.1, la CF normalisée est calculée comme suit:

$$R_{BOC_s}(\tau) = \frac{1}{MT_{sc}P_x}\left[P_x \int_{-\infty}^{0} 0\, dt + (-1)^{n-1}P_x \int_{t_0}^{t_1} 1\, dt \right.$$

$$+(-1)^{n-1}P_x(M-n)\left[\int_{t_1}^{t_2}0dt+\int_{t_2}^{t_3}-1dt+\int_{t_3}^{\frac{T_x}{2}}1dt\right]-P_x\int_{+\infty}^{T_x/2}0dt\right] \tag{4.2}$$

$$R_{BOC_s}(\tau)=\frac{(-1)^{n-1}}{MT_{sc}}[t_1-t_0+(M-n)(t_2-2t_3+T_x/2)] \tag{4.3}$$

D' où

$$t_0=\tau-\frac{T_x}{2}$$

$$t_1=nT_{sc}-\frac{T_x}{2}$$

$$t_2=-T_{sc}+\frac{T_x}{2}$$

$$t_3=t_0-t_1+t_2+T_{sc}=t_2+\tau-(n-1)T_{sc}$$

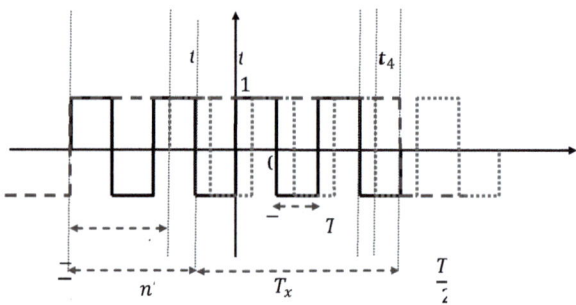

Figure 4. 1 Sous-porteuse SinBOC et sa réplique avec un large retard positif pour M= 8.

En remplaçant ces valeurs dans (4.3), la CF SinBOC s'écrit alors:

$$R_{BOC_s}(\tau)=\frac{(-1)^{n-1}}{MT_{sc}}[nT_{sc}-\tau+(M-n)(-2\tau+(2n-1)T_{sc})] \tag{4.4}$$

$$R_{BOC_s}(\tau)=(-1)^{n-1}\left[-\frac{\tau}{T_{sc}}\frac{1+2(M-n)}{M}+\frac{n+(M-n)(2n-1)}{M}\right] \tag{4.5}$$

Où $n=\left\lceil\frac{\tau}{T_{sc}}\right\rceil$ et $\lceil.\rceil$ représente l'opérateur de seuil d'arrondissement maximal. Pour $\tau<0$, la valeur de n est négative. Un développement similaire a été calculé pour le cas $\tau>0$, qui omis le développement de Harris [4]. La différence de résultat est seulement sur la valeur de n qui prend la valeur $(1-n)$. Alors, le modèle analytique de la CF normalisée d'un signal $BOC_s(\alpha,\beta)$ est donnée par l'expression:

$$R(\tau)=\begin{cases}(-1)^{n-1}\left[-\frac{1+2(M-n)}{M}\frac{\tau}{T_{sc}}+\frac{n+(M-n)(2n-1)}{M}\right] & pour\ 0\le\tau\le T_x\\(-1)^{n}\left[\frac{-1+2(M+n)}{M}\frac{\tau}{T_{sc}}+\frac{1-n+(M+n-1)(1-2n)}{M}\right] & pour\ -T_x\le\tau\le0\\0 & ailleurs\end{cases} \tag{4.6}$$

Où $T_x = \frac{T_{C/A}}{\beta}$ est la durée d'un chip du code C/A et $T_{sc} = \frac{T_{C/A}}{2\alpha}$. $1/T_{C/A} = 1.023 \times 10^6$ est le taux de code C/A et $M = \frac{2\alpha}{\beta} = \frac{T_X}{T_{sc}}$.

Le modèle de la CF est réécrit en termes de l'amplitude de chaque pic r_k et des pentes m_k des segments entre ces pics. Cependant, des fautes dans ces équations dans la référence [1] ont été identifiées et corrigées comme suit [2]:

$$r_j = \frac{M-j}{M} (-1)^j \tag{4.7}$$

Au lieu

$$r_j = \pm \frac{M-j}{M}$$

Pour $\tau > 0$, $j = \left\lfloor \frac{\tau}{T_{sc}} \right\rfloor$, et $\lfloor . \rfloor$ est l'opérateur de seuil d'arrondissement minimal. La pente de chaque segment m_j est donnée par :

$$m_j = \frac{1-2(M-j)}{M} \frac{1}{T_{sc}} (-1)^j \tag{4.8}$$

Au lieu

$$m_j = \frac{1+2(M-j)}{M} \frac{1}{T_{sc}}$$

La figure 4.2 illustre le modèle simplifié de la CF d'un signal modulé en SinBOC pour M=4.

Les avantages de la formulation analytique de la CF sont trois:

- Elle nécessite moins de ressources de calcul par rapport à la méthode spectrale qui nécessite des calculs numériques et des intégrales.

- Elle résume plusieurs traitements du signal.

- Elle présente la souplesse et la simplicité par rapport à d'autres modèles [5].

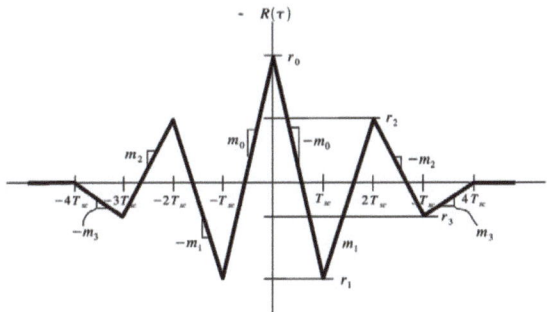

Figure 4. 2 Un exemple d'un modèle simplifié de la CF d'un signal $SinBOC(\alpha, \beta)$ avec $M = 4$.

4.3 Modèle analytique de la DF C-ELP pour un signal SinBOC(α,β)

Au chapitre 2, la DF de la DLL cohérente C-ELP non perturbée est définie par l'équation (2.16).

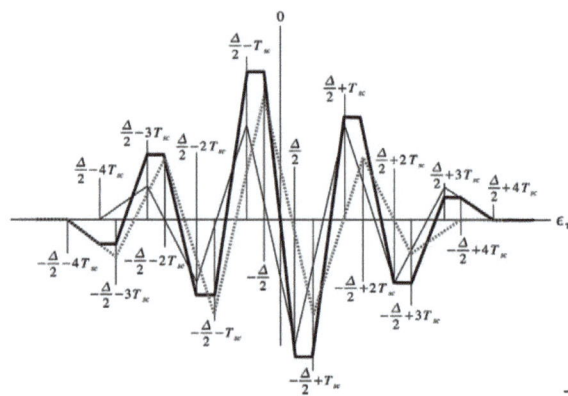

Figure 4. 3 La combinaison des courbes de la CF de code avance et retard pour construire la courbe DF C-ELP idéale pour un signal $SinBOC(\alpha, \beta)$ avec $M = 4$.

La figure 4.3. présente la géométrie générale de la DF C-ELP non perturbée d'un signal modulé en $sinBOC(\alpha, \beta)$ avec $M = 4$. Un grand nombre de constantes sont définies sur la figure 4.4. Les segments horizontaux entre des segments verticaux en alternance ont des pentes non nulles notées par $\acute{D}_i$. Ces segments sont espacés entre eux par une durée égale à T_{sc}. D_i est l'amplitude de la tension d'erreur pour laquelle la pente est nulle dans des régions repérées par i, $i = \lceil(\tau + \Delta/2)/T_{sc}\rceil$ (au lieu $i = \lceil\tau + \Delta/2/T_{sc}\rceil$), où Δ est l'espacement de chip entre les corrélateurs E et L de la DLL. Comme l'illustre la figure 4.3, la DF C-ELP est une fonction impaire, si bien que les régions sont numérotées de $-2M$ à $2M$ et, de ce fait, nous calculons seulement les régions de $\tau \geq 0$ et les autres régions sont obtenues par symétrie.

La figure 4.5 est une vue agrandie de la DF idéale autour de la région $i = 1$. Les expressions mathématiques des D_i et $\acute{D}_i$ sont en fonction de m_j et r_j comme suit:

$$|D_1| = |r_0| + |r_1| - |m_0|(T_{sc} - \Delta) \qquad (4.9)$$

Au lieu de :

$$|D_1| = r_0 + r_1 - m_0(T_{sc} - \Delta)$$

Et pour $i > 1$:

$$|D_i| = |r_{i-1}| + |r_i| - |m_{i-1}|(T_{sc} - \Delta) \qquad (4.10)$$

Au lieu de :

$$|D_i| = r_{i+1} + r_i - m_i(T_{sc} - \Delta)$$

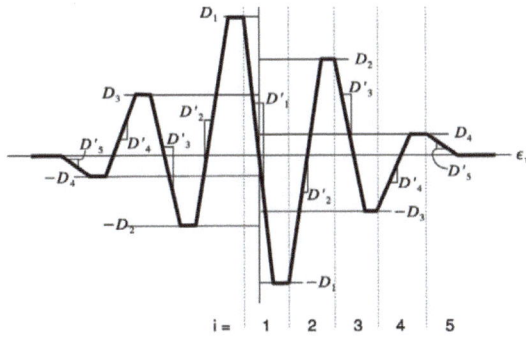

Figure 4. 4 Les constantes utilisées dans le modèle de la DF C-ELP idéale pour un signal $SinBOC(\alpha, \beta)$ avec $M = 4$.

À partir de (4.7) et (4.8), nous pouvons dériver l'équation de l'amplitude de la DF, D_i, comme suit:

$$|D_i| = |r_{i-1}| + |r_i| - |m_{i-1}|(T_{sc} - \Delta) \tag{4.11}$$

$$|D_i| = \left|\frac{M - (i-1)}{M}\right| + \left|\frac{M - i}{M}\right| - \left|\frac{1 - 2(M - (i-1))}{M}\right|\frac{1}{T_{sc}}(T_{sc} - \Delta)$$

$$|D_i| = \frac{M - i + 1}{M} + \frac{M - i}{M} - \frac{1 + 2(M - i)}{M}\frac{1}{T_{sc}}(T_{sc} - \Delta)$$

$$|D_i| = \frac{2(M - i) + 1}{M}\frac{2\alpha\Delta}{T_{C/A}}$$

$$D_i = \frac{2(M-i)+1}{M}\frac{2\alpha\Delta}{T_{C/A}}(-1)^i \tag{4.12}$$

La distance entre deux segments ligne d'une pente nulle, en fonction de τ est égale à Δ. Dans ce cas, on peut calculer la pente pour $i = 2, \dots, M$ comme suit:

$$\acute{D}_i = \frac{|D_i| + |D_{i-1}|}{\Delta}(-1)^i \tag{4.13}$$

Soit en remplaçant D_i par son expression, nous obtenons :

$$\acute{D}_i = \left(\frac{2(M - i) + 1}{M} + \frac{2(M - i + 1) + 1}{M}\right)\frac{2\alpha\Delta}{T_{C/A}\Delta}(-1)^i$$

$$\acute{D}_i = (8\alpha + 4\beta(i - 1))\frac{1}{T_{C/A}}(-1)^i$$

$$\acute{D}_i = (4M + 4(1 - i))\frac{\beta}{T_{C/A}}(-1)^i \tag{4.14}$$

Pour $i = 1$:

$$\acute{D}_1 = \left[\frac{2|D_1|}{\Delta}\right](-1)^1 = \frac{-2m_1\Delta}{\Delta}$$

$$\acute{D}_1 = (-8\alpha + 2\beta)\frac{1}{T_{C/A}} = (2 - 4M)\frac{\beta}{T_{C/A}} \tag{4.15}$$

Pour $i = M + 1$:

$$D'_{M+1} = m_M = \frac{\beta}{T_{C/A}}(-1)^{M+1} \tag{4.16}$$

Au lieu de :

$$D'_{M+1} = m_M = \frac{\beta}{T_{C/A}}$$

Pour synthétiser la formulation analytique de la DF C-ELP d'un signal $SinBOC(\alpha, \beta)$, nous avons regroupé les résultats présentés-ci-dessus comme suit:

$$D_{C-ELP\,BOC_S}(\tau) = \begin{cases} \frac{(2\beta - 8\alpha)}{T_{C/A}}\tau & pour \;\; 0 \le \tau \le \frac{\Delta}{2} \\ D_i & pour \;\; \frac{\Delta}{2} + (i-1)T_{sc} \le \tau \\ & et \;\; \tau \le -\frac{\Delta}{2} + iT_{sc} \\ D_{i-1} + D'_i\left(\tau - (i-1)T_{sc} + \frac{\Delta}{2}\right) \\ \quad pour \;\; -\frac{\Delta}{2} + (i-1)T_{sc} \le \tau \\ \quad et \;\; \tau \le \frac{\Delta}{2} + (i-1)T_{sc} \\ D_M + (-1)^{M+1}\frac{\beta}{T_{C/A}}\left(\tau - T_X + \frac{\Delta}{2}\right) \\ \quad pour \;\; T_X - \frac{\Delta}{2} \le \tau \le T_X + \frac{\Delta}{2} \\ 0 & pour \;\; \tau \ge \frac{\Delta}{2} + T_X \\ -D(-\tau) & pour \;\; \tau < 0 \end{cases} \tag{4.17}$$

Au lieu de l'équation (4.18) donnée dans [1]:

$$D_{C-ELP\,BOC_S}(\tau) = \begin{cases} \frac{(2\beta - 8\alpha)}{T_{C/A}}\tau & pour \;\; 0 \le \tau \le \frac{\Delta}{2} \\ D_i & pour \;\; \frac{\Delta}{2} + (i-1)T_{sc} \le \tau \\ & et \;\; \tau \le -\frac{\Delta}{2} + iT_{sc} \\ D_{i-1} + D'_i\left(\frac{3}{2}\tau - (i-1)T_{sc}\right) \\ \quad pour \;\; -\frac{\Delta}{2} + (i-1)T_{sc} \le \tau \\ \quad et \;\; \tau \le \frac{\Delta}{2} + (i-1)T_{sc} \\ D_M + (-1)^{M+1}\frac{\beta}{T_{C/A}}\left(\tau - T_X + \frac{\Delta}{2}\right) \\ \quad pour \;\; T_X < \tau < T_X + \frac{\Delta}{2} \\ 0 & pour \;\; \tau \ge \frac{\Delta}{2} + T_X \\ -D(-\epsilon_r) & pour \;\; \tau < 0 \end{cases} \tag{4.18}$$

Où $i = \lceil (\tau + \Delta/2)/T_{sc} \rceil = 1, \ldots, M$.

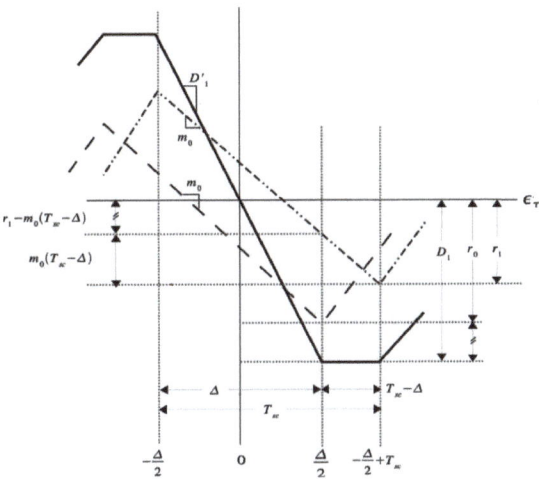

Figure 4. 5 La géométrie détaillée d'une portion de la courbe DF C-ELP en $\tau = 0$.

4.4 Correction du modèle analytique proposé de l'offset de code de la DLL C-ELP en présence des multitrajets pour un signal SinBOC(α,β)

Pour déterminer les erreurs de poursuite du code pour une DLL cohérente en présence des multitrajets, on doit résoudre par rapport à τ_m l'équation (3.24). Les solutions de (3.24) sont en fonction des variations de la tension d'erreur $D(\tau_m)$ et les paramètres des multitrajets; a_m, $\Delta\tau_m$ et φ_m qui sont respectivement l'amplitude, le retard et la phase relatifs du signal multitrajet par rapport au signal direct. En effet, la solution de cette équation présente $M + 1$ cas. La DF idéale est marquée comme étant une fonction analytique ayant M paires de régions. Chaque région est constituée de deux sous-régions différentes de la DF référées par I et II. Donc chaque sous-région de la DF est spécifiée par (i,j), tel que $i = 1, \ldots, M + 1$ et $j = \{I, II\}$. L'indice i prend les valeurs, $i = \left\lceil \frac{\tau_m + \Delta/2}{T_{sc}} \right\rceil$. Par contre, la valeur de l'indice j prend I pour $|\tau_m - (i - 1)T_{sc}| < \Delta/2$ (Au lieu de $\tau_m - (i - 1)T_{sc} < \Delta$) et la valeur II ailleurs. La figure 4.6 présente un exemple de la courbe DF C-ELP pour $M = 4$. On a donc les cas $(1,I)$, $(1,II)$, $(2,I)$,..., $(5,II)$.

En présence de multitrajets, chaque solution de la sous-région k de la DF, $k = \left\lceil \frac{\tau_m + \Delta/2}{T_{sc}} \right\rceil$, est en fonction de $\Delta\tau_m$ qui est le retard du temps associé par la propagation par trajets multiples. Dans ce développement, la solution complète exige non seulement la solution de chaque cas, mais aussi la dérivation des intervalles d'existence et de validité. D'abord, on doit trouver la solution de chaque cas de (4.17), puis les transitions entre les cas seront développées.

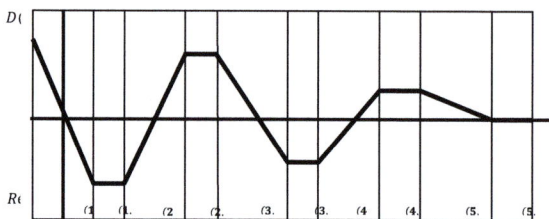

Figure 4. 6 Les différents zones de la courbe DF C-ELP indexées par (i,j).

En posant la constante A=$a_m cos\varphi_m$, les solutions sont obtenues comme suit:

- La solution du cas (1, I):

$$\acute{D}_1\tau_m + A\acute{D}_1(\tau_m - \Delta\tau_m) = 0$$

$$\tau_m = \frac{A\Delta\tau_m}{1+A} \tag{4.19}$$

- La solution du cas (k, II):

$$D_1'\tau_m + \alpha_m \cos\varphi_m (-D_k) = 0$$

$$\tau_m = A\frac{D_k}{D_1'}$$

$$\tau_m = A\frac{\left(4\frac{\alpha}{\beta}-2k+1\right)}{2-8\frac{\alpha}{\beta}}\Delta(-1)^k \tag{4.20}$$

Au lieu de :

$$D_1'\tau_m + \alpha_m \cos\varphi_m (D_k) = 0$$

- La solution du cas (k, I):

$$D_1'\tau_m - \alpha_m \cos\varphi_m D(\tau_m - \Delta\tau_m) = 0$$

$$D_1'\tau_m + A\left[-D_{k-1} + D_k'(\tau_m - \Delta\tau_m - \frac{\Delta}{2} + (k-1)T_{sc})\right] = 0$$

$$(D_1' + A D_k')\tau_m = A\left[D_{k-1} + D_k'\Delta\tau_m + D_k'(\frac{\Delta}{2} - (k-1)T_{sc})\right]$$

$$\tau_m = A\frac{D_{k-1} + D_k'\Delta\tau_m + D_k'(\frac{\Delta}{2}-(k-1)T_{sc})}{(D_1' + A D_k')} \tag{4.21}$$

En remplaçant les paramètres D_{k-1}, D_k' et D_1' , par leurs valeurs dans les équations (4.12), (4.14) et (4.15), on trouve:

$$\tau_m = \frac{\left(4\frac{\alpha}{\beta}-2k+3\right)\Delta+\left\{4(k-1)-8\frac{\alpha}{\beta}\right\}\left\{\Delta\tau_m+\frac{\Delta}{2}-(k-1)\frac{T_{C/A}}{2\alpha}\right\}}{-8\frac{\alpha}{\beta}+2+A(-1)^{k+1}\left\{-8\frac{\alpha}{\beta}+4(k-1)\right\}} \qquad (4.22)$$

Au lieu de :

$$D_1'\tau_m + A\left[D_{k-1} + D_k'\left(\tau_m - \Delta\tau + \frac{\Delta}{2} - (k-1)T_{sc}\right)\right] = 0$$

$$(D_1' + A\,D_k')\tau_m = A\left[D_{k-1} - D_k'\Delta\tau + D_k'(\frac{\Delta}{2} - (k-1)T_{sc})\right]$$

$$\tau_m = A\frac{D_{k-1} - D_k'\Delta\tau + D_k'(\frac{\Delta}{2} - (k-1)T_{sc})}{(D_1' + A\,D_k')}$$

$$\tau_m = \frac{\left(4\frac{\alpha}{\beta}-2k+3\right)\Delta+\left\{4(k-1)-8\frac{\alpha}{\beta}\right\}\left\{\Delta\tau+\frac{\Delta}{2}-(k-1)\frac{T_{C/A}}{2\alpha}\right\}}{-8\frac{\alpha}{\beta}+2-A(-1)^{k+1}\left\{-8\frac{\alpha}{\beta}+4(k-1)\right\}}$$

- La solution du cas (M+1, I) :

$$D_1'\tau_m + A\left[-D_M + D_{M+1}'(\tau_m - \Delta\tau_m - \frac{\Delta}{2} + T_X)\right] = 0$$

$$(D_1' + AD_{M+1}')\tau_m + A\left[-D_M + D_{M+1}'(-\Delta\tau_m - \frac{\Delta}{2} + T_X)\right] \qquad (4.23)$$

En remplaçant la valeur de D_M et D_{M+1}' par (4.12) et (4.16), on trouve:

$$\tau_m = A(-1)^M \frac{-\Delta\tau_m + T_X + \frac{\Delta}{2}}{-8\frac{\alpha}{\beta}+2+A(-1)^{M+1}} \qquad (4.24)$$

Au lieu de :

$$D_1'\tau_m + AD_M'\left(\tau_m - \Delta\tau_m + \frac{\Delta}{2} + T_X\right) = 0$$

$$(D_1' + AD_M')\tau_m + AD_M'\left(-\Delta\tau_m + \frac{\Delta}{2} + T_X\right) = 0$$

$$\tau_m = A(-1)^M \frac{-\Delta\tau_m + T_X + \frac{\Delta}{2}}{-8\frac{\alpha}{\beta}+2+A\beta(-1)^{M+1}}$$

- La solution du cas (M+1, II) :

$$D_1'\tau_m + 0 = 0$$

$$\tau_m = 0 \qquad (4.25)$$

Les conditions et les intervalles d'existence de chaque solution sont comme suit :

- $\tau_m(1,I) = \tau_m(1,II)$

$$\frac{A\Delta\tau_m}{1+A} = A\frac{\left(4\frac{\alpha}{\beta}-2k+1\right)}{2-8\frac{\alpha}{\beta}}\Delta(-1)^k$$

$$\Delta \tau_m = (1 + A)\frac{\Delta}{2} \tag{4.26}$$

- $\tau_m(k, I) = \tau_m(k, II)$

$$\tau_m(k, II) = A\frac{D_k}{D_1'}$$

$$\tau_m(k, I) = A\frac{D_{k-1} + D_k' \Delta \tau_m + D_k'\left(\frac{\Delta}{2} - (k-1)T_{sc}\right)}{(D_1' + A D_k')}$$

$$1 + A\frac{D_k'}{D_1'} = \frac{D_{k-1}}{D_k} + \frac{D_k'}{D_k}\Delta \tau_m + \frac{D_k'}{D_k}\left[\frac{\Delta}{2} - (k-1)T_{sc}\right]$$

$$\Delta \tau_m = -\frac{D_k}{D_k'}\left(\frac{D_{k-1}}{D_k} - 1\right) + A\frac{D_k}{D_1'} - \frac{\Delta}{2} + (k-1)T_{sc} \tag{4.27}$$

Au lieu de :

$$\tau_m(k, I) = -A\frac{D_k}{D_1'}$$

$$\tau_m(k, II) = -A\frac{-D_{k-1} + D_k'\left(-\Delta \tau_m - \frac{\Delta}{2} + (k-1)T_{sc}\right)}{D_1' - AD_k'}$$

$$1 - A\frac{D_k'}{D_1'} = \frac{D_{k-1}}{D_k} + \frac{D_k'}{D_k}\Delta \tau_m + \frac{D_k'}{D_k}\left[\frac{\Delta}{2} - (k-1)T_{sc}\right]$$

$$\Delta \tau_m = -\frac{D_k}{D_k'}\left(\frac{D_{k-1}}{D_k} - 1\right) - A\frac{D_k}{D_1'} - \frac{\Delta}{2} + (k-1)T_{sc}$$

Il nous suffit d'insérer les valeurs de (4.9) et (4.12) dans (4.27) et de la simplifier pour obtenir:

$$\Delta \tau_m = \Delta A(-1)^k \frac{2(M-k)+1}{2-4M} + \frac{\Delta}{2} + (k-1)T_{sc} \tag{4.28}$$

- $\tau_m(k, I) = \tau_m(k-1, II)$

$$\tau_m(k, I) = A\frac{D_{k-1} + D_k'\Delta \tau_m + D_k'\left(\frac{\Delta}{2} - (k-1)T_{sc}\right)}{(D_1' + A D_k')}$$

$$\tau_m(k-1, II) = A\frac{D_{k-1}}{D_1'}$$

$$\frac{D_{k-1}}{D_k} + \frac{D_k'}{D_k}\Delta \tau_m + \frac{D_k'}{D_k}\left[\frac{\Delta}{2} - (k-1)T_{sc}\right] = \frac{D_{k-1}}{D_k}\left(1 + A\frac{D_k'}{D_1'}\right)$$

$$\Delta \tau_m = A\frac{D_{k-1}}{D_1'} - \frac{\Delta}{2} + (k-1)T_{sc} \tag{4.29}$$

Au lieu de :

$$\Delta \tau_m = -\alpha_m \cos \varphi_m \Delta \frac{D_{k-1}}{D_1'} + (k-1)T_{sc} - \frac{\Delta}{2}$$

Il nous suffit d'insérer les valeurs (4.9) et (4.12) dans (4.29) et de la simplifier pour obtenir :

$$\Delta\tau_m = \Delta A(-1)^k \frac{2(M-k)+3}{2-4M} + \frac{\Delta}{2} + (k-1)T_{sc} \qquad (4.30)$$

- $\tau_m(M+1,\mathrm{I}) = \tau_m(M,\mathrm{II})$

$$A(-1)^M \frac{T_X - \Delta\tau_m + \frac{\Delta}{2}}{2-4M-A(-1)^M} = A \frac{\left(4\frac{\alpha}{\beta}-2k+1\right)}{2-8\frac{\alpha}{\beta}}\Delta(-1)^k \Bigg|_{k=M}$$

$$T_X - \Delta\tau_m + \frac{\Delta}{2} = \frac{2-4M-A(-1)^M}{2-4M}\Delta$$

$$\Delta\tau_m = \frac{A(-1)^M}{2-4M}\Delta + T_X - \frac{\Delta}{2} \qquad (4.31)$$

Au lieu de :

$$A(-1)^M \frac{T_X - \Delta\tau_m + \frac{\Delta}{2}}{2-4M-A\beta(-1)^M} = A \frac{\left(4\frac{\alpha}{\beta}-2k+1\right)}{2-8\frac{\alpha}{\beta}}\Delta(-1)^k \Bigg|_{k=M}$$

$$T_X - \Delta\tau_m + \frac{\Delta}{2} = \frac{2-4M-A\beta(-1)^M}{2-4M}\Delta$$

$$\Delta\tau_m = \frac{A(-1)^M}{2-4M}\beta\Delta + T_X - \frac{\Delta}{2}$$

- $\tau_m(M+1,\mathrm{I}) = \tau_m(M+1,\mathrm{II})$

$$A(-1)^M \frac{T_X - \Delta\tau_m + \frac{\Delta}{2}}{2-4M-A(-1)^M} = 0$$

$$T_X - \Delta\tau_m + \frac{\Delta}{2} = 0$$

$$\Delta\tau_m = T_X + \frac{\Delta}{2} \qquad (4.32)$$

On peut maintenant résumer le modèle analytique de l'erreur de l'offset de code C-ELP des signaux modulés en $SinBOC(\alpha,\beta)$ en fonction du retard relatif $\Delta\tau_m$ comme suit :

$$\tau_m = \begin{cases} \frac{A\Delta\tau_m}{1+A} \quad pour\ 0 \le \Delta\tau_m \le (1+A)\frac{\Delta}{2} \\[4pt] A\frac{\left(4\frac{\alpha}{\beta}-2k+1\right)}{2-8\frac{\alpha}{\beta}}\Delta(-1)^k \\ pour\ \Delta\tau_{t2,k} \le \Delta\tau_m \le \Delta\tau_{t1,k+1} \\[4pt] -A(-1)^k \\ \frac{\left(4\frac{\alpha}{\beta}-2k+3\right)\Delta+\left\{4(k-1)-8\frac{\alpha}{\beta}\right\}\left\{d_m+\frac{\Delta}{2}-(k-1)\frac{T_{C/A}}{2\alpha}\right\}}{-8\frac{\alpha}{\beta}+2+A(-1)^{k+1}\left\{-8\frac{\alpha}{\beta}+4(k-1)\right\}} \\ pour\ \Delta\tau_{t1,k} \le \Delta\tau_m \le \Delta\tau_{t2,k} \\[4pt] \frac{A(-1)^M\left(-\Delta\tau_m+T_X+\frac{\Delta}{2}\right)}{-8\frac{\alpha}{\beta}+2-A(-1)^M} \\ pour\ \Delta\tau_{t,M} \le \Delta\tau_m \le T_X+\frac{\Delta}{2} \\[4pt] 0, \quad ailleurs \end{cases} \qquad (4.33)$$

Où

93

$$\Delta\tau_{t2,k} = \Delta A(-1)^k \frac{2(M-k)+1}{2-4M} + \frac{\Delta}{2} + (k-1)T_{sc}$$

$$\Delta\tau_{t1,k} = \Delta A(-1)^k \frac{2(M-k)+3}{2-4M} + \frac{\Delta}{2} + (k-1)T_{sc}$$

$$\Delta\tau_{t,M} = \Delta(-1)^M \frac{A}{-4M+2} - \frac{\Delta}{2} + T_X$$

Par contre, le modèle analytique de l'offset de code proposé par les auteurs dans la référence [1] (dérivé d'une tension d'erreur erronée et avec des erreurs de calculs destructifs) est donné par les expressions de l'équation suivante:

$$\tau_m = \begin{cases} \frac{A\Delta\tau_m}{1+A} & pour \ 0 \leq \Delta\tau_m \leq (1+A)\frac{\Delta}{2} \\ A\frac{\left(4\frac{\alpha}{\beta}-2k+1\right)}{2-8\frac{\alpha}{\beta}}\Delta(-1)^k \\ \quad pour \ \Delta\tau_{t2,k-1} \leq \Delta\tau_m \leq \Delta\tau_{t1,k} \\ \quad -A(-1)^{k-1} \\ \frac{\left(4\frac{\alpha}{\beta}-2k+3\right)\Delta+\left\{4(k-1)-8\frac{\alpha}{\beta}\right\}\left\{\Delta\tau_m+\frac{\Delta}{2}-(k-1)\frac{T_C}{2\alpha}\right\}}{-8\frac{\alpha}{\beta}+2-A(-1)^{k+1}\left\{-8\frac{\alpha}{\beta}+4(k-1)\right\}} \\ \quad pour \ \Delta\tau_{t1,k} \leq \Delta\tau_m \leq \Delta\tau_{t2,k} \\ \frac{A(-1)^M\left(-d_m+T_X+\frac{\Delta}{2}\right)}{-8\frac{\alpha}{\beta}+2-A(-1)^M\beta} \\ \quad pour \ \Delta\tau_{t,M} \leq \Delta\tau_m \leq T_X+\frac{\Delta}{2} \\ 0, \ ailleurs \end{cases} \qquad (4.34)$$

Où

$$\Delta\tau_{t2,k} = \Delta A(-1)^{k+1} \frac{2(M-k)+1}{2-4M} + \frac{\Delta}{2} + (k-1)T_{sc}$$

$$\Delta\tau_{t,M} = \Delta\beta(-1)^M \frac{A}{-4M+2} - \frac{\Delta}{2} + T_X$$

4.5 Modèle analytique proposé de la DF NC-ELP pour un signal $SinBOC(\alpha,\beta)$

Dans cette section, nous allons présenter le modèle analytique de la DF idéale de la DLL NC-ELP [3] qui est donné à partir du carré de la CF $SinBOC(\alpha,\beta)$ normalisée:

$$R^2(\tau) = \begin{cases} \left[\frac{n+(M-n)(2n-1)}{M} - \frac{1+2(M-n)}{M}\frac{|\tau|}{T_{sc}}\right]^2 & pour \ -T_X \leq \tau \leq T_X \\ 0 & ailleurs \end{cases} \qquad (4.35)$$

On peut constater d'après les équations (2.18) et (2.21) (Chapitre 2) que la DF NC-ELP est une équation du second ordre, alors sa résolution est plus complexe que celle de la DF C-ELP et sa courbe est parabolique. La figure 4.7 présente la géométrie générale de la DF idéale de la DLL NC-ELP d'un signal modulé en $SinBOC(\alpha,\beta)$, la courbe théorique étant obtenue à partir de l'équation (2.18), sachant que $M = 4$. En fonction du changement de la DF NC-ELP, nous distinguons $2M$ régions qui sont indexées par i,

$i = 0, 1, \ldots, 2M - 1$. La courbe est impaire et contient des segments ligne du premier ordre de pentes non nulles et d'autres nulles, ainsi que des segments courbés de deuxième ordre. Alors, chaque segment est indexé par i. Tous ces segments peuvent être dérivés géométriquement à partir de la figure 4.7 avec le même formalisme utilisé dans la référence [1]. Par conséquent, ces régions peuvent être données comme suit:

- La région i=0

D'après la figure 4.7, dans la première région de fonctionnement indexée par $i = 0$ et d'une durée de $\frac{\Delta}{2}$, la géométrie de la DF NC-ELP d'un signal $SinBOC(\alpha, \beta)$ avec M=4 est une ligne droite d'une pente négative passant par l'origine (0,0) qui représente le premier passage par zéro dans l'intervalle $\left[0, \frac{\Delta}{2}\right]$. Donc ce segment a une fonction de la forme,

$$D_{NC-ELP_0}(\tau) = A_0 \tau \quad i = 0 \tag{4.36}$$

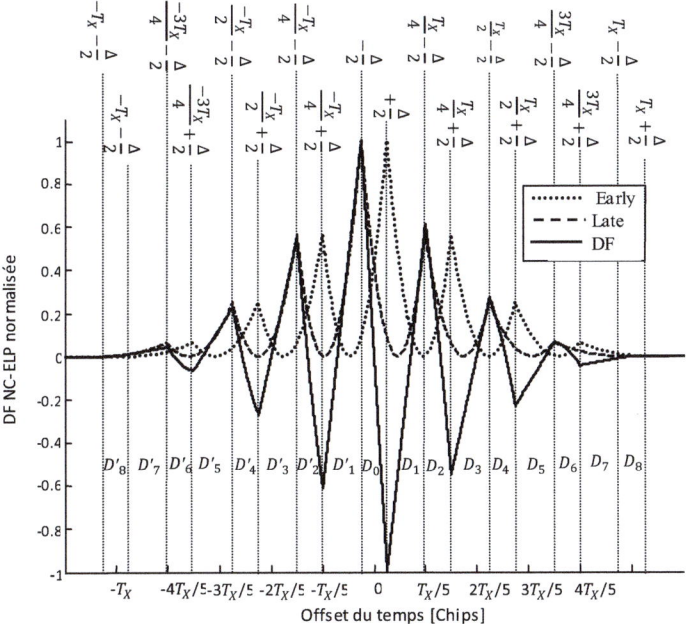

Figure 4. 7 La combinaison des courbes de la CF de code avance et retard pour construire la courbe DF NC-ELP idéale pour un signal $SinBOC(\alpha, \beta)$ avec $M = 4$.

La pente A_0 se ramène à l'expression (4.37) en utilisant et la figure 4.7 et l'équation (4.35) :

$$A_0 = 4 \left(\frac{2M-1}{T_x}\right)\left[-1 + \frac{\Delta}{2}\left(\frac{2M-1}{T_x}\right)\right] \qquad (4.37)$$

Où $T_x = MT_{sc}$. L'intervalle d'existence de cette région est $0 \leq \tau \leq \frac{\Delta}{2}$

- Les régions pour i impaire :

Les régions indexées par $i = 1, 3, \ldots, 2M-1$ ont une durée de $\frac{T_x}{M} - \Delta$ et contiennent des segments ligne de premier ordre. Ces segments ont une équation sous forme:

$$D_{NC-ELP_i}(\tau) = A_1\tau + B_1, \qquad i = 1, \ldots, 2M-1 \qquad (4.38)$$

Compte tenu des calculs faits, les pentes A_1 et B_1 se ramènent aux expressions:

$$A_1 = \frac{\mu}{T_X^2}^2 \frac{\Delta}{2} \qquad (4.39)$$

$$B_1 = -\frac{\mu}{T_X}^2 \left(\frac{p-1}{M}\right)\frac{\Delta}{2} - \left(2 - \frac{i-1}{M}\right)\frac{\mu}{T_X}\frac{\Delta}{2} \qquad (4.40)$$

Où $\mu = 4M - 2i$. L'intervalle d'existence de cette région est $(p-1)\frac{T_x}{M} + \frac{\Delta}{2} \leq \tau \leq p\frac{T_x}{M} - \frac{\Delta}{2}$, tel que $i = 1, 3, 5, \ldots, 2M-1$ and $p = 1, 2, 3.., M$

- Les régions pour i paire :

Les régions indexées par $i = 2, 4, \ldots, 2M-2$ ont une durée de Δ et contiennent des segments de deuxième ordre qui ont une équation sous la forme:

$$D_{NC-ELP_i}(\tau) = A_2\tau^2 + B_2\tau + C_2, \qquad i = 2, 4, \ldots, 2M-2 \qquad (4.41)$$

Compte tenu des calculs faits en utilisant l'equation (4.35) et la Figure 4.7, les pentes A_2, B_2 et C_2 se ramènent aux expressions :

$$A_2 = -2\frac{\mu}{T_X^2} \qquad (4.42)$$

$$B_2 = \left[4\mu\frac{p}{MT_X} + (\mu^2 + 4)\frac{\Delta}{2T_X^2} - \frac{\mu}{T_X}\left(2 - \frac{i}{M}\right)\right] \qquad (4.43)$$

$$C_2 = \left\{-\mu\frac{\Delta}{2T_X}^2 - 2\mu\left(\frac{p}{M}\right)^2 - \left[(\mu^2 + 2)\frac{p}{M}\right]\frac{\Delta}{T_X} + \left(2 - \frac{i}{M}\right)\left(\frac{\Delta}{T_X} + 2\mu\frac{p}{M}\right)\right\} \qquad (4.44)$$

L'intervalle d'existence de cette région est

$$(p-1)\frac{T_X}{M} - \frac{\Delta}{2} \leq \tau \leq (p-1)\frac{T_X}{M} + \frac{\Delta}{2}$$

Où: $i = 2, 4, \ldots, 2M-2$ and $p = 1, 2, 3.., M$.

- Les régions pour i=M :

Quant au dernier intervalle $[T_X - \frac{\Delta}{2}, \ T_X + \frac{\Delta}{2}]$, la DF NC-ELP prend un cas spécial du fait de la spécificité de la CF dans cet intervalle et, présente un segment de deuxième ordre, sachant que $i = M$. On retrouve ainsi son expression comme suit:

$$D_{NC-ELP_1}(\tau) = -\left(\frac{\tau - T_X - \frac{\Delta}{2}}{T_X}\right)^2, \ i = M \tag{4.45}$$

Les expressions du modèle analytique de la DF NC-ELP correspondant à un signal $SinBOC(\alpha, \beta)$ peuvent être regroupées comme suit :

$$D_{NC-ELP_{BOC_s}}(\tau) = sign(\tau)
\begin{cases}
\left(\frac{-|\tau| + T_X + \frac{\Delta}{2}}{T_X}\right)^2 \\
\quad for \ T_X - \frac{\Delta}{2} \leq |\tau| \leq T_X + \frac{\Delta}{2} \\[6pt]
\left[\frac{\mu}{T_X}\frac{\Delta}{2}\left[-\frac{\mu}{T_X}|\tau| + \mu\frac{p-1}{M} + \left(2 - \frac{i-1}{M}\right)\right]\right] \\
\quad for \ (p-1)\frac{T_X}{M} + \frac{\Delta}{2} \leq |\tau| \leq p\frac{T_X}{M} - \frac{\Delta}{2} \\[6pt]
\left[-2\frac{\mu}{T_X^2}|\tau|^2 + \left(\frac{4p\mu}{M} + (\mu^2 + 4)\frac{\Delta}{2T_X} - \mu\left(2 - \frac{i}{M}\right)\right)\frac{|\tau|}{T_X} - \mu\frac{\Delta^2}{2T_X^2}\right. \\
\left. -2\mu\left(\frac{p}{M}\right)^2 - (\mu^2 + 4)\left(\frac{p}{M}\right)\frac{\Delta}{2T_X} + \left(2 - \frac{i}{M}\right)\left(\frac{\Delta}{T_X} + \frac{\mu p}{M}\right)\right] \\
\quad for \ (p-1)\frac{T_X}{M} - \frac{\Delta}{2} \leq |\tau| \leq (p-1)\frac{T_X}{M} + \frac{\Delta}{2} \\[6pt]
4\frac{(2M-1)}{T_X}\left[-1 + \frac{\Delta}{2}\frac{(2M-1)}{T_X}\right]|\tau| \\
\quad for \ |\tau| \leq \frac{\Delta}{2}
\end{cases} \tag{4.46}$$

Où $\mu = 4M - 2i$, $i = \left\lceil\frac{\tau + \frac{\Delta}{2}}{T_{sc}}\right\rceil = 1, 2, 3, \ldots, M$ et $p = 1, 2, \ldots, M$.

4.6 Modèle analytique de l'offset de code de la DLL NC-ELP en présence des multitrajets pour un signal $SinBOC(\alpha, \beta)$

En présence de multitrajets spéculaires, la tension d'erreur de code est la somme de deux courbes d'erreurs décalées, la première correspond à la contribution du signal direct, tandis que la seconde résulte de l'influence du signal réfléchi. Dans le cas d'une configuration de réception non-cohérente NC-ELP perturbée, cette tension d'erreur a été donnée par (3.30) et (3.31). Sachant que, $A = a_m cos\varphi_m$ et compte tenu de l'équation (3.27), nous avons :

$$\check{D}_{NC-ELP}(\tau_m) = D_{NC-ELP}(\tau_m) + A^2 D_{NC-ELP}(\tau_m - \Delta\tau_m)$$

$$+2A\left[R\left(\tau_m - \frac{\Delta\tau}{2}\right) \times R\left(\tau_m - \frac{\Delta\tau}{2} - \Delta\tau_m\right) - R\left(\tau_m + \frac{\Delta\tau}{2}\right) \times R\left(\tau_m + \frac{\Delta\tau}{2} - \Delta\tau_m\right)\right] \tag{4.47}$$

Nous obtenons finalement :

$$\check{D}_{NC-ELP}(\tau_m) = D_{NC-ELP}(\tau_m) + A^2 D_{NC-ELP}(\tau_m - \Delta\tau_m) + err(\tau_m) \tag{4.48}$$

Où

$$err(\tau_m) = 2A\left[R\left(\tau_m - \frac{\Delta\tau}{2}\right) \times R\left(\tau_m - \frac{\Delta\tau}{2} - \Delta\tau_m\right) - R\left(\tau_m + \frac{\Delta\tau}{2}\right) \times R\left(\tau_m + \frac{\Delta\tau}{2} - \Delta\tau_m\right)\right] \quad (4.49)$$

Ce terme $err(\tau_m)$ spécifie la DF NC-ELP par rapport à celle de la DLL C-ELP et représente l'influence du signal direct sur un signal multitrajet et vice-versa. En résolvant, par rapport à τ_m, l'équation $\widehat{D}_{NC-ELP}(\tau_m) = 0$, nous obtenons l'expression de l'offset de code de la DLL NC-ELP en fonction de $\Delta\tau_m$:

$$D_{NC-ELP}(\tau_m) + A^2 D_{NC-ELP}(\tau_m - \Delta\tau_m)$$

$$+ 2A\left[R\left(\tau_m - \frac{\Delta\tau}{2}\right) \times R\left(\tau_m - \frac{\Delta\tau}{2} - \Delta\tau_m\right) - R\left(\tau_m + \frac{\Delta\tau}{2}\right) \times R\left(\tau_m + \frac{\Delta\tau}{2} - \Delta\tau_m\right)\right] + err(\tau_m) = 0$$

$$(4.50)$$

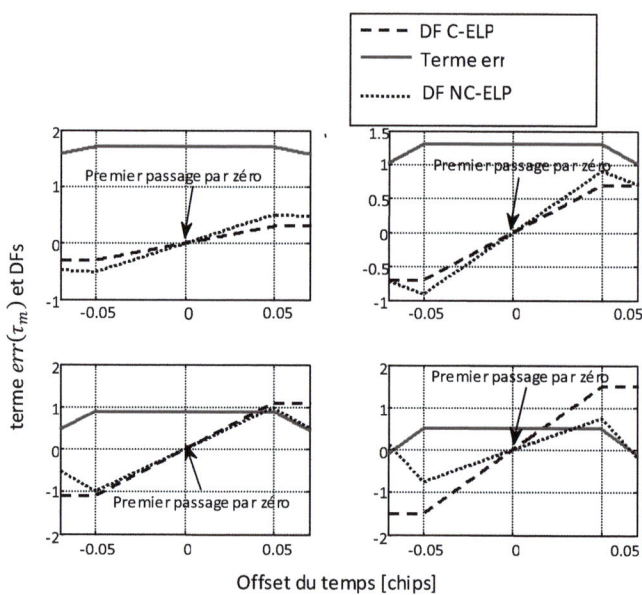

Figure 4. 8 Les courbes idéales du terme d'erreur , DF C-ELP et NC-ELP pour un signal $SinBOC(\alpha,\beta)$ avec $M = \{2, 4, 6, 8\}$.

La résolution de cette équation directe présente une certaine difficulté par rapport à la configuration cohérente. Nous pouvons donc conclure que la DF NC-ELP est en fonction de celle de la C-ELP et qu'elle a le même passage par zéro, si bien que le terme d'erreur $err(\tau_m)$ est clairement la somme de deux termes positifs non nuls. Ceci résulte en une constante non nulle dans la zone de fonctionnement $\left[\frac{-\Delta}{2}, \frac{\Delta}{2}\right]$ et qui est donnée comme suit :

$$\hat{D}_{E+L}(\tau_m) = 2 + \frac{\Delta(1-2M)}{MT_{sc}} \quad \text{pour} \quad -\frac{\Delta}{2} \le \Delta\tau_m \le +\frac{\Delta}{2}$$

Comme illustré à la figure 4.8 pour différentes valeurs de M, le terme $err(\tau_m)$ a un effet seulement sur la variation de la pente de la DF C-ELP dans la région de fonctionnement par contre le passage par zéro est le même que celui de la DF C-ELP. Par conséquent, l'offset de code de la DLL NC-ELP est comme celui de la DLL C-ELP en présence de multitrajets spéculaires et qui est calculé avec la même approche.

En fait, une forme simplifiée de l'équation (4.47) a été donnée par (3.30) de la manière suivante:

$$\hat{D}_{NC-ELP}(\Delta\tau_m) = D_{E+L}(\Delta\tau_m) \times D_{C-ELP}(\Delta\tau_m)$$

Une expression approchée de cet offset de code, en fonction de $\Delta\tau_m$ quand l'espacement de chip $\Delta < T_x/2M$ est donnée comme suit :

$$\tau_m(\Delta\tau_m) = \begin{cases} \frac{A\Delta\tau_m}{1+A} \\ \quad pour \ 0 \le \Delta\tau_m \le (1+A)\frac{\Delta}{2} \\ A\frac{2(M-k)+1}{2(1-2M)}\Delta(-1)^k \\ \quad pour \ \Delta\tau_{t2,k} \le \Delta\tau_m \le \Delta\tau_{t1,k+1} \\ -A(-1)^k \frac{(2(M-k)+3)\Delta+(4k-1-M)\left\{\Delta\tau_m+\frac{\Delta}{2}-(k-1)\frac{T_x}{2\alpha}\right\}}{-4M+2+A(-1)^{k+1}4(-M+k-1)} \\ \quad pour \ \Delta\tau_{t1,k} \le \Delta\tau_m \le \Delta\tau_{t2,k} \\ \frac{A(-1)^M\left(-\Delta\tau_m+T_X+\frac{\Delta}{2}\right)}{-4M+2-A(-1)^M} \\ \quad pour \ \Delta\tau_{t,M} \le \Delta\tau_m \le T_X+\frac{\Delta}{2} \\ 0 \\ ailleurs \end{cases} \quad (4.51)$$

Avec

$$k = \left\lceil \frac{\tau_1}{T_{sc}} \right\rceil$$

$$\Delta\tau_{t2,k} = A(-1)^{k+1}\Delta\frac{2(M-k)+1}{2-4M} + \frac{\Delta}{2} + (k-1)T_{sc}$$

$$\Delta\tau_{t1,k} = \Delta A(-1)^{k+1}\frac{2(M-k)+3}{2-4M} + (k-1)T_{sc} - \frac{\Delta}{2}$$

$$\Delta\tau_{tM} = A(-1)^{M+1}\frac{\Delta\beta}{4M-2} - \frac{\Delta}{2} + T_X$$

4.7 Simulation et évaluation des modèles proposés SinBOC

4.7.1 Pour une configuration C-ELP

Les simulations sont effectuées pour comparer et valider les différents modèles proposés. La CF idéale a été utilisée pour estimer la DF qui est comparée à la fois au modèle de Harris et Lightsey (4.18), et le modèle corrigé (4.17). Les résultats de comparaison sont effectués pour les signaux SinBOC avec différentes valeurs de M et de l'espacement de chip. Ils sont présentés aux figures 4.9 et 4.10. Comme illustré aux figures 4.9 et 4.10, le modéle DF de Harris et Lightsey est déformé et présente plusieurs discontinuités qui le rendent totalement différent du modèle simulé. Cependant, ce problème n'existe pas dans le modèle corrigé. Ainsi, leurs modèles ne sont valides que pour un espacement de chip étroit, $\Delta \leq \frac{4}{5}\frac{T_X}{M}$.

Les figures 4.11 et 4.12 montrent des MEEs C-ELP pour des signaux SinBOC avec différentes valeurs de M pour des espacements de chip, $\Delta = 0.02T_X$ et $\Delta = 0.1T_X$, respectivement. On suppose que l'amplitude relative du multitrajet est 0.5, le retard relatif du multitrajet $\Delta\tau_m$ varie de 0 à $(MT_{sc} + \Delta)$ en mètres par rapport au retard du signal LOS. La phase du multitrajet relative φ_m est prise 0 et π.

La comparaison entre les résultats des simulations numériques du modèle [1], (4.34) et la version corrigée (4.33) avec le modèle simulé des erreurs de l'offset de code illustre que le modèle de Harris et Lightsey [1] ne coïncide pas avec le résultats simulés. Tandis que notre modèle corrigé est le plus proche des résultats du modèle numérique simulé.

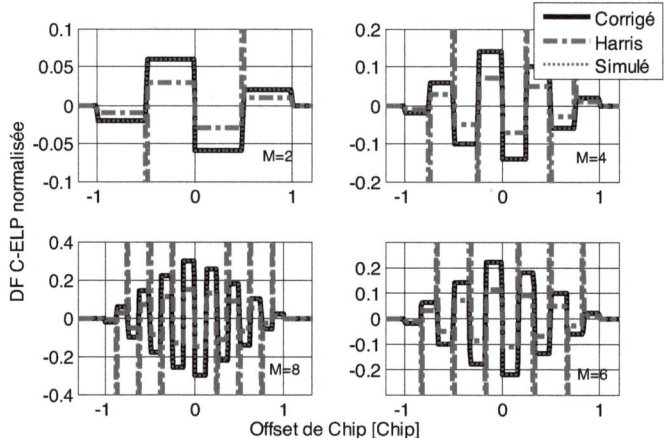

Figure 4. 9 Comparaison entre les résultats simulés et analytiques du DF C-ELP d'un signal SinBOC pour $\Delta = 0.01T_X$ et différentes valeurs de M.

100

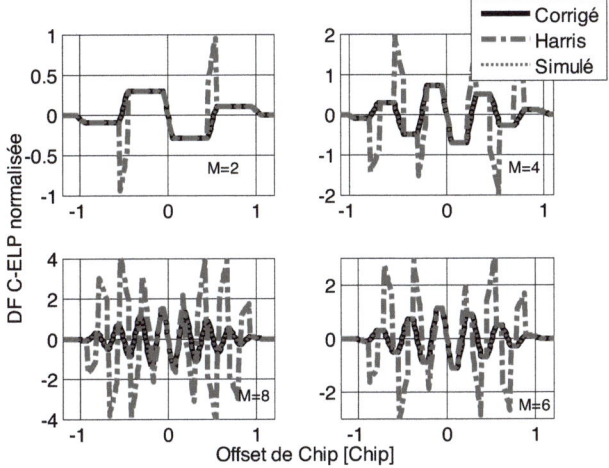

Figure 4. 10 Comparaison entre les résultats simulés et analytiques du DF C-ELP d'un signal SinBOC pour $\Delta = 0.1 T_X$ et différentes valeurs de M.

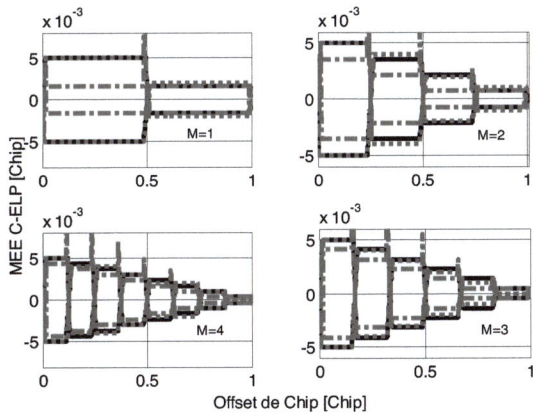

Figure 4. 11 Comparaison entre les résultats simulés et analytiques du MEE C-ELP d'un signal SinBOC pour $\Delta = 0.02 T_X$ et différentes valeurs de M.

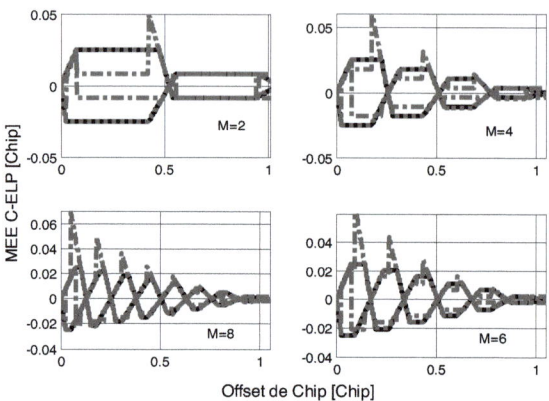

Figure 4. 12 Comparaison entre les résultats simulés et analytiques du MEE C-ELP d'un signal SinBOC pour $\Delta = 0.1T_X$ et différentes valeurs de M.

4.7.2 Pour une configuration NC-ELP

La simulation est faite pour tester et comparer les modèles proposés de la DF (4.46) et MEE (4.51) pour des signaux SinBOC, avec des résultats numériques. Nous avons simulé les modèles, en supposant que les valeurs de l'espacement de chip Δ entre corrélateurs sont étroites et égales à $\frac{T_X}{16M}, \frac{T_X}{8M}, \frac{3T_X}{16M}$ et $\frac{T_X}{4M}$.

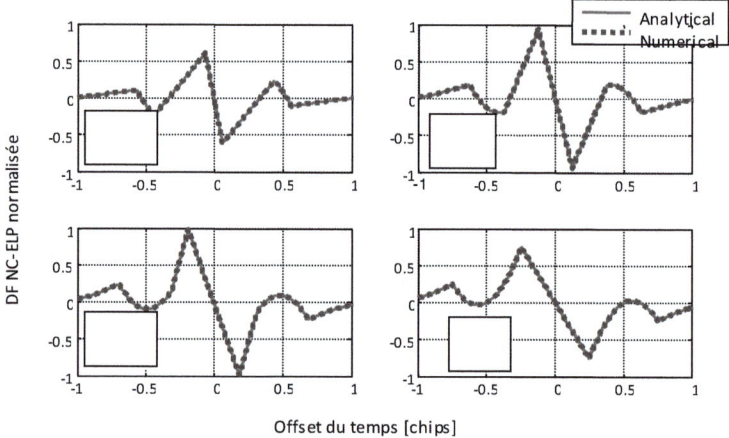

Figure 4. 13 Comparaison entre les résultats simulés et analytiques de la DF NC-ELP d'un signal SinBOC avec M=2.

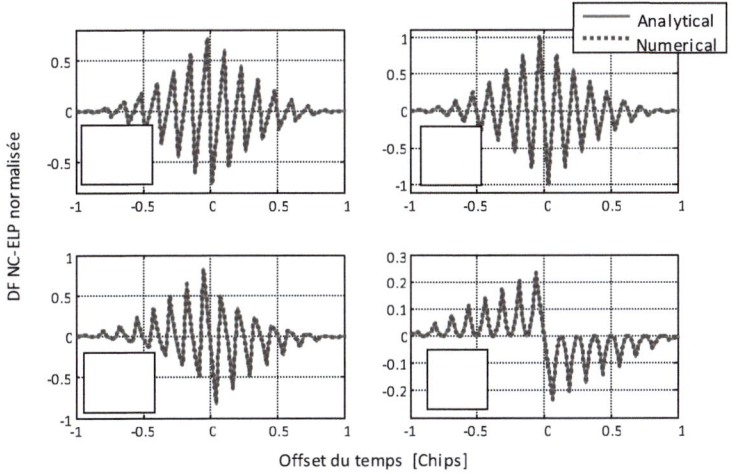

Figure 4. 14 Comparaison entre les résultats simulés et analytiques de la DF NC-ELP d'un signal SinBOC avec M=12.

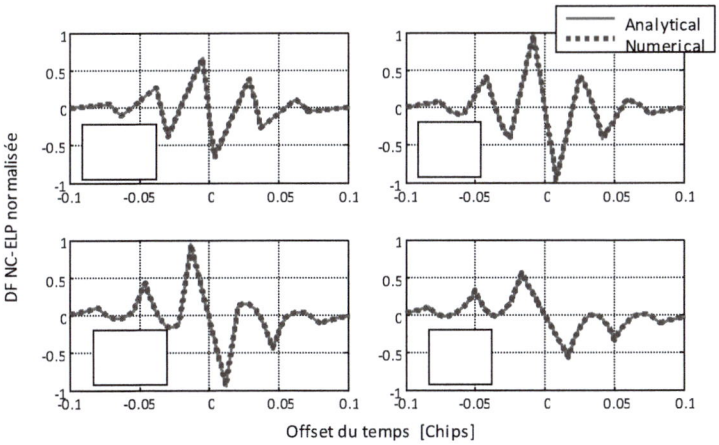

Figure 4. 15 Comparaison entre les résultats simulés et analytiques de la DF NC-ELP d'un signal SinBOC avec M=3.

103

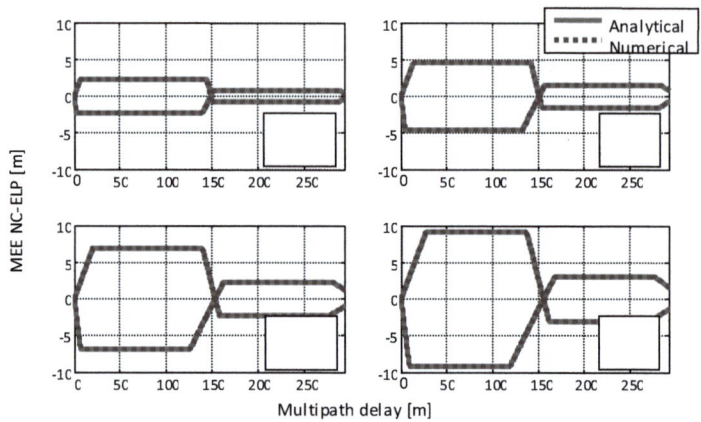

Figure 4. 16 Comparaison entre les résultats simulés et analytiques de la MEE NC-ELP
d'un signal SinBOC avec M=2.

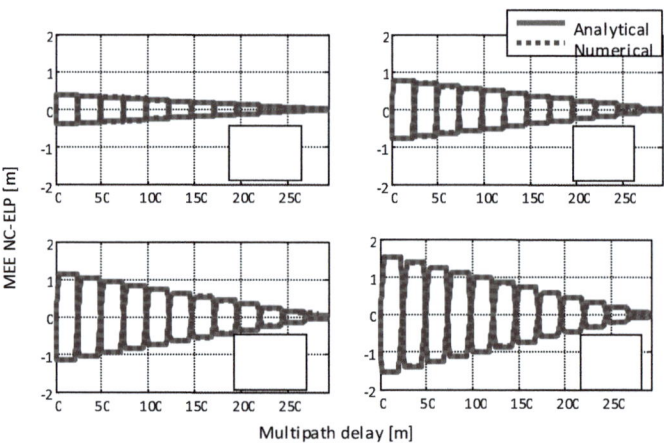

Figure 4. 17 Comparaison entre les résultats simulés et analytiques de la MEE NC-ELP
d'un signal SinBOC avec M=12.

Tout d'abord, nous testons le modèle DF NC-ELP idéal pour différentes valeurs de M :
2, 12 et 3, comme présenté aux figures 4.13, 4.14 et 4.15, respectivement. Ces figures
montrent que les résultats de simulation des modèles proposées coïncident avec ceux du
numérique. Ensuite, le modèle des erreurs de poursuite non-cohérente en présence de
multitrajet spéculaire a été aussi testé, en supposant que le multitrajet maximal a une
amplitude relative 0.5 et un retard variant de 0 à T_X (en métre). Les figures 4.16, 4.17 et
4.18 montrent que les résultats de simulations des modèles proposés MEE NC-ELP
pour différentes valeurs de Δ et M coïncident avec les résultats numériques. Alors, les

modèles proposés de la DF et MEE NC-ELP pour les signaux SinBOC et les espacements de chip étroits sont efficaces.

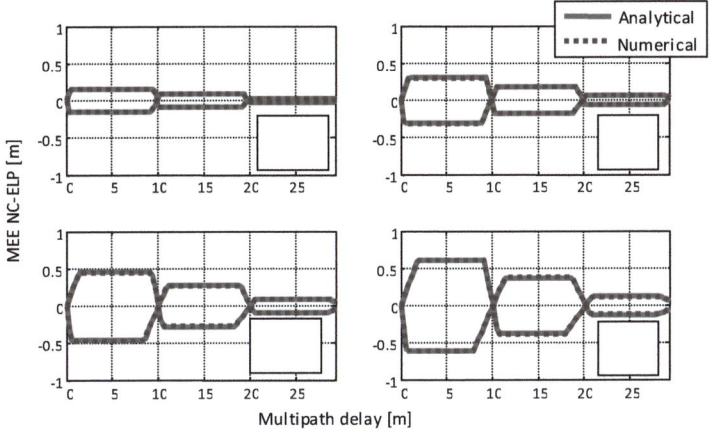

Figure 4. 18 Comparaison entre les résultats simulés et analytiques de la MEE NC-ELP d'un signal SinBOC avec M=3.

4.8 Conclusion

Dans la première partie de ce chapitre, des corrections efficaces des modèles de Harris et Lightsey ont été proposées et présentées. Elles ont manifesté des performances supérieures sur les modèles C-ELP des tensions d'erreur et des enveloppes d'erreur pour des signaux SinBOC. Les modèles proposés ne sont valables que pour des valeurs d'espacement de chip étroites, $\Delta\tau \leq \frac{4}{5}\frac{T_X}{M}$. Les résultats de simulations montrent que les modèles corrigés sont en accord avec celles des modèles simulés, contrairement aux modèles originaux.

Ensuite dans la deuxième partie, les modèles analytiques de la tension d'erreur et de l'erreur de multitrajets correspondants pour une configuration NC-ELP ont été développés sur la base des modèles cohérents. En fait, le développement est complexe et les modèles sont de deuxième ordre. Enfin, la simulation des modèles proposés montre leur l'efficacité.

4.9 Références

[1]   R.B.Harris and E.G.Lightsey, "A General Model of Multipath Error for Coherently Tracked BOC Modulated Signals", *IEEE Journal of selected topics in signal processing* vol. 3, pp. 682-694, August 2009.

[2]   S. Zitouni, K. Rouabah, S. Attia, and D. Chikouche, "Comments on a General Model of Multipath Error for Coherently Tracked BOC Modulated Signals", *Wireless Personal Communications, Springer,* vol. 70, pp. 1397-1407, June 2013.

[3]   K. Rouabah, S.Chebir, S. Attia, M.Flissi, and D.Chikouche, "Mathematical Model of Non-Coherent-DLL Discriminator Output and Multipath Envelope Error for BOC(α,β) Modulated Signals", *Positioning,* vol. 4, pp. 65-79, Feb 2013.

[4]   R. B. Harris, "Incorporation of the global positioning system modernization signals into existing smoother-based ephemeris generation processes,Ph.D.dissertation", Univ. of Texas at Austin, Austin, . 2008.

[5]   Côté.F, I.N.Psaromiligkos, and Gross.W.J, "On the Statistical Properties of GNSS Modulation", in *in Proc. Inst. Nav. National Tech. Meeting,* ed .San Diego, CA, Jan. 28-30, 2008, pp. 227–239.

Chapitre 5

Modélisation analytique de la fonction corrélation CF, la fonction discriminatoire DF et l'offset de code dans des boucles DLL cohérente et non-cohérente pour des signaux CosBOC en présence de multitrajets

5.1 Introduction

Ce chapitre développe la modélisation analytique des erreurs de poursuite de code des signaux CosBOC afin de les estimer et les évaluer. En fait, nous commençons par la modélisation de la CF pour tout signal modulé en CosBOC. Puis nous proposons des modèles de la DF pour une réception DLL cohérente et non-cohérente en utilisant des corrélateurs de code EML large et étroit, ainsi que les expressions de l'erreur de code en fonction des paramètres des composantes du signal multitrajet par rapport au signal direct et l'espacement de chip entre corrélateurs de boucles DLL cohérente et non-cohérente. La simulation et la comparaison de ces modèles calculés avec des résultats simulés illustre l'efficacité et l'exactitude des modèles proposés.

5.2 Modèle analytique des signaux CosBOC

Compte tenu de la figure 5.1, la formulation générale de la sous-porteuse d'un signal $sinBOC(\alpha, \beta)$ peut être simplement donnée dans le domaine temporel pour M paire et impaire comme suit:

$$x_{BOC_S}(t) = (-1)^k, pour \ t \in \left[\left(k - \frac{M}{2}\right)T_{sc}, \left(k - \frac{M}{2} + 1\right)T_{sc}\right] \tag{5.1}$$

Tandis que pour la sous-porteuse d'un signal CosBOC, nous avons:

$$x_{BOC_C}(t) = \begin{cases} 1, & pour \ t \in \left[\left(-\frac{M}{2}\right)T_{sc}, \left(k - \frac{M}{2} + 1\right)T_{sc}\right] \\ (-1)^k, & pour \ t \in \left[\left(k - \frac{M}{2} - 0.5\right)T_{sc}, \left(k - \frac{M}{2} + 0.5\right)T_{sc}\right] \\ (-1)^M, & pour \ t \in \left[\left(\frac{M}{2} - 0.5\right)T_{sc}, \left(\frac{M}{2}\right)T_{sc}\right] \end{cases} \tag{5.2}$$

Où $k = 1, ..., (M - 1)$.

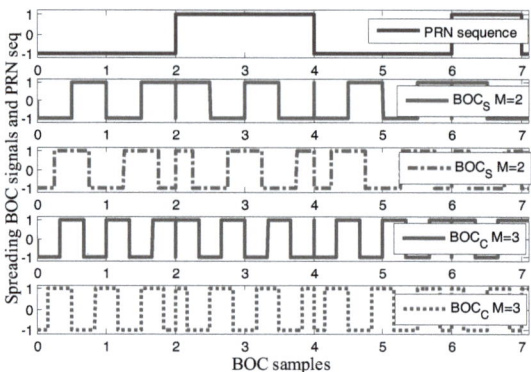

Figure 5.1 Exemples de signaux modulés en SinBOC et CosBOC pour M=2 et M=3.

5.3 Le modèle analytique proposé de la fonction corrélation CF CosBOC

Dans cette section, la modélisation analytique de la CF du signal $cosBOC(\alpha,\beta)$, est calculée à partir de la définition de la corrélation et la figure 5.2. La CF normalisée est calculée comme suit:

Nous retrouvons ainsi le modèle analytique de la CF des $CosBOC(\alpha,\beta)$ par les expressions suivantes:

$$R_{BOC_c}(\tau) =$$

$$\begin{cases} (-1)^{(n-1)}\left[\frac{n-1+(M-n+1)(2n-1)}{M}+\frac{-1-2(M-n+1)}{M}\frac{\tau}{T_{sc}}\right], pour\ (n-1)T_{sc} \leq \tau \leq (n-0.5)T_{sc} \\ (-1)^{(n-1)}\left[\frac{-n+(M-n)(2n-1)}{M}+\frac{-1-2(M-n-1)}{M}\frac{\tau}{T_{sc}}\right], pour\ (n-0.5)T_{sc} \leq \tau \leq nT_{sc} \\ (-1)^{(n-1)}\left[\frac{n-1+(M-n+1)(2n-1)}{M}-\frac{-1-2(M-n+1)}{M}\frac{\tau}{T_{sc}}\right], pour\ -(n-0.5)T_{sc} \leq \tau \leq -(n-1)T_{sc} \\ (-1)^{(n-1)}\left[\frac{-n+(M-n)(2n-1)}{M}-\frac{-1-2(M-n-1)}{M}\frac{\tau}{T_{sc}}\right], pour\ -nT_{sc} \leq \tau \leq -(n-0.5)T_{sc} \\ 0 \qquad\qquad\qquad\qquad\qquad\qquad\qquad ,pour\ \tau \geq MT_{sc}\ et\ \tau \leq -MT_{sc} \end{cases}$$

(5.3)

Où $n \equiv \lceil|\tau|/T_{sc}\rceil = 1, \dots, M+1$, $\lceil.\rceil$ représente l'opérateur de seuil. La CF $R_{BOC_c}(\tau)$ est calculée pour des valeurs négatives et positives du décalage τ. La géométrie de la CF CosBOC pour $M = 4$ est représentée à la figure 5.3. Nous prenons comme exemple le signal E6 PRS, $BOC_c(10,5)$, du système Galileo.

Les pics correspondant aux valeurs $0, \dots, (M-1)T_{sc}$ de τ sont respectivement représentés par r_j pour $j = 1, \dots, M$, et sont donnés par:

$$r_j = \frac{M-j+1}{M}\left|(-1)^{j+1}\right|$$

(5.4)

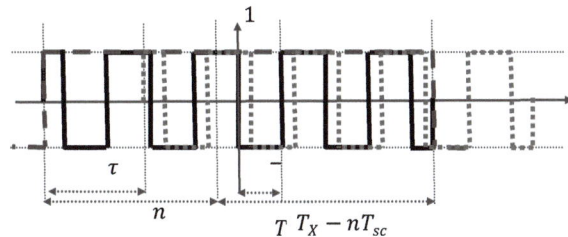

Figure 5. 2   Sous-porteuse CosBOC et sa réplique avec un large retard positif pour M=8.

Les pics correspondant aux valeurs $T_{sc}/2, \dots, (M - 0.5)T_{sc}/2$ de τ sont représentés par s_j pour $j = 1, \dots, M$, et sont donnés par:

$$s_j = \frac{1}{2M} |(-1)^j|$$ (5. 5)

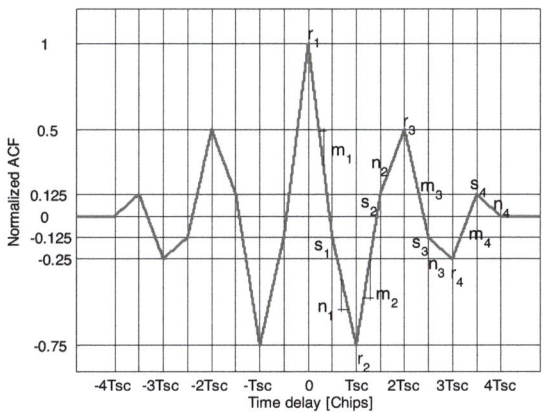

Figure 5. 3   Géométrie de la CF $cosBOC(\alpha, \beta)$ pour $M = 4$.

Les pentes des segments droits représentées par m_j et n_j (voir la figure 5.3) prennent les valeurs:

$$m_j = \frac{3+2(M-j)}{MT_{sc}} |(-1)^j|$$ (5. 6)

$$n_j = \frac{-1+2(M-j)}{MT_{sc}} \left| (-1)^j \right|$$
(5. 7)

Les passages par zéro de CF CosBOC sont donnés par

$$\tau_j = \frac{\lfloor (3j-2)+(2j-1)(M-j) \rfloor T_{sc}}{(3+2(M-j))}$$
(5. 8)

Où $j = \lfloor \tau/T_{sc} \rfloor = 1, \dots, M$ et $\lfloor . \rfloor$ est l'operateur de seuil d'arrondissement.

5.4 Modèles analytiques proposés de la DF C-ELP des signaux CosBOC

Dans cette section, nous dérivons les formulations analytiques de la fonction discriminatoire DF d'une DLL cohérente non perturbée pour des signaux modulés en CosBOC compte tenu des expressions analytiques proposées de la CF $R_{BOC_c}(\tau)$, (5.4), (5.5), (5.6), (5.7) et (5.8).

Selon la définition de DF C-ELP donnée par (voir eq. (2.)) et le modèle géométrique de la CF représenté par la figure 5.3, nous illustrons dans la figure 5.4 la composition de la DF à partir d'une CF, d'un signal CosBOC de $M = 4$, avancée et une autre retardée l'une par rapport à l'autre d'un espacement de chip étroit, $\Delta\tau = 0.4\frac{T_x}{M} chip$.

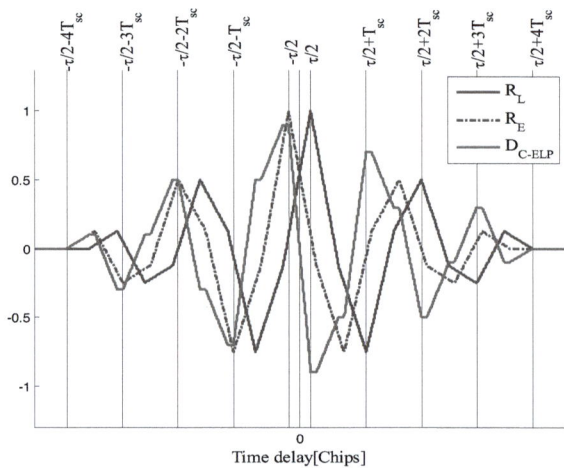

Figure 5. 4 Construction de la DF C-ELP pour un signal modulé en CosBOC
pour $\Delta\tau = 0.4\frac{T_x}{M}$ et M=4.

La courbe de la DF C-ELP contient des segments de ligne droite de pentes nulles et d'autres non nulles comme l'illustrent les figures 5.4 et 5.5. La DF est divisée en régions et sous-régions qui se sont référées par j et i, respectivement. Le paramètre j est égal à $\lceil(\tau + \Delta\tau/2)/T_{sc}\rceil 1, \ldots, M$ =et le paramètre i prend les valeurs I, II, III et IV. De ce fait chaque segment est noté par une paire (i, j). Par conséquent, le segment de ligne droite et la valeur de sa pente dans la sous-région i de la région j sont respectivement indiqués par D_i et D_i'. Compte tenu du fait que la DF est impaire, nous calculons les valeurs D_i et D_i' pour chaque région j en utilisant les paramètres m_j, n_j, r_j, s_j et τ_j de la CF pour $\tau > 0$ et par symétrie nous les déduisons pour $\tau < 0$. Les calculs de la DF sont faits en fonction de l'espacement de chip entre corrélateurs E et L.

5.4.1 DF C-ELP pour un espacement de chip $\Delta\tau < \frac{T_x\beta}{4\alpha}$ chip

Selon la vue agrandie, autour $l = 1$, de la géométrie de la courbe DF C-ELP avec celle de CF CosBOC avancé et retardé d'un espacement de chip $\Delta\tau = 0.4\frac{T_x}{M}$ (voir la figure 5.5), nous obtenons les expressions analytiques de la DF pour chaque sous-région comme suit :

- La région j=0

La sous-région $\tau(0, I)$, pour $0 \leq \tau \leq \Delta\tau/2$

$$D(\tau) = -2m_1\tau \qquad (5.9)$$

- Les régions j=1,..,M,

La sous-région $\tau(j, I)$, pour $\frac{\Delta\tau}{2} + (j-1)T_{sc} \leq \tau \leq -\frac{\Delta\tau}{2} + (2j-1)\frac{T_{sc}}{2}$

$$D_I = s_j + r_j - m_j\left(\frac{T_{sc}}{2} - \Delta\tau\right) = m_j\Delta\tau$$
$$D_I' = 0$$

$$D(\tau) = (-1)^j D_I \qquad (5.10)$$

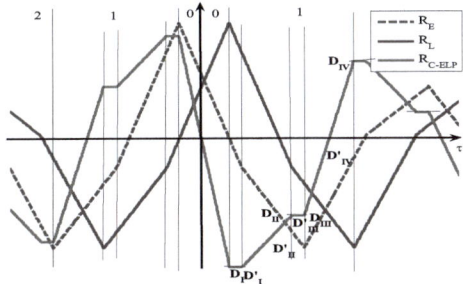

Figure 5. 5   Vue agrandie de la DF C-ELP d'un signal CosBOC à j=1 pour $\Delta\tau = 0.4\frac{T_x}{M}$ et M=4.

La sous-région $\tau(j, II)$, pour $\quad -\frac{\Delta\tau}{2} + (2j-1)\frac{T_{sc}}{2} \leq \tau \leq \frac{\Delta\tau}{2} + (2j-1)\frac{T_{sc}}{2}$

$$D_{II} = -s_j + r_{j+1} - n_j\left(\frac{T_{sc}}{2} - \Delta\tau\right) = \frac{\Delta\tau}{MT_{sc}}(-1 + 2(M-j))$$

$$D'_{II} = \frac{D_I - D_{II}}{\Delta\tau} = \frac{4}{MT_{sc}}$$

$$D(\tau) = D_{II}(-1)^j + (-1)^{j-1}D'_{II}\left(\tau - \frac{\Delta\tau}{2} - (2j-1)\frac{T_{sc}}{2}\right) \tag{5.11}$$

La sous-région $\tau(j, III)$, pour $\frac{\Delta\tau}{2} + (2j-1)\frac{T_{sc}}{2} \leq \tau \leq -\frac{\Delta\tau}{2} + jT_{sc}$

$$D_{III} = n_j\Delta\tau$$

$$D'_{III} = \frac{D_{III} - D_{II}}{T_{sc}/2 - \Delta\tau} = 0$$

$$D(\tau) = (-1)^j D_{III} \tag{5.12}$$

La sous-région $\tau(j, IV)$, pour $-\frac{\Delta\tau}{2} + jT_{sc} \leq \tau \leq \frac{\Delta\tau}{2} + jT_{sc}$ et $j \neq M$

$$D_{IV} = m_{j+1}\Delta\tau$$

$$D'_{IV} = \frac{D_{IV} + D_{III}}{\Delta\tau} = \frac{4(M-j)}{MT_{sc}}$$

$$D(\tau) = D_{IV}(-1)^{j-1} + D'_{IV}(-1)^{j-1}\left(\tau - \frac{\Delta\tau}{2} - jT_{sc}\right) \tag{5.13}$$

La sous-région $\tau(M, IV)$, pour $-\frac{\Delta\tau}{2} + MT_{sc} \leq \tau \leq \frac{\Delta\tau}{2} + MT_{sc}$

$$D(\tau) = (-1)^{M+1}n_M\left(\tau - \frac{\Delta\tau}{2} - MT_{sc}\right) \tag{5.14}$$

- Pour $\tau \geq \frac{\Delta\tau}{2} + MT_{sc}$

$$D(\tau) = 0 \tag{5.15}$$

- Pour $\tau \leq 0$

$$D(\tau) = -D(-\tau) \tag{5.16}$$

Le modèle analytique de la DF C-ELP correspond à un signal modulé en $\text{CosBOC}(\alpha, \beta)$ et un espacement de chip étroit $\Delta\tau < \frac{T_x\beta}{4\alpha}$ chip, peut être exprimé comme suit:

$$
D_{C-ELP}(\tau) = \begin{cases}
-2\frac{3+2(M-1)}{MT_{sc}}\tau & ,pour\ \ 0 \leq \tau \leq \frac{\Delta\tau}{2} \\[4pt]
(-1)^j\frac{3+2(M-j)}{MT_{sc}}\Delta\tau \\
\quad ,pour\ \frac{\Delta\tau}{2}+(j-1)T_{sc} \leq \tau \leq -\frac{\Delta\tau}{2}+(2j-1)\frac{T_{sc}}{2} \\[4pt]
(-1)^j\frac{\Delta\tau}{MT_{sc}}\left(-1+2(M-j)\right)+(-1)^{j-1}\frac{4}{MT_{sc}}\left(\tau-\frac{\Delta\tau}{2}-(2j-1)\frac{T_{sc}}{2}\right) \\
\quad ,pour\ -\frac{\Delta\tau}{2}+(2j-1)\frac{T_{sc}}{2} \leq \tau \leq \frac{\Delta\tau}{2}+(2j-1)\frac{T_{sc}}{2} \\[4pt]
(-1)^j\frac{-1+2(M-j)}{MT_{sc}}\Delta\tau \\
\quad ,pour\ \frac{\Delta\tau}{2}+(2j-1)\frac{T_{sc}}{2} \leq \tau \leq -\frac{\Delta\tau}{2}+jT_{sc} \\[4pt]
(-1)^{j-1}\frac{1+2(M-j)}{MT_{sc}}\Delta\tau+(-1)^{j-1}\frac{4(M-j)}{MT_{sc}}\left(\tau-\frac{\Delta\tau}{2}-jT_{sc}\right) \\
\quad ,pour\ -\frac{\Delta\tau}{2}+jT_{sc} \leq \tau \leq \frac{\Delta\tau}{2}+jT_{sc} \\[4pt]
\frac{(-1)^M}{MT_{sc}}\left(\tau-\frac{\Delta\tau}{2}-MT_{sc}\right) \\
\quad ,pour\ -\frac{\Delta\tau}{2}+MT_{sc} \leq \tau \leq \frac{\Delta\tau}{2}+MT_{sc} \\[4pt]
0 \qquad ,pour\ \tau \geq \frac{\Delta\tau}{2}+MT_{sc} \\[4pt]
-D(-\tau) \qquad ,pour\ \tau \leq 0
\end{cases}
$$
$$(5.17)$$

Où $j = \lceil(\tau+\Delta\tau/2)/T_{sc}\rceil = 1,\ldots,M$ et $M = 2\alpha/\beta$.

5.4.2 DF C-ELP pour un espacement de chip $\frac{T_x\beta}{4\alpha}$ chip $\leq \Delta\tau < \frac{T_x\beta}{2\alpha}$ chip

De la même manière, nous utilisons la figure 5.6 pour calculer les expressions analytiques modélisant la DF C-ELP d'un signal modulé en $CosBOC(\alpha,\beta)$ correspondants aux valeurs d'espacement de chip $\frac{T_x\beta}{4\alpha}$ chip $\leq \Delta\tau < \frac{T_x\beta}{2\alpha}$ chip. Le développement mathématique est donné comme suit:

- La région j=0

La sous-région $\tau(0,I)$, pour $0 \leq \tau \leq \frac{T_{sc}}{2}-\frac{\Delta\tau}{2}$

$$D_{0,I} = s_1 + r_1 - m_1\left(\Delta\tau - \frac{T_{sc}}{2}\right)$$
$$D'_{0,I} = -\frac{2D_{0,I}}{T_{sc}-\Delta\tau} = -2m_1$$
$$D(k) = D'_{0,I}\tau \tag{5.18}$$

La sous-région $\tau(0,II)$, pour $\frac{T_{sc}}{2}-\frac{\Delta\tau}{2} \leq \tau \leq \frac{\Delta\tau}{2}$

$$D_{0,II} = r_1 + r_2 + n_1(\Delta\tau - T_{sc}) = \frac{2}{M} + (-3+2M)\frac{\Delta\tau}{MT_{sc}}$$
$$D'_{0,II} = -\frac{D_{0,I}-D_{0,II}}{T_{sc}/2-\Delta\tau} = \frac{-4M+2}{MT_{sc}}$$
$$D(\tau) = -D_{0,II} + D'_{0,II}\left(\tau - \frac{\Delta\tau}{2}\right)$$

$$D(\tau) = -\frac{2}{M} - (-3 + 2M)\frac{\Delta\tau}{MT_{sc}} + \frac{-4M + 2}{MT_{sc}}(\tau - \frac{\Delta\tau}{2}) \qquad (5.19)$$

- Les régions j=1,..,M,

Les sous-régions $\tau(j, I)$, pour $(j - 1)T_{sc} + \frac{\Delta\tau}{2} \leq \tau \leq -\frac{\Delta\tau}{2} + jT_{sc}$

$$D_I = r_j + r_{j+1} + n_j(\Delta\tau - T_{sc})$$
$$D_{II} = r_j + r_{j+1} + m_j(\Delta\tau - T_{sc})$$
$$D_{II} = -\frac{2}{M} + \left(3 + 2(M - j)\right)\frac{\Delta\tau}{MT_{sc}}$$
$$D_I' = \frac{D_{II} - D_I}{\Delta\tau - T_{sc}} = \frac{4}{MT_{sc}}$$

$$D(\tau) = D_{II}(-1)^j + (-1)^{j-1}D_I'(\tau + \frac{\Delta\tau}{2} - jT_{sc}) \qquad (5.20)$$

Les sous-régions $\tau(j, II)$, pour $jT_{sc} - \frac{\Delta\tau}{2} \leq \tau \leq \frac{\Delta\tau}{2} + (2j - 1)T_{sc}/2$ and $j \neq M$

$$D_{III} = -s_j + r_{j+1} - m_{j+1}(\Delta\tau - T_{sc}/2) = \frac{2(M - j)}{M} - m_{j+1}\Delta\tau$$
$$D_{II}' = \frac{D_{II} - D_{III}}{\Delta\tau - T_{sc}/2} = \frac{4 + 4(M - j)}{MT_{sc}}$$

$$D(\tau) = D_{III}(-1)^j + (-1)^{j-1}D_{II}'(\tau - \frac{\Delta\tau}{2} - (2j - 1)T_{sc}) \qquad (5.21)$$

Les sous-régions $\tau(j, III)$, pour $(2j - 1)\frac{T_{sc}}{2} + \frac{\Delta\tau}{2} \leq \tau \leq -\frac{\Delta\tau}{2} + (2j + 1)T_{sc}/2$ and $j \neq M$

$$D_{IV} = s_j + r_{j+1} + n_j\left(\frac{T_{sc}}{2} - \Delta\tau\right) = \frac{2(M - j)}{M} - n_j\Delta\tau$$
$$D_{III}' = \frac{D_{IV} + D_{III}}{T_{sc} - \Delta\tau} = \frac{4(M - j)}{MT_{sc}}$$

$$D(\tau) = (-1)^{j-1}D_{IV} + (-1)^{j-1}D_{III}'(\tau + \frac{\Delta\tau}{2} - (2j + 1)T_{sc}/2) \qquad (5.22)$$

Les sous-régions $\tau(j, IV)$, pour $-\frac{\Delta\tau}{2} + (2j + 1)T_{sc}/2 \leq \tau \leq \frac{\Delta\tau}{2} + jT_{sc}$ and $j \neq M$

$$D_I|_{p=j+1} = r_{j+2} + r_{j+1} - n_{j+1}(T_{sc} - \Delta\tau) = \frac{2}{M} + n_{j+1}\Delta\tau$$
$$D_{IV}' = \frac{D_{IV} - D_I|_{p=j+1}}{T_{sc}/2 - \Delta\tau} = \frac{-4 + 4(M - j)}{MT_{sc}}$$

$$D(\tau) = (-1)^{j+1}D_I|_{p=j+1} + (-1)^{j-1}D_{IV}'(\tau - \frac{\Delta\tau}{2} - jT_{sc}) \qquad (5.23)$$

La sous-région $\tau(M, II)$, pour $-\frac{\Delta\tau}{2} + MT_{sc} \leq \epsilon_r \leq \frac{\Delta\tau}{2} + (2M - 1)T_{sc}/2$

$$D(\tau) = (-1)^{M-1}s_M + (-1)^{M-1}m_M(\tau - \frac{\Delta\tau}{2} - (2M - 1)T_{sc}/2) \qquad (5.24)$$

La sous-région $\tau(M, III)$, pour $\frac{\Delta\tau}{2} + (2M - 1)T_{sc}/2 \leq \tau \leq \frac{\Delta\tau}{2} + MT_{sc}$

$$D(\tau) = (-1)^{M-1}n_M(\tau - \frac{\Delta\tau}{2} - MT_{sc}) \qquad (5.25)$$

La sous-région $\tau(M, IV)$, pour $\tau \geq \frac{\Delta\tau}{2} + MT_{sc}$ and $\tau \leq -\frac{\Delta\tau}{2} - MT_{sc}$

$$D(\tau) = 0 \qquad (5.26)$$

- Pour $\tau \leq 0$

$$D(\tau) = -D(-\tau) \qquad (5.27)$$

Le modèle analytique de la DF C-ELP correspond à un signal modulé en $\text{CosBOC}(\alpha, \beta)$ et un espacement de chip étroit $\frac{T_x\beta}{4\alpha}$ chip $\leq \Delta\tau < \frac{T_x\beta}{2\alpha}$ chip peut être exprimé comme suit:

$$D_{C-ELP}(\tau) = \begin{cases} -2\frac{3+2(M-1)}{MT_{sc}}\tau & ,pour\ 0 \leq \tau \leq \frac{T_{sc}}{2} - \frac{\Delta\tau}{2} \\ -\frac{2}{M} - (-3+2M)\frac{\Delta\tau}{MT_{sc}} + \frac{-4M+2}{MT_{sc}}\left(\tau - \frac{\Delta\tau}{2}\right), pour\ \frac{T_{sc}}{2} - \frac{\Delta\tau}{2} \leq \tau \leq \frac{\Delta\tau}{2} \\ (-1)^j\left(-\frac{2}{M} + \left(3 + 2(M-j)\right)\frac{\Delta\tau}{MT_{sc}}\right) + \frac{4}{MT_{sc}}(-1)^{j-1}\left(\tau + \frac{\Delta\tau}{2} - jT_{sc}\right) \\ \qquad ,pour\ (j-1)T_{sc} + \frac{\Delta\tau}{2} \leq \tau \leq -\frac{\Delta\tau}{2} + jT_{sc} \\ (-1)^j\left(\frac{2(M-j)}{M} - m_{j+1}\Delta\tau\right) + (-1)^{j-1}\frac{4+4(M-j)}{MT_{sc}}\left(\tau - \frac{\Delta\tau}{2} - (2j-1)\frac{T_{sc}}{2}\right) \\ \qquad ,pour\ jT_{sc} - \frac{\Delta\tau}{2} \leq \tau \leq \frac{\Delta\tau}{2} + (2j-1)\frac{T_{sc}}{2}, j \neq M \\ (-1)^{j-1}\left(\frac{2(M-j)}{M} - n_j\Delta\tau\right) + (-1)^{j-1}\frac{4(M-j)}{MT_{sc}}\left(\tau + \frac{\Delta\tau}{2} - (2j+1)T_{sc}/2\right) \\ \qquad ,pour\ (2j-1)\frac{T_{sc}}{2} + \frac{\Delta\tau}{2} \leq \tau \leq -\frac{\Delta\tau}{2} + (2j+1)T_{sc}/2, j \neq M \\ (-1)^{j-1}\left(\frac{2}{M} + n_{j+1}\Delta\tau\right) + (-1)^{j-1}\frac{-4+4(M-j)}{MT_{sc}}\left(\tau - \frac{\Delta\tau}{2} - jT_{sc}\right) \\ \qquad ,pour\ -\frac{\Delta\tau}{2} + \frac{(2j+1)T_{sc}}{2} \leq \tau \leq \frac{\Delta\tau}{2} + jT_{sc}, j \neq M \\ (-1)^{M-1}\frac{1}{2M} + (-1)^{M-1}\frac{3}{MT_{sc}}\left(\tau - \frac{\Delta\tau}{2} - (2M-1)T_{sc}/2\right) \\ \qquad ,pour\ -\frac{\Delta\tau}{2} + MT_{sc} \leq \tau \leq \frac{\Delta\tau}{2} + (2M-1)\frac{T_{sc}}{2} \\ (-1)^M\frac{1}{MT_{sc}}\left(\tau - \frac{\Delta\tau}{2} - MT_{sc}\right) \\ \qquad ,pour\ \frac{\Delta\tau}{2} + (2M-1)T_{sc}/2 \leq \tau \leq \frac{\Delta\tau}{2} + MT_{sc} \\ 0 \qquad ,pour\ \tau \geq \frac{\Delta\tau}{2} + MT_{sc} \\ -D(-\tau) \qquad ,pour\ \tau \leq 0 \end{cases}$$

$$(5.28)$$

Où $j = \lceil(\tau + \Delta\tau/2)/T_{sc}\rceil = 1, \ldots, M$ et $M = 2\alpha/\beta$.

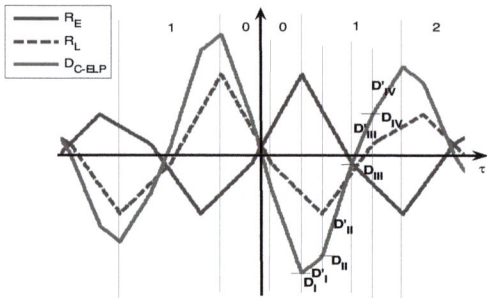

Figure 5.6   Vue agrandie de la DF C-ELP d'un signal CosBOC à j=1 pour $\Delta\tau = 0.8\frac{T_x}{M}$ et $M = 4$.

5.4.3   DF C-ELP pour un espacement de chip $\frac{T_x\beta}{2\alpha}$ chip $\leq \Delta\tau \leq \frac{3T_x\beta}{4\alpha}$ chip

De la même manière, nous utilisons la figure 5.7 pour calculer les expressions analytiques modélisant la DF C-ELP d'un signal modulé en $CosBOC(\alpha,\beta)$ correspondants aux valeurs d'espacement de chip $\frac{T_x\beta}{2\alpha}$ chip $\leq \Delta\tau \leq \frac{3T_x\beta}{4\alpha}$ chip. Le développement mathématique est donné comme suit:

- La région j=0

La sous-région $\tau(0, I)$, pour $0 \leq \tau \leq -\frac{T_{sc}}{2} + \frac{\Delta\tau}{2}$

$$D_{0,I} = s_1 - r_2 - n_1\left(\frac{T_{sc}}{2} - \Delta\tau\right)$$
$$D_{0,I}' = \frac{2D_{0,I}}{T_{sc} - \Delta\tau} = 2n_1 = \frac{-6 + 4M}{MT_{sc}}$$

$$D(\tau) = -D_{0,I}'\tau \tag{5.29}$$

La sous-région $\tau(0, II)$, pour $\frac{-T_{sc}}{2} + \frac{\Delta\tau}{2} \leq \tau \leq T_{sc} - \frac{\Delta\tau}{2}$

$$D_{0,II} = r_1 + r_2 + m_1(T_{sc} - \Delta\tau)$$
$$D_{0,II}' = \frac{D_{0,II} - D_{0,I}}{-\Delta\tau + 3T_{sc}/2} = \frac{\frac{-3+6M}{M} - \frac{-2+4M}{MT_{sc}}\Delta}{-\Delta + 3\frac{T_{sc}}{2}}$$

$$D(\tau) = -D_{0,II} - D_{0,II}'\left(\tau - T_{sc} + \frac{\Delta\tau}{2}\right) \tag{5.30}$$

La sous-région $\tau(0, III)$, pour $T_{sc} - \frac{\Delta\tau}{2} \leq \tau \leq \frac{\Delta\tau}{2}$

$$D_{0,III} = r_1 + r_2 + m_2(T_{sc} - \Delta\tau)$$
$$D_{0,III}' = \frac{D_{0,III} - D_{0,II}}{\Delta\tau - T_{sc}} = = \frac{\frac{-2}{M} + \frac{2}{M T_{sc}}\Delta}{\Delta - T_{sc}}$$

$$D(\tau) = -D_{0,III} - D_{0,III}'\left(\tau - \frac{\Delta\tau}{2}\right) \tag{5.31}$$

- Les régions j=1,..,M,

Les sous-régions $\tau(j,I)$, pour$(j-1)T_{sc} + \frac{\Delta\tau}{2} \leq \tau \leq -\frac{\Delta\tau}{2} + (2j+1)T_{sc}/2$

$$D_I = r_j + r_{j+1} + m_{j+1}(T_{sc} - \Delta\tau)$$
$$D_{II} = s_j - m_j\left(x_j - (2j+1)T_{sc}/2 + \Delta\tau\right)$$
$$D_I' = \frac{D_{II} + D_I}{3T_{sc}/2 - \Delta\tau}$$

$$D(\tau) = D_{II}(-1)^{j-1} + (-1)^{j-1}D_I'\left(\tau + \frac{\Delta\tau}{2} - (2j+1)T_{sc}/2\right) \tag{5.32}$$

Les sous-régions $\tau(j,II)$, pour$(2j+1)T_{sc} - \frac{\Delta\tau}{2} \leq \tau \leq \frac{\Delta\tau}{2} + (2j-1)T_{sc}/2$

$$D_{III} = s_{j+1} + r_{j+2} - n_{j+1}(3T_{sc}/2 - \Delta\tau)$$
$$D_{II}' = \frac{-D_{III} + D_{II}}{T_{sc} - \Delta\tau}$$

$$D(\tau) = D_{III}(-1)^{j-1} + (-1)^{j-1}D_{II}'\left(\tau - \frac{\Delta\tau}{2} - (2j-1)T_{sc}/2\right) \tag{5.33}$$

Les sous-régions $\tau(j,III)$, pour$(2j-1)T_{sc}/2 + \frac{\Delta\tau}{2} \leq \tau \leq -\frac{\Delta\tau}{2} + (j+1)T_{sc}$

$$D_{IV} = r_{j+2} + r_{j+1} + n_j(T_{sc} - \Delta\tau)$$
$$D_{III}' = \frac{D_{IV} - D_{III}}{3T_{sc}/2 - \Delta\tau}$$

$$D(\epsilon_r) = D_{IV}(-1)^{j-1} + (-1)^{j-1}D_{III}'\left(\tau + \frac{\Delta\tau}{2} - (j+1)T_{sc}\right) \tag{5.34}$$

Les sous-régions $\tau(j,IV)$, pour $(j+1)T_{sc} - \frac{\Delta\tau}{2} \leq \tau \leq \frac{\Delta\tau}{2} + jT_{sc}$ and $j \neq M - 1$

$$D_I|_{p=j+1} = r_{j+1} + r_{j+2} + m_{j+2}(T_{sc} - \Delta\tau)$$
$$D_{IV}' = \frac{D_I|_{p=j+1} - D_{IV}}{-T_{sc} + \Delta\tau} = 0$$

$$D(\tau) = D_I|_{p=j+1}(-1)^{j-1} + (-1)^{j-1}D_{IV}'\left(\tau - \frac{\Delta\tau}{2} - jT_{sc}\right) \tag{5.35}$$

- Pour $MT_{sc} - \frac{\Delta\tau}{2} \leq \tau \leq \frac{\Delta\tau}{2} + (M-1)T_{sc}$

$$D(\tau) = r_M(-1)^M + n_{M-1}(-1)^M\left(\tau - \frac{\Delta\tau}{2} - (M-1)T_{sc}\right) \tag{5.36}$$

- Pour $(M-1)T_{sc} + \frac{\Delta\tau}{2} \leq \tau \leq \frac{\Delta\tau}{2} + (2M-1)T_{sc}/2$

$$D(\tau) = s_M(-1)^{M-1} + m_M(-1)^{M-1}\left(\tau - \frac{\Delta\tau}{2} - (2M-1)T_{sc}/2\right) \tag{5.37}$$

- Pour$(2M-1)T_{sc}/2 + \frac{\Delta\tau}{2} \leq \tau \leq \frac{\Delta\tau}{2} + MT_{sc}$

$$D(\tau) = n_M(-1)^{M-1}\left(\tau - \frac{\Delta\tau}{2} - MT_{sc}\right) \tag{5.38}$$

- Pour $\tau \geq \frac{\Delta\tau}{2} + MT_{sc}$ and $\tau \leq -\frac{\Delta\tau}{2} - MT_{sc}$

$$D(\tau) = 0 \tag{5.39}$$

- Pour $\tau \leq 0$

$$D(\tau) = -D(-\tau) \tag{5.40}$$

Le modèle analytique de la DF C-ELP correspond à un signal modulé en $\text{CosBOC}(\alpha, \beta)$ et un espacement de chip étroit $\frac{T_x\beta}{2\alpha}$ chip $\leq \Delta\tau \leq \frac{3T_x\beta}{4\alpha}$ chip peut être exprimé comme suit:

$$D_{C-ELP}(\tau) = \begin{cases} -2\frac{-3+2M}{MT_{sc}}\tau & ,pour\ 0 \leq \tau \leq -\frac{T_{sc}}{2} + \frac{\Delta\tau}{2} \\ -\left(4 - (1+2M)\frac{\Delta\tau}{MT_{sc}}\right) - \frac{(6M-3)/M-(-2+4M)\Delta\tau/MT_{sc}}{-\Delta\tau+\frac{3T_{sc}}{2}}\left(\tau + \frac{\Delta\tau}{2} - T_{sc}\right) \\ \qquad ,pour\ -\frac{T_{sc}}{2} + \frac{\Delta\tau}{2} \leq \tau \leq T_{sc} - \frac{\Delta\tau}{2} \\ -\left(\frac{4M-2}{M} - \frac{(-1+2M)\Delta\tau}{MT_{sc}}\right) - \frac{\frac{2}{M}+2\Delta\tau/MT_{sc}}{\Delta\tau-T_{sc}}\left(\tau - \frac{\Delta\tau}{2}\right) \\ \qquad ,pour\ T_{sc} - \frac{\Delta\tau}{2} \leq \tau \leq \frac{\Delta\tau}{2} \\ (-1)^{j-1}D_{II} + (-1)^{j-1}\frac{D_{II}+D_I}{\frac{3T_{sc}}{2}-\Delta\tau}\left(\tau + \frac{\Delta\tau}{2} - (2j-1)\frac{T_{sc}}{2}\right) \\ \qquad ,pour\ \frac{\Delta\tau}{2} + (j-1)T_{sc} \leq \tau \leq -\frac{\Delta\tau}{2} + (2j-1)\frac{T_{sc}}{2} \\ (-1)^{j-1}D_{III} + (-1)^{j-1}\frac{-D_{III}+D_{II}}{T_{sc}-\Delta\tau}\left(\tau - \frac{\Delta\tau}{2} - (2j-1)\frac{T_{sc}}{2}\right) \\ \qquad ,pour\ -\frac{\Delta\tau}{2} + (2j-1)T_{sc}/2 \leq \tau \leq \frac{\Delta\tau}{2} + (2j-1)\frac{T_{sc}}{2} \\ (-1)^{j-1}D_{IV} + (-1)^{j-1}\frac{D_{IV}-D_{III}}{\frac{3T_{sc}}{2}-\Delta\tau}\left(\tau + \frac{\Delta\tau}{2} - (j+1)T_{sc}\right) \\ \qquad ,pour\ \frac{\Delta\tau}{2} + \frac{(2j-1)T_{sc}}{2} \leq \tau \leq -\frac{\Delta\tau}{2} + (j+1)T_{sc} \\ (-1)^{j+1}\frac{4(M-j)-2}{M} - \frac{-1+2(M-j)}{MT_{sc}}\Delta\tau \\ \qquad ,pour\ -\frac{\Delta\tau}{2} + (j+1)T_{sc} \leq \tau \leq \frac{\Delta\tau}{2} + jT_{sc},\ j \neq M-1 \\ (-1)^M\frac{1}{M} + (-1)^M\frac{1}{MT_{sc}}\left(\tau - \frac{\Delta\tau}{2} - (M-1)T_{sc}\right) \\ \qquad ,pour\ -\frac{\Delta\tau}{2} + MT_{sc} \leq \tau \leq \frac{\Delta\tau}{2} + (M-1)T_{sc} \\ (-1)^{M-1}\frac{1}{2M} + (-1)^{M-1}\frac{3}{MT_{sc}}\left(\tau - \frac{\Delta\tau}{2} - (2M-1)\frac{T_{sc}}{2}\right) \\ \qquad ,pour\ \frac{\Delta\tau}{2} + (M-1)T_{sc}/2 \leq \tau \leq \frac{\Delta\tau}{2} + (2M-1)\frac{T_{sc}}{2} \\ (-1)^M\frac{1}{MT_{sc}}\left(\tau - \frac{\Delta\tau}{2} - MT_{sc}\right) \\ \qquad ,pour\ \frac{\Delta\tau}{2} + (2M-1)\frac{T_{sc}}{2} \leq \tau \leq \frac{\Delta\tau}{2} + MT_{sc} \\ 0 \qquad ,pour\ \tau \geq \frac{\Delta\tau}{2} + MT_{sc} \\ -D(-\tau) \qquad ,pour\ \tau \leq 0 \end{cases} \tag{5.41}$$

Où

$$D_I = \frac{4(M-j)+2}{M} - \frac{1+2(M-j)}{MT_{sc}}\Delta\tau$$

$$D_{II} = \frac{28(M-j)+8(M-j)^2+24}{2M(3+2(M-j))} - m_j\Delta\tau$$

$$D_{III} = \frac{-2(M-j)+4}{M} + \frac{-3+2(M-j)}{MT_{sc}}\Delta\tau$$

$$D_{IV} = \frac{4(M-j)-2}{M} - \frac{-1+2(M-j)}{MT_{sc}}\Delta\tau$$

$$D_I|_{p=j+1} = \frac{4(M-j)-2}{M} - \frac{-1+2(M-j)}{MT_{sc}}\Delta\tau$$

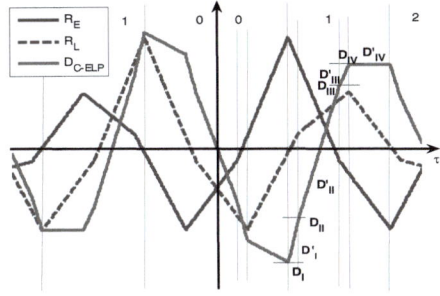

Figure 5. 7   Vue agrandie de la DF C-ELP d'un signal CosBOC à j=1 pour $\Delta\tau = 1.4\frac{T_x}{M}$ et $M = 4$.

5.4.4 DF C-ELP pour un espacement de chip $\frac{3T_x\beta}{4\alpha}$ chip $\leq \Delta\tau \leq \frac{T_x\beta}{\alpha}$ chip

De la même manière, nous utilisons la figure 5.8 pour calculer les expressions analytiques modélisant la DF C-ELP d'un signal modulé en $CosBOC(\alpha,\beta)$ correspondants aux valeurs d'espacement de chip $\frac{3T_x\beta}{4\alpha}$ chip $\leq \Delta\tau \leq \frac{T_x\beta}{\alpha}$ chip. Le développement mathématique est donné comme suit:

- La région j=0

La sous-région $\tau(0,I)$, pour $0 \leq \tau \leq T_{sc} - \frac{\Delta\tau}{2}$

$$D_{0,I} = -s_1 + r_2 + n_1\left(\frac{3T_{sc}}{2} - \Delta\tau\right)$$

$$D'_{0,I} = \frac{2D_{0,I}}{-\Delta\tau + 2T_{sc}} = 2n_1$$

$$D(\tau) = -D'_{0,I}\tau \tag{5.42}$$

La sous-région $\tau(0,II)$, pour $T_{sc} - \frac{\Delta\tau}{2} \leq \tau \leq \frac{-T_{sc}}{2} + \frac{\Delta\tau}{2}$

$$D_{0,II} = r_2 - s_1 - m_2(\Delta\tau - 3T_{sc}/2)$$

119

$$D'_{0,II} = \frac{-D_{0,II} + D_{0,I}}{\Delta\tau - 3T_{sc}/2}$$

$$D(\tau) = -D_{0,II} + D'_{0,II}(\tau + \frac{T_{sc}}{2} - \frac{\Delta\tau}{2}) \tag{5.43}$$

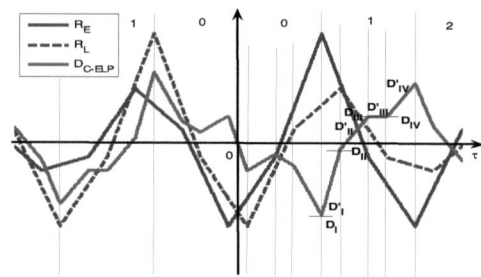

Figure 5. 8   Vue agrandie de la DF C-ELP d'un signal CosBOC à j=1 pour $\Delta\tau = 1.8\frac{T_s}{M}$ et $M = 4$.

La sous-région $\tau(0, III)$, pour $\frac{-T_{sc}}{2} + \frac{\Delta\tau}{2} \leq \tau \leq \frac{3T_{sc}}{2} - \frac{\Delta\tau}{2}$

$$D_{0,III} = r_1 - s_1 - m_1(\Delta\tau - 3T_{sc}/2)$$
$$D'_{0,III} = \frac{D_{0,II} - D_{0,III}}{\Delta\tau - 2T_{sc}}$$

$$D(\tau) = -D_{0,III} - D'_{0,III}(\tau - \frac{3T_{sc}}{2} + \frac{\Delta\tau}{2}) \tag{5.44}$$

La sous-région $\tau(0, IV)$, pour $\frac{3T_{sc}}{2} - \frac{\Delta\tau}{2} \leq \tau \leq \frac{\Delta\tau}{2}$

$$D_{0,IV} = r_1 - r_3 - n_2(\Delta\tau - 2T_{sc})$$
$$D'_{0,IV} = \frac{D_{0,IV} - D_{0,III}}{\Delta\tau - 3T_{sc}/2}$$

$$D(\tau) = -D_{0,IV} - D'_{0,IV}(\tau - \frac{\Delta\tau}{2}) \tag{5.45}$$

- Les régions j=1,..,M,

Les sous-régions $\tau(j, I)$, pour $(j - 1)T_{sc} + \frac{\Delta\tau}{2} \leq \tau \leq -\frac{\Delta\tau}{2} + (j + 1)T_{sc}$

$$D_I = r_j - r_{j+2} - n_{j+1}(\Delta\tau - 2T_{sc})$$
$$D_{II} = r_{j+2} - r_j - m_j(\Delta\tau - 2T_{sc})$$
$$D'_I = \frac{D_{II} + D_I}{-\Delta\tau + 2T_{sc}}$$

$$D(\tau) = D_{II}(-1)^{j-1} + (-1)^{j-1}D'_I(\tau + \frac{\Delta\tau}{2} - (j + 1)T_{sc}) \tag{5.46}$$

Les sous-régions $\tau(j, II)$, pour $(j + 1)T_{sc} - \frac{\Delta\tau}{2} \leq \epsilon_r \leq \frac{\Delta\tau}{2} + (2j - 1)T_{sc}/2$

and $j \neq M - 1$

$$D_{III} = s_j + r_{j+2} - m_{j+2}(\Delta\tau - 3T_{sc}/2)$$
$$D'_{II} = \frac{-D_{III} + D_{II}}{-\Delta\tau + 3T_{sc}/2}$$

$$D(\tau) = D_{III}(-1)^{j-1} + (-1)^{j-1}D'_{II}\left(\tau - \frac{\Delta\tau}{2} - (2j-1)T_{sc}/2\right) \qquad (5.47)$$

Les sous-régions $\tau(j, III)$, pour $\frac{\Delta\tau}{2} + (2j-1)T_{sc}/2 \leq \tau \leq -\frac{\Delta\tau}{2} + (2j+3)T_{sc}/2$

and $j \neq M - 1$

$$D_{IV} = -s_j + r_{j+1} - n_j(\Delta\tau - 3T_{sc}/2)$$
$$D'_{III} = \frac{D_{IV} - D_{III}}{-\Delta\tau + 2T_{sc}}$$

$$D(\tau) = D_{IV}(-1)^{j-1} + (-1)^{j-1}D'_{III}\left(\tau + \frac{\Delta\tau}{2} - (2j+3)T_{sc}/2\right) \qquad (5.48)$$

Les sous-régions $\tau(j, IV)$, pour $-\frac{\Delta\tau}{2} + (2j+3)T_{sc}/2 \leq \tau \leq \frac{\Delta\tau}{2} + jT_{sc}$ and $j \neq M - 1$

$$D_I|_{p=j+1} = r_{j+1} - r_{j+3} - n_{j+2}(\Delta\tau - 2T_{sc})$$
$$D'_{IV} = \frac{D_I|_{p=j+1} - D_{IV}}{\Delta\tau - 3T_{sc}/2}$$

$$D(\tau) = D_I|_{p=j+1}(-1)^{j-1} + (-1)^{j-1}D'_{IV}\left(\tau - \frac{\Delta\tau}{2} - jT_{sc}\right) \qquad (5.49)$$

La sous-région $\tau(M-1, II)$, pour $-\frac{\Delta\tau}{2} + MT_{sc} \leq \tau \leq \frac{\Delta\tau}{2} + (2M-3)T_{sc}/2$

$$D(\tau) = s_{M-1}(-1)^{M-2} + m_{M-1}(-1)^{M-2}\left(\tau - \frac{\Delta\tau}{2} - (2M-3)T_{sc}/2\right) \qquad (5.50)$$

La sous-région $\tau(M-1, III)$, pour $\frac{\Delta\tau}{2} + (2M-3)T_{sc}/2 \leq \tau \leq \frac{\Delta\tau}{2} + (M-1)T_{sc}$

$$D(\tau) = r_M(-1)^{M-2} + n_{M-1}(-1)^{M-2}\left(\tau - \frac{\Delta\tau}{2} - (M-1)T_{sc}\right) \qquad (5.51)$$

La sous-région $\tau(M-1, IV)$, pour $\frac{\Delta\tau}{2} + (M-1)T_{sc} \leq \tau \leq \frac{\Delta\tau}{2} + (2M-1)T_{sc}/2$

$$D(\tau) = s_M(-1)^{M-1} + m_M(-1)^{M-1}\left(\tau - \frac{\Delta\tau}{2} - (2M-1)T_{sc}/2\right) \qquad (5.52)$$

La sous-région $\tau(M, I)$, pour $\frac{\Delta\tau}{2} + (2M-1)T_{sc}/2 \leq \tau \leq \frac{\Delta\tau}{2} + MT_{sc}$

$$D(\tau) = n_M(-1)^{M-1}\left(\tau - \frac{\Delta\tau}{2} - MT_{sc}\right) \qquad (5.53)$$

- Pour $\tau \geq \frac{\Delta\tau}{2} + MT_{sc}$ and $\tau \leq -\frac{\Delta\tau}{2} - MT_{sc}$

$$D(\tau) = 0 \qquad (5.54)$$

- Pour $\tau \leq 0$

$$D(\tau) = -D(-\tau) \qquad (5.55)$$

Le modèle analytique de la DF C-ELP correspond à un signal modulé en $\mathrm{CosBOC}(\alpha, \beta)$ et un espacement de chip $\frac{3T_x\beta}{4\alpha}$ chip $\leq \Delta\tau \leq \frac{T_x\beta}{\alpha}$ chip peut être exprimé comme suit:

$$
D_{C-ELP}(\tau) =
$$

$$
\begin{cases}
-2\frac{-3+2M}{MT_{sc}}\tau & ,pour\ 0 \leq \tau \leq T_{sc} - \frac{\Delta\tau}{2} \\[2mm]
-\left(\frac{4M-3}{M} - \frac{-1+2M}{MT_{sc}}\Delta\tau\right) + \frac{\frac{-3}{M} + \frac{2}{MT_{sc}}\Delta\tau}{\Delta\tau - \frac{3T_{sc}}{2}}\left(\tau + \frac{T_{sc}}{2} - \frac{\Delta\tau}{2}\right), pour\ T_{sc} - \frac{\Delta\tau}{2} \leq \tau \leq -\frac{T_{sc}}{2} + \frac{\Delta\tau}{2} \\[2mm]
-\left(\frac{4M+1}{M} - \frac{1+2M}{MT_{sc}}\Delta\tau\right) - \frac{\frac{4}{M} - \frac{2}{MT_{sc}}\Delta\tau}{-\Delta\tau + 2T_{sc}}\left(\tau - \frac{3T_{sc}}{2} + \frac{\Delta\tau}{2}\right), pour\ -\frac{T_{sc}}{2} + \frac{\Delta\tau}{2} \leq \tau \leq \frac{3T_{sc}}{2} - \frac{\Delta\tau}{2} \\[2mm]
-\left(\frac{4M-8}{M} - \frac{-5+2M}{MT_{sc}}\Delta\tau\right) - \frac{\frac{-9}{M} + \frac{6}{MT_{sc}}\Delta\tau}{\Delta\tau - \frac{3T_{sc}}{2}}\left(\tau - \frac{\Delta\tau}{2}\right), pour\ \frac{3T_{sc}}{2} - \frac{\Delta\tau}{2} \leq \tau \leq \frac{\Delta\tau}{2} \\[2mm]
(-1)^{j-1}\left(\frac{4+4(M-j)}{M} - \frac{3+2(M-j)}{MT_{sc}}\Delta\tau\right) + (-1)^{j-1}\frac{\frac{8(M-j)}{M} - \frac{4(M-j)}{MT_{sc}}\Delta\tau}{2T_{sc} - \Delta\tau}\left(\tau + \frac{\Delta\tau}{2} - (j+1)T_{sc}\right) \\
\qquad , pour\ \frac{\Delta\tau}{2} + (j-1)T_{sc} \leq \tau \leq -\frac{\Delta\tau}{2} + (j+1)T_{sc} \\[2mm]
(-1)^{j-1}\left(\frac{-2+4(M-j)}{M} - \frac{-1+2(M-j)}{MT_{sc}}\Delta\tau\right) + (-1)^{j-1}\frac{\frac{6}{M} - \frac{4}{MT_{sc}}\Delta\tau}{\frac{3T_{sc}}{2} - \Delta\tau}\left(\tau - \frac{\Delta\tau}{2} - (2j-1)\frac{T_{sc}}{2}\right) \\
\qquad , pour\ -\frac{\Delta\tau}{2} + (j+1)T_{sc} \leq \tau \leq \frac{\Delta\tau}{2} + (2j-1)\frac{T_{sc}}{2}, j \neq M-1 \\[2mm]
(-1)^{j-1}\left(\frac{-2+4(M-j)}{M} - \frac{-1+2(M-j)}{MT_{sc}}\Delta\tau\right) \\
\qquad , pour\ \frac{\Delta\tau}{2} + \frac{(2j-1)T_{sc}}{2} \leq \tau \leq -\frac{\Delta\tau}{2} + (2j+3)\frac{T_{sc}}{2}, j \neq M-1 \\[2mm]
(-1)^{j-1}\left(\frac{4(M-j)-8}{M} - \frac{-5+2(M-j)}{MT_{sc}}\Delta\tau\right) + (-1)^{j-1}\frac{\frac{6}{M} - \frac{4}{MT_{sc}}\Delta\tau}{\frac{3T_{sc}}{2} - \Delta\tau}\left(\tau - \frac{\Delta\tau}{2} - jT_{sc}\right) \\
\qquad , pour\ -\frac{\Delta\tau}{2} + (2j+3)\frac{T_{sc}}{2} \leq \tau \leq \frac{\Delta\tau}{2} + jT_{sc},\ j \neq M-1 \\[2mm]
(-1)^{M-2}\frac{1}{2M} + (-1)^{M-2}\frac{5}{MT_{sc}}\left(\tau - \frac{\Delta\tau}{2} - (2M-3)T_{sc}\right), pour\ -\frac{\Delta\tau}{2} + MT_{sc} \leq \tau \leq \frac{\Delta\tau}{2} + (2M-3)T_{sc} \\[2mm]
(-1)^{M-2}\frac{1}{M} + (-1)^{M-2}\frac{1}{MT_{sc}}\left(\tau - \frac{\Delta\tau}{2} - (M-1)T_{sc}\right), pour\ \frac{\Delta\tau}{2} + (2M-3)T_{sc} \leq \tau \leq \frac{\Delta\tau}{2} + (M-1)T_{sc} \\[2mm]
(-1)^{M-1}\frac{1}{2M} + (-1)^{M-1}\frac{3}{MT_{sc}}\left(\tau - \frac{\Delta\tau}{2} - (2M-1)\frac{T_{sc}}{2}\right), pour\ \frac{\Delta\tau}{2} + (M-1)T_{sc} \leq \tau \leq \frac{\Delta\tau}{2} + (2M-1)\frac{T_{sc}}{2} \\[2mm]
(-1)^{M}\frac{1}{MT_{sc}}\left(\tau - \frac{\Delta\tau}{2} - M\frac{T_{sc}}{2}\right), pour\ \frac{\Delta\tau}{2} + (2M-1)\frac{T_{sc}}{2} \leq \tau \leq \frac{\Delta\tau}{2} + M\frac{T_{sc}}{2} \\[2mm]
0 & ,pour\ \tau \geq \frac{\Delta\tau}{2} + MT_{sc} \\[2mm]
-D(-\tau) & ,pour\ \tau \leq 0
\end{cases}
$$
$$(5.56)$$

Où $j = \lceil(\tau + \Delta\tau/2)/T_{sc}\rceil = 1, \ldots, M$ et $M = 2\alpha/\beta$.

5.5 Modèles analytiques proposés de la DF NC-ELP des signaux CosBOC

La DF NC-ELP pour les signaux modulés en CosBOC dans l'absence des interférences peut être analytiquement modélisée par la même approche utilisée dans le cas du C-ELP. De plus, compte tenu des équations adoptées dans le Chapitre 2, une formulation de la DF NC-ELP non perturbée est la suivante:

$$
D_{NC-ELP}(\tau) = \left[R\left(\tau - \frac{\Delta\tau}{2}\right) - R\left(\tau + \frac{\Delta\tau}{2}\right)\right]\left[R\left(\tau - \frac{\Delta\tau}{2}\right) + R\left(\tau + \frac{\Delta\tau}{2}\right)\right]
$$

$$D_{NC-ELP}(\tau) = D_{C-ELP}(\tau)\left[R\left(\tau - \frac{\Delta\tau}{2}\right) + R\left(\tau + \frac{\Delta\tau}{2}\right)\right] \qquad (5.57)$$

En notant $D_{E+L}(\tau) = \left[R\left(\tau - \frac{\Delta\tau}{2}\right) + R\left(\tau + \frac{\Delta\tau}{2}\right)\right]$, nous obtenons finalement une équation du second ordre plus complexe que celle de DF C-ELP:

$$D_{NC-ELP}(\tau) = D_{C-ELP}(\tau)D_{E+L}(\tau) \qquad (5.58)$$

Par conséquent, la modélisation de la DF NC-ELP est obtenue à partir de la multiplication de la DF C-ELP et le résultat de la somme d'une CF en avance et une autre en retard, dénommée D_{E+L}, comme nous l'avons illustrées dans (5.58). Nous devons dans un premier temps calculer les valeurs de $D_{E+L}(\tau)$ pour les quatre intervalles d'existence $\Delta\tau$ qui varient en fonction de α, β et T_x. Ces calculs sont obtenus en appliquant le même concept de la dérivation de la DF C-ELP et en utilisant la géométrie de la CF.

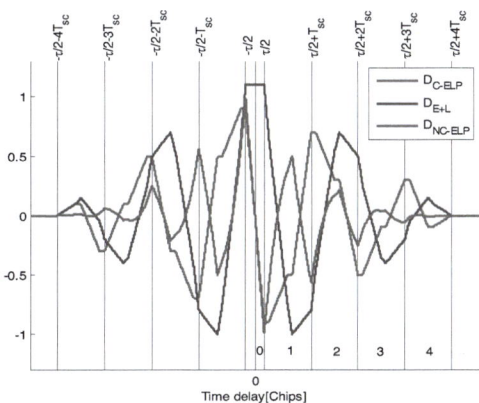

Figure 5. 9   Construction de la DF NC-ELP d'un signal CosBOC pour $\Delta\tau = 0.4\frac{T_x}{M}$ et M=4.

D'une manière concrète, nous illustrons à la figure 5.9, la construction de la DF NC-ELP pour un signal CosBOC d'un $M = 4$ et un corrélateur étroit, $\Delta\tau = 0.4\frac{T_x}{M}$. La figure 5.9 montre que l'allure DF NC-ELP contient des segments de ligne droite de pentes nulles et non-nulles, et des segments de ligne courbée. Alors que l'allure de la D_{E+L} contient seulement des lignes de segment droite de pente nulle et d'autres non-nulles. Pour déterminer l'équation réduite de chacune de ces segments, il faut simplement chercher à calculer les valeurs de ses pentes T_i' et de ses ordonnées à l'origine T_i. Le paramètre $i = \{I, II, III, IV\}$ réfère les segments ou les sous-régions dans une région j, $j = \lceil(\tau + \Delta\tau/2)/T_{sc}\rceil = 1, \ldots, M$, comme illustrés aux figures 5.9 et 5.10.

5.5.1 DF NC-ELP pour un espacement de chip $\Delta\tau < \frac{T_x\beta}{4\alpha}$ chip

Les expressions analytiques du D_{E+L} correspondant à $\Delta\tau < \frac{T_x\beta}{4\alpha}$ chip sont calculées, en utilisant les équations de la CF $CosBOC(\alpha,\beta)$ et la figure 5.10 , comme suit:

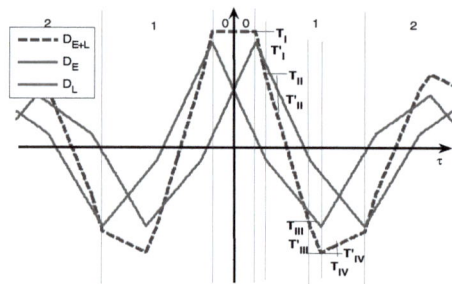

Figure 5. 10   Vue agrandie de l'allure E+ L d'un signal CosBOC à $j = 1$ pour $\Delta\tau = 0.4\frac{T_x}{M}$ et M=4.

- La région 0, pour $0 \leq \tau \leq \Delta\tau/2$

$$T_{0,I} = -s_1 + r_1 - m_1\left(\Delta\tau - \frac{T_{sc}}{2}\right) = 2 - \frac{1+2M}{MT_{sc}}\Delta\tau$$
$$T'_{0,I} = 0$$

$$D(\tau) = T_{0,I} \tag{5.59}$$

- Les régions j=1,..,M

La sous-région $\tau(j,I)$, pour $\frac{\Delta\tau}{2} + (j-1)T_{sc} \leq \tau \leq -\frac{\Delta\tau}{2} + (2j-1)\frac{T_{sc}}{2}$

$$T_I = s_j - r_j - m_j\left(\Delta\tau - \frac{T_{sc}}{2}\right) = \frac{1}{M} - \frac{3+2(M-j)}{MT_{sc}}\Delta\tau$$
$$T'_I = 2m_j$$

$$D(\epsilon_r) = T_I(-1)^j + (-1)^j T'_I\left(\tau + \frac{\Delta\tau}{2} - (2j-1)\frac{T_{sc}}{2}\right) \tag{5.60}$$

La sous-région $\tau(j,II)$, pour $-\frac{\Delta\tau}{2} + (2j-1)\frac{T_{sc}}{2} \leq \tau \leq \frac{\Delta\tau}{2} + (2j-1)\frac{T_{sc}}{2}$

$$T_{II} = s_j + r_{j+1} + n_j\left(\Delta\tau - \frac{T_{sc}}{2}\right) = \frac{1}{M} + \frac{-1+2(M-j)}{MT_{sc}}\Delta\tau$$
$$T'_{II} = 2m_{j+1}$$

$$D(\epsilon_r) = T_{II}(-1)^j + (-1)^j T'_{II}\left(\tau - \frac{\Delta\tau}{2} - (2j-1)\frac{T_{sc}}{2}\right) \tag{5.61}$$

La sous-région $\tau(j,III)$, pour $\frac{\Delta\tau}{2} + (2j-1)\frac{T_{sc}}{2} \leq \tau \leq -\frac{\Delta\tau}{2} + jT_{sc}$

$$T_{III} = 2r_{j+1} - n_j\Delta\tau$$
$$T'_{III} = 2m_{j+2}$$

$$D(\epsilon_r) = T_{III}(-1)^j + (-1)^j T'_{III}(\tau + \frac{\Delta\tau}{2} - jT_{sc}) \tag{5.62}$$

La sous-région $\tau(j, IV)$, pour $-\frac{\Delta\tau}{2} + jT_{sc} \leq \tau \leq \frac{\Delta\tau}{2} + jT_{sc}$ et $j \neq M$

$$T_{IV} = -r_{j+1} - m_{j+1}(x_{j+1} - jT_{sc} - \Delta\tau) = -2\frac{M-j}{M} + \frac{1+2(M-j)}{MT_{sc}}\Delta\tau$$

$$T'_{IV} = \frac{T_{IV} + T_{III}}{\Delta\tau} = \frac{2}{MT_{sc}}$$

$$D(\epsilon_r) = T_{IV}(-1)^{j+1} + T'_{IV}(-1)^{j-1}(\tau - \frac{\Delta\tau}{2} - jT_{sc}) \tag{5.63}$$

La sous-région $\tau(M, I)$, pour $-\frac{\Delta\tau}{2} + MT_{sc} \leq \tau \leq \frac{\Delta\tau}{2} + MT_{sc}$

$$D(\epsilon_r) = (-1)^M n_M(\tau - \frac{\Delta\tau}{2} - MT_{sc}) \tag{5.64}$$

- Pour $\tau \geq \frac{\Delta\tau\tau}{2} + MT_{sc}$

$$D(\tau) = 0 \tag{5.65}$$

- Pour $\tau \leq 0$

$$D(\tau) = D(-\tau) \tag{5.66}$$

Les expressions analytiques de la D_{E+L}, correspondant à un signal CosBOC(α, β) pour des espacements de chip $\Delta\tau < \frac{T_x\beta}{4\alpha}$ chip, peuvent être complètement réaffirmées comme suit:

$$D_{E+L}(\tau) = \begin{cases} 2 - \frac{1+2M}{MT_{sc}}\Delta\tau & , pour\ 0 \leq \tau \leq \frac{\Delta\tau}{2} \\ \left(\frac{1}{M} - \frac{3+2(M-j)}{MT_{sc}}\Delta\tau\right)(-1)^j + (-1)^j\left(\frac{6+4(M-j)}{MT_{sc}}\right)\left(\tau + \frac{\Delta\tau}{2} - (2j-1)\frac{T_{sc}}{2}\right) \\ \qquad , pour\ \frac{\Delta\tau}{2} + (j-1)T_{sc} \leq \tau \leq -\frac{\Delta\tau}{2} + (2j-1)\frac{T_{sc}}{2} \\ \left(\frac{1}{M} + \frac{-1+2(M-j)}{MT_{sc}}\Delta\tau\right)(-1)^j + (-1)^j\left(\frac{2+4(M-j)}{MT_{sc}}\right)\left(\tau - \frac{\Delta\tau}{2} - (2j-1)\frac{T_{sc}}{2}\right) \\ \qquad , pour\ -\frac{\Delta\tau}{2} + (2j-1)\frac{T_{sc}}{2} \leq \tau \leq \frac{\Delta\tau}{2} + (2j-1)\frac{T_{sc}}{2} \\ \left(2\frac{M-j}{M} - \frac{-1+2(M-j)}{MT_{sc}}\Delta\tau\right)(-1)^j + (-1)^j\left(\frac{-2+4(M-j)}{MT_{sc}}\right)\left(\tau + \frac{\Delta\tau}{2} - jT_{sc}\right) \\ \qquad , pour\ \frac{\Delta\tau}{2} + (2j-1)\frac{T_{sc}}{2} \leq \tau \leq -\frac{\Delta\tau}{2} + jT_{sc} \\ \left(-2\frac{M-j}{M} + \frac{1+2(M-j)}{MT_{sc}}\Delta\tau\right)(-1)^{j+1} + (-1)^{j-1}\frac{2}{MT_{sc}}\left(\tau - \frac{\Delta\tau}{2} - jT_{sc}\right) \\ \qquad , pour\ -\frac{\Delta\tau}{2} + jT_{sc} \leq \tau \leq \frac{\Delta\tau}{2} + jT_{sc} \\ \frac{(-1)^{M+1}}{MT_{sc}}\left(\tau - \frac{\Delta\tau}{2} - MT_{sc}\right), pour\ -\frac{\Delta\tau}{2} + MT_{sc} \leq \tau \leq \frac{\Delta\tau}{2} + MT_{sc} \\ 0 \qquad , pour\ \tau \geq \frac{\Delta\tau}{2} + MT_{sc} \\ D(-\tau) \qquad , pour\ \tau \leq 0 \end{cases} \tag{5.67}$$

En calculant le produit des expressions (5.66) et (5.17) et compte tenu des intervalles de validités de chacune, nous pouvons aisément obtenir le modèle analytique de la DF NC-

ELP correspondant à un signal $CosBOC(\alpha,\beta)$ pour des valeurs de $\Delta\tau < \frac{T_x\beta}{4\alpha}$ chip, qui est donné sous la forme suivante:

$$
\begin{cases}
\left(-2\frac{3+2(M-1)}{MT_{sc}}\right)\left(2-\frac{1+2M}{MT_{sc}}\Delta\tau\right)\tau & ,pour\ 0\le\tau\le\frac{\Delta\tau}{2} \\[4pt]
\left((-1)^j\frac{3+2(M-j)}{MT_{sc}}\Delta\tau\right)\left(T_I(-1)^j+2m_j(-1)^j\left(\tau+\frac{\Delta\tau}{2}-(2j-1)\frac{T_{sc}}{2}\right)\right) \\[4pt]
\qquad ,pour\ \frac{\Delta\tau}{2}+(j-1)T_{sc}\le\tau\le-\frac{\Delta\tau}{2}+(2j-1)\frac{T_{sc}}{2} \\[4pt]
\left[(-1)^j\frac{\Delta\tau}{MT_{sc}}(-1+2(M-j))+(-1)^{j-1}\frac{4}{MT_{sc}}\left(\tau-\frac{\Delta\tau}{2}-(2j-1)\frac{T_{sc}}{2}\right)\right] \\[4pt]
\qquad \times\left[T_{II}(-1)^j+(-1)^j2m_{j+1}\left(\tau-\frac{\Delta\tau}{2}-(2j-1)\frac{T_{sc}}{2}\right)\right] \\[4pt]
\qquad ,pour\ -\frac{\Delta\tau}{2}+(2j-1)\frac{T_{sc}}{2}\le\tau\le\frac{\Delta\tau}{2}+(2j-1)\frac{T_{sc}}{2} \\[4pt]
\left((-1)^j\frac{-1+2(M-j)}{MT_{sc}}\Delta\tau\right)\left[\left(2r_{j+1}-n_j(\Delta\tau)\right)(-1)^j+(-1)^j2m_{j+2}\left(\tau+\frac{\Delta\tau}{2}-jT_{sc}\right)\right] \\[4pt]
\qquad ,pour\ \frac{\Delta\tau}{2}+(2j-1)\frac{T_{sc}}{2}\le\tau\le-\frac{\Delta\tau}{2}+jT_{sc} \\[4pt]
\left[(-1)^{j-1}\frac{1+2(M-j)}{MT_{sc}}\Delta\tau+(-1)^{j-1}\frac{4(M-j)}{MT_{sc}}\left(\tau-\frac{\Delta\tau}{2}-jT_{sc}\right)\right] \\[4pt]
\times\left[T_{IV}(-1)^{j+1}+T'_{IV}(-1)^{j-1}\left(\tau-\frac{\Delta\tau}{2}-jT_{sc}\right)\right],pour\ -\frac{\Delta\tau}{2}+jT_{sc}\le\tau\le\frac{\Delta\tau}{2}+jT_{sc} \\[4pt]
\frac{n_M}{MT_{sc}}\left(\tau-\frac{\Delta\tau}{2}-MT_{sc}\right)\left(\tau-\frac{\Delta\tau}{2}-MT_{sc}\right),pour\ -\frac{\Delta\tau}{2}+MT_{sc}\le\tau\le\frac{\Delta\tau}{2}+MT_{sc} \\[4pt]
0 \qquad ,pour\ \ \tau\ge\frac{\Delta\tau}{2}+MT_{sc} \\[4pt]
D(-\tau) \qquad ,pour\ \ \tau\le 0
\end{cases}
\tag{5.68}
$$

Où $j=\lceil(\tau+\Delta\tau/2)/T_{sc}\rceil, j=1,\dots,M$, et $M=2\alpha/\beta$.

5.5.2 DF NC-ELP pour un espacement de chip $\frac{T_x\beta}{4\alpha}$ chip $\le\Delta\tau\le\frac{T_x\beta}{2\alpha}$ chip

Les expressions analytiques du D_{E+L} correspondant à $\frac{T_x\beta}{4\alpha}$ chip $\le\Delta\tau\le\frac{T_x\beta}{2\alpha}$ chip sont calculées, en utilisant les équations de la CF $CosBOC(\alpha,\beta)$ et la figure 5.11, comme suit:

- La région 0

La sous-région $\tau(0,I)$, pour $0\le\tau\le\frac{T_{sc}}{2}-\frac{\Delta\tau}{2}$

$$T_{0,I}=-s_1+r_1-m_1(\Delta\tau-T_{sc}/2)$$

$$D(\tau)=T_{0,I} \tag{5.69}$$

La sous-région $\tau(0,II)$, pour $\frac{T_{sc}}{2}-\frac{\Delta\tau}{2}\le\tau\le\frac{\Delta\tau}{2}$

$$T_{0,II}=-r_2+r_1-n_1(\Delta\tau-T_{sc})$$
$$T'_{0,II}=\frac{T_{0,II}-T_{0,I}}{\frac{T_{sc}}{2}-\Delta\tau}(-1)^1$$

$$D(\tau)=T_{0,II}+T'_{0,II}\left(\tau-\frac{\Delta\tau}{2}\right) \tag{5.70}$$

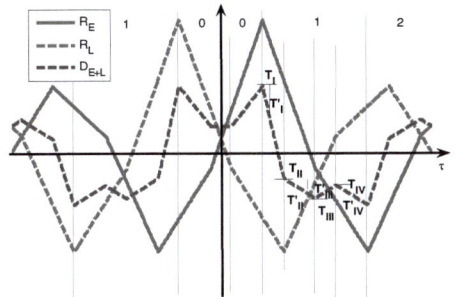

Figure 5.11 Vue agrandie de l'allure E+L d'un signal CosBOC à $j = 1$ pour $\Delta\tau = 0.8\frac{T_x}{M}$ et M=4.

- Les régions j=1,..,M

Les sous-régions $\tau(j, I)$, pour $(j-1)T_{sc} + \frac{\Delta\tau}{2} \leq \tau \leq -\frac{\Delta\tau}{2} + jT_{sc}$

$$T_I = -r_{j+1} + r_j - n_j(\Delta\tau - T_{sc})$$
$$T_{II} = r_{j+1} - r_j - m_j(\Delta\tau - T_{sc})$$
$$T_I' = \frac{T_{II} + T_I}{-T_{sc} + \Delta\tau}$$

$$D(\tau) = T_{II}(-1)^j + (-1)^{j-1}T_I'(\tau + \frac{\Delta\tau}{2} - jT_{sc}) \tag{5.71}$$

Les sous-régions $\tau(j, II)$, pour $jT_{sc} - \frac{\Delta\tau}{2} \leq \tau \leq \frac{\Delta\tau}{2} + (2j-1)T_{sc}/2$ et $j \neq M$

$$T_{III} = s_j + r_{j+1} - m_{j+1}(\Delta\tau - T_{sc}/2)$$
$$T_{II}' = \frac{T_{III} - T_{II}}{-T_{sc}/2 + \Delta\tau}$$

$$D(\tau) = T_{III}(-1)^j + (-1)^j T_{II}'(\tau - \frac{\Delta\tau}{2} - (2j-1)T_{sc}/2) \tag{5.72}$$

Les sous-régions $\tau(j, III)$, pour $(2j-1)\frac{T_{sc}}{2} + \frac{\Delta\tau}{2} \leq \tau \leq -\frac{\Delta\tau}{2} + (2j+1)T_{sc}/2$ et $j \neq M$

$$T_{VI} = -s_{j+1} + r_{j+1} - n_j(\Delta\tau - T_{sc}/2)$$
$$T_{III}' = \frac{T_{VI} - T_{III}}{-T_{sc} + \Delta\tau}$$

$$D(\tau) = T_{VI}(-1)^j + (-1)^{j-1}T_{III}'(\tau + \frac{\Delta\tau}{2} - (2j+1)T_{sc}/2) \tag{5.73}$$

Les sous-régions $\tau(j, VI)$, pour $-\frac{\Delta\tau}{2} + (2j+1)T_{sc}/2 \leq \tau \leq \frac{\Delta\tau}{2} + jT_{sc}$ et $j \neq M$

$$T_I|_{p=j+1} = -r_{j+2} + r_{j+1} - n_{j+1}(\Delta\tau - T_{sc})$$
$$T_{VI}' = \frac{T_I|_{p=j+1} - T_{VI}}{\frac{T_{sc}}{2} - \Delta\tau}$$

$$D(\tau) = T_I|_{p=j+1}(-1)^j + (-1)^{j+1}T_{VI}'(\tau - \frac{\Delta\tau}{2} - jT_{sc}) \tag{5.74}$$

La sous-région $\tau(M, II)$, pour $-\frac{\Delta\tau}{2} + MT_{sc} \leq \tau \leq \frac{\Delta\tau}{2} + (2M - 1)T_{sc}/2$

$$D(\tau) = s_M(-1)^M + m_M(-1)^M\left(\tau - \frac{\Delta\tau}{2} - (2M - 1)T_{sc}\right) \tag{5.75}$$

La sous-région $\tau(M, III)$, pour $\frac{\Delta\tau}{2} + (2M - 1)T_{sc}/2 \leq \tau \leq \frac{\Delta\tau}{2} + MT_{sc}$

$$D(\tau) = n_M\left(\tau - \frac{\Delta\tau}{2} - MT_{sc}\right) \tag{5.76}$$

- Pour $\tau \geq \frac{\Delta\tau}{2} + MT_{sc}$ et $\tau \leq -\frac{\Delta\tau}{2} - MT_{sc}$

$$D(\tau) = 0 \tag{5.77}$$

- Pour $\tau \leq 0$

$$D(\tau) = -D(-\tau) \tag{5.78}$$

Les expressions analytiques de la D_{E+L} correspondantes à un signal CosBOC peuvent être complètement réaffirmées pour $\frac{T_x\beta}{4\alpha}$ chip $\leq \Delta\tau \leq \frac{T_x\beta}{2\alpha}$ chip comme suit:

$$D_{E+L}(\tau) = \begin{cases} 2 - \frac{1+2M}{MT_{sc}}\Delta\tau \quad, pour\ 0 \leq \tau \leq \frac{T_{sc}}{2} - \frac{\Delta\tau}{2} \\[2mm] \frac{-2+2M}{M} - \frac{-3+2M}{MT_{sc}}\Delta\tau - \frac{\frac{-2}{M}+\frac{4}{MT_{sc}}\Delta\tau}{\frac{T_{sc}}{2}-\Delta\tau}\left(\tau - \frac{\Delta\tau}{2}\right), pour\ \frac{T_{sc}}{2} - \frac{\Delta\tau}{2} \leq \tau \leq \frac{\Delta\tau}{2} \\[2mm] (-1)^j\left(\frac{2+2(M-j)}{M} - \frac{3+2(M-j)}{MT_{sc}}\Delta\tau\right) + \\[1mm] \frac{\frac{2+4(M-j)}{M} - \frac{2+4(M-j)}{MT_{sc}}\Delta\tau}{-T_{sc}+\Delta\tau}(-1)^{j-1}\left(\tau + \frac{\Delta\tau}{2} - jT_{sc}\right) \\[1mm] , pour\ (j-1)T_{sc} + \frac{\Delta\tau}{2} \leq \tau \leq -\frac{\Delta\tau}{2} + jT_{sc} \\[2mm] (-1)^j\left(\frac{1+2(M-j)}{M} - \frac{1+2(M-j)}{MT_{sc}}\Delta\tau\right) + \\[1mm] (-1)^j\frac{\frac{-1}{M}+\frac{2}{MT_{sc}}\Delta\tau}{-\frac{T_{sc}}{2}+\Delta\tau}\left(\tau - \frac{\Delta\tau}{2} - (2j-1)\frac{T_{sc}}{2}\right) \\[1mm] , pour\ jT_{sc} - \frac{\Delta\tau}{2} \leq \tau \leq \frac{\Delta\tau}{2} + (2j-1)\frac{T_{sc}}{2}, j \neq M \\[2mm] (-1)^j\left(\frac{-1+2(M-j)}{M} - \frac{-1+2(M-j)}{MT_{sc}}\Delta\tau\right) + \\[1mm] (-1)^{j-1}\frac{\frac{-2}{M}+\frac{2}{MT_{sc}}\Delta\tau}{-T_{sc}+\Delta\tau}\left(\tau + \frac{\Delta\tau}{2} - (2j+1)\frac{T_{sc}}{2}\right) \\[1mm] , pour\ (2j-1)\frac{T_{sc}}{2} + \frac{\Delta\tau}{2} \leq \tau \leq -\frac{\Delta\tau}{2} + (2j+1)\frac{T_{sc}}{2}, j \neq M \\[2mm] (-1)^j\left(\frac{-2+2(M-j)}{M} - \frac{-3+2(M-j)}{MT_{sc}}\Delta\tau\right) + (-1)^{j-1}\frac{\frac{-1}{M}+\frac{2}{MT_{sc}}\Delta\tau}{-T_{sc}+\Delta\tau}\left(\tau - \frac{\Delta\tau}{2} - jT_{sc}\right) \\[1mm] , pour\ -\frac{\Delta\tau}{2} + (2j+1)\frac{T_{sc}}{2} \leq \tau \leq \frac{\Delta\tau}{2} + jT_{sc}, j \neq M \\[2mm] (-1)^M\frac{1}{2M} + (-1)^M\frac{3}{MT_{sc}}\left(\tau - \frac{\Delta\tau}{2} - (2M-1)T_{sc}/2\right) \\[1mm] , pour\ -\frac{\Delta\tau}{2} + MT_{sc} \leq \tau \leq \frac{\Delta\tau}{2} + (2M-1)\frac{T_{sc}}{2} \\[2mm] (-1)^{M-1}\frac{1}{MT_{sc}}\left(\tau - \frac{\Delta\tau}{2} - MT_{sc}\right), pour\ \frac{\Delta\tau}{2} + (2M-1)\frac{T_{sc}}{2} \leq \tau \leq \frac{\Delta\tau}{2} + MT_{sc} \\[2mm] 0 \quad, pour\ \tau \geq \frac{\Delta\tau}{2} + MT_{sc} \\[2mm] -D(-\tau) \quad, pour\ \tau \leq 0 \end{cases} \tag{5.79}$$

En calculant le produit des expressions (5.28) et (5.79) et compte tenu des intervalles de validités de chacune, nous pouvons aisément obtenir le modèle analytique de la DF NC-ELP correspondant à un signal $CosBOC(\alpha,\beta)$ pour des valeurs de $\frac{T_x \beta}{4\alpha}$chip $\leq \Delta\tau \leq \frac{T_x \beta}{2\alpha}$ chip qui est donné sous la forme suivante:

$$D_{NC-ELP}(\tau) = \begin{cases} \left(-2\frac{3+2(M-1)}{MT_{sc}}\right)\left(2 - \frac{1+2M}{MT_{sc}}\Delta\tau\right)\tau \quad , pour\ 0 \leq \tau \leq \frac{T_{sc}}{2} - \frac{\Delta\tau}{2} \\[6pt] \left[-\frac{2}{M} - (-3+2M)\frac{\Delta\tau}{MT_{sc}} + \frac{-4M+2}{MT_{sc}}\left(\tau - \frac{\Delta\tau}{2}\right)\right] \times \\[6pt] \left[\frac{-2+2M}{M} - \frac{-3+2M}{MT_{sc}}\Delta\tau - \frac{\frac{-2}{M} + \frac{4}{MT_{sc}}\Delta\tau}{\frac{T_{sc}}{2}-\Delta\tau}\left(\tau - \frac{\Delta\tau}{2}\right)\right], pour\ \frac{T_{sc}}{2} - \frac{\Delta\tau}{2} \leq \tau \leq \frac{\Delta\tau}{2} \\[6pt] \left[(-1)^j\left(-\frac{2}{M} + (3+2(M-j))\frac{\Delta\tau}{MT_{sc}}\right) + \frac{4}{MT_{sc}}(-1)^{j-1}\left(\tau + \frac{\Delta\tau}{2} - jT_{sc}\right)\right] \\[6pt] \times \left[(-1)^j\left(\frac{2+2(M-j)}{M} - \frac{3+2(M-j)}{MT_{sc}}\Delta\tau\right) + \frac{\frac{2+4(M-j)}{M}\frac{2+4(M-j)}{MT_{sc}}\Delta\tau}{-T_{sc}+\Delta\tau}(-1)^{j-1}\left(\tau + \frac{\Delta\tau}{2} - jT_{sc}\right)\right] \\[4pt] \qquad , pour\ (j-1)T_{sc} + \frac{\Delta\tau}{2} \leq \tau \leq -\frac{\Delta\tau}{2} + jT_{sc} \\[6pt] \left[(-1)^j\left(\frac{2(M-j)}{M} - m_{j+1}\Delta\tau\right) + (-1)^{j-1}\frac{4+4(M-j)}{MT_{sc}}\left(\tau - \frac{\Delta\tau}{2} - (2j-1)\frac{T_{sc}}{2}\right)\right] \times \\[6pt] \left[(-1)^j\left(\frac{1+2(M-j)}{M} - \frac{1+2(M-j)}{MT_{sc}}\Delta\tau\right) + (-1)^j\frac{\frac{-1}{M} + \frac{2}{MT_{sc}}\Delta\tau}{\frac{-T_{sc}}{2}+\Delta\tau}\left(\tau - \frac{\Delta\tau}{2} - (2j-1)\frac{T_{sc}}{2}\right)\right] \\[4pt] \qquad , pour\ jT_{sc} - \frac{\Delta\tau}{2} \leq \tau \leq \frac{\Delta\tau}{2} + (2j-1)\frac{T_{sc}}{2}, j \neq M \\[6pt] \left[(-1)^{j-1}\left(\frac{2(M-j)}{M} - n_j\Delta\tau\right) + (-1)^{j-1}\frac{4(M-j)}{MT_{sc}}\left(\tau + \frac{\Delta\tau}{2} - \frac{(2j+1)T_{sc}}{2}\right)\right] \times \\[6pt] \left[(-1)^j\left(\frac{-1+2(M-j)}{M} - \frac{-1+2(M-j)}{MT_{sc}}\Delta\tau\right) + (-1)^{j-1}\frac{\frac{-2}{M} + \frac{2}{MT_{sc}}\Delta\tau}{-T_{sc}+\Delta\tau}\left(\tau + \frac{\Delta\tau}{2} - (2j+1)\frac{T_{sc}}{2}\right)\right] \\[4pt] \qquad , pour\ (2j-1)\frac{T_{sc}}{2} + \frac{\Delta\tau}{2} \leq \tau \leq -\frac{\Delta\tau}{2} + (2j+1)T_{sc}/2, j \neq M \\[6pt] \left[(-1)^{j-1}\left(\frac{2}{M} + n_{j+1}\Delta\tau\right) + (-1)^{j-1}\frac{-4+4(M-j)}{MT_{sc}}\left(\tau - \frac{\Delta\tau}{2} - jT_{sc}\right)\right] \times \\[6pt] \left[(-1)^j\left(\frac{-2+2(M-j)}{M} - \frac{-3+2(M-j)}{MT_{sc}}\Delta\tau\right) + (-1)^{j-1}\frac{\frac{-1}{M} + \frac{2}{MT_{sc}}\Delta\tau}{-T_{sc}+\Delta\tau}\left(\tau - \frac{\Delta\tau}{2} - jT_{sc}\right)\right] \\[4pt] \qquad , pour\ -\frac{\Delta\tau}{2} + (2j+1)\frac{T_{sc}}{2} \leq \tau \leq \frac{\Delta\tau}{2} + jT_{sc}, j \neq M \\[6pt] \left[(-1)^{M-1}\frac{1}{2M} + (-1)^{M-1}\frac{3}{MT_{sc}}\left(\tau - \frac{\Delta\tau}{2} - \frac{(2M-1)T_{sc}}{2}\right)\right] \times \\[6pt] \left[(-1)^M\frac{1}{2M} + (-1)^M\frac{3}{MT_{sc}}\left(\tau - \frac{\Delta\tau}{2} - (2M-1)T_{sc}/2\right)\right] \\[4pt] \qquad , pour\ -\frac{\Delta\tau}{2} + MT_{sc} \leq \tau \leq \frac{\Delta\tau}{2} + (2M-1)\frac{T_{sc}}{2} \\[6pt] \left[(-1)^M\frac{1}{MT_{sc}}\left(\tau - \frac{\Delta\tau}{2} - MT_{sc}\right)\right]\left[(-1)^{M-1}\frac{1}{MT_{sc}}\left(\tau - \frac{\Delta\tau}{2} - MT_{sc}\right)\right] \\[4pt] \qquad , pour\ r\frac{\Delta\tau}{2} + (2M-1)T_{sc}/2 \leq \tau \leq \frac{\Delta\tau}{2} + MT_{sc} \\[6pt] 0 \qquad , pour\ \tau \geq \frac{\Delta\tau}{2} + MT_{sc} \\[6pt] -D(-\tau) \qquad , pour\ \tau \leq 0 \end{cases}$$

$$(5.80)$$

129

5.5.3 DF NC-ELP pour un espacement de chip $\frac{T_x\beta}{2\alpha}$ chip $\leq \Delta\tau \leq \frac{3T_x\beta}{4\alpha}$ chip

Les expressions analytiques du D_{E+L} correspondant à $\frac{T_x\beta}{2\alpha}$ chip $\leq \Delta\tau \leq \frac{3T_x\beta}{4\alpha}$ chip sont déterminées, en utilisant les équations de la CF $CosBOC(\alpha,\beta)$ et la figure 5.12 , comme suit:

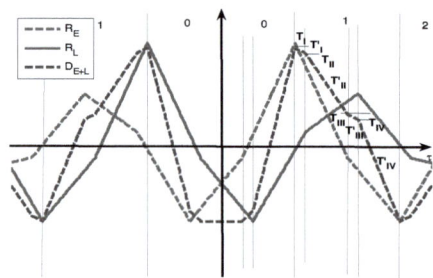

Figure 5. 12 Vue agrandie de l'allure E+L d'un signal CosBOC à $j=1$ pour $\Delta\tau = 1.4\frac{T_x}{M}$ et M=4.

- La région j=0

La sous-région $\tau(0, I)$, pour $0 \leq \tau \leq -\frac{T_{sc}}{2} + \frac{\Delta\tau}{2}$

$$T_{0,I} = -s_1 + r_1 + n_1(\Delta\tau - 3T_{sc}/2)$$

$$D(\tau) = -T_{0,I} \tag{5.81}$$

La sous-région $\tau(0, II)$, pour $-\frac{T_{sc}}{2} + \frac{\Delta\tau}{2} \leq \tau \leq T_{sc} - \frac{\Delta\tau}{2}$

$$T_{0,II} = r_2 - r_1 + m_1(\Delta\tau - T_{sc})$$
$$T'_{0,II} = \frac{T_{0,I} - T_{0,II}}{\frac{3T_{sc}}{2} - \Delta\tau}$$

$$D(\tau) = -T_{0,II} + T'_{0,II}(\tau + \frac{\Delta\tau}{2} - T_{sc}) \tag{5.82}$$

La sous-région $\tau(0, III)$, pour $T_{sc} - \frac{\Delta\tau}{2} \leq \tau \leq \frac{\Delta\tau}{2}$

$$T_{0,III} = r_1 - r_2 - m_2(T_{sc} - \Delta\tau)$$
$$T'_{0,III} = \frac{T_{0,III} + T_{0,II}}{\Delta\tau - T_{sc}}$$

$$D(\tau) = T_{0,III} + T'_{0,III}(\tau - \frac{\Delta\tau}{2}) \tag{5.83}$$

- Les régions j=1,2,...,M-1

130

Les sous-régions $\tau(j,I)$, pour $(j-1)T_{sc} + \frac{\Delta\tau}{2} \leq \tau \leq -\frac{\Delta\tau}{2} + (2j+1)T_{sc}/2$

$$T_I = r_j - r_{j+1} - m_{j+1}(T_{sc} - \Delta\tau)$$
$$T_{II} = s_j + m_j\left(x_j - (2j+1)T_{sc}/2 + \Delta\tau\right)$$
$$T_I' = \frac{T_{II} - T_I}{-\frac{3T_{sc}}{2} + \Delta\tau}$$

$$D(\tau) = T_{II}(-1)^{j-1} + (-1)^j T_I'(\tau + \frac{\Delta\tau}{2} - (2j+1)T_{sc}/2) \tag{5.84}$$

Les sous-régions $\tau(j,II)$, pour $(2j+1)T_{sc} - \frac{\Delta\tau}{2} \leq \tau \leq \frac{\Delta\tau}{2} + (2j-1)T_{sc}/2$

$$T_{III} = -s_{j+1} + r_{j+2} - n_{j+1}(3T_{sc}/2 - \Delta\tau)$$
$$T_{II}' = \frac{T_{III} - T_{II}}{T_{sc} - \Delta\tau}$$

$$D(\tau) = T_{III}(-1)^{j-1} + (-1)^j T_{II}'(\tau - \frac{\Delta\tau}{2} - (2j-1)T_{sc}/2) \tag{5.85}$$

Les sous-régions $\tau(j,III)$, pour $(2j-1)T_{sc}/2 + \frac{\Delta\tau}{2} \leq \tau \leq -\frac{\Delta\tau}{2} + (j+1)T_{sc}$

$$T_{VI} = -r_{j+2} + r_{j+1} + n_j(T_{sc} - \Delta\tau)$$
$$T_{III}' = \frac{T_{VI} + T_{III}}{3T_{sc}/2 - \Delta\tau}$$

$$D(\tau) = T_{IV}(-1)^j + T_{III}'(-1)^j(\tau + \frac{\Delta\tau}{2} - (j+1)T_{sc}) \tag{5.86}$$

Les sous-régions $\tau(j,VI)$, pour $(j+1)T_{sc} - \frac{\Delta\tau}{2} \leq \tau \leq \frac{\Delta\tau}{2} + jT_{sc}$ and $j \neq M-1$

$$T_I|_{p=j+1} = r_{j+1} - r_{j+2} - m_{j+2}(T_{sc} - \Delta\tau)$$
$$T_{VI}' = \frac{T_I|_{p=j+1} - T_{VI}}{-T_{sc} + \Delta\tau}$$

$$D(\tau) = T_I|_{p=j+1}(-1)^j + (-1)^j T_{VI}'(\tau - \frac{\Delta\tau}{2} - jT_{sc}) \tag{5.87}$$

Les sous-régions $\tau(M-1,VI)$, pour $MT_{sc} - \frac{\Delta\tau}{2} \leq \tau \leq \frac{\Delta\tau}{2} + (M-1)T_{sc}$

$$D(\tau) = r_M(-1)^{M+1} + n_{M-1}(-1)^{M-1}(\tau - \frac{\Delta\tau}{2} - (M-1)T_{sc}) \tag{5.88}$$

Pour $(M-1)T_{sc} + \frac{\Delta\tau}{2} \leq \tau \leq \frac{\Delta\tau}{2} + (2M-1)T_{sc}/2$

$$D(\tau) = s_M(-1)^M + m_M(-1)^M(\tau - \frac{\Delta\tau}{2} - (2M-1)T_{sc}/2) \tag{5.89}$$

Pour $(2M-1)T_{sc}/2 + \frac{\Delta\tau}{2} \leq \tau \leq \frac{\Delta\tau}{2} + MT_{sc}$

$$D(\tau) = n_M(-1)^M(\tau - \frac{\Delta\tau}{2} - MT_{sc}) \tag{5.90}$$

- Pour $\tau \geq \frac{\Delta\tau}{2} + MT_{sc}$ et $\tau \leq -\frac{\Delta\tau}{2} - MT_{sc}$

$$D(\tau) = 0 \tag{5.91}$$

- Pour $\tau \le 0$

$$D(\tau) = -D(-\tau) \qquad (5.92)$$

Les expressions analytiques de la D_{E+L} correspondantes à un signal CosBOC peuvent être complètement réaffirmées pour $\frac{T_x \beta}{2\alpha}$ chip $\le \Delta\tau \le \frac{3T_x \beta}{4\alpha}$ chip comme suit:

$$D_{E+P}(\tau) =$$

$$
\begin{cases}
-\frac{4-2M}{M} - \frac{-3+2M}{MT_{sc}}\Delta\tau & ,pour\ 0 \le \tau \le -\frac{T_{sc}}{2} + \frac{\Delta\tau}{2} \\[2mm]
-\left(\frac{-2-2M}{M} + \frac{1+2M}{MT_{sc}}\Delta\tau\right) - \frac{\frac{6}{M} - \frac{4}{MT_{sc}}\Delta\tau}{-\Delta\tau + \frac{3T_{sc}}{2}}\left(\tau + \frac{\Delta\tau}{2} - T_{sc}\right), pour\ -\frac{T_{sc}}{2} + \frac{\Delta\tau}{2} \le \tau \le T_{sc} - \frac{\Delta\tau}{2} \\[2mm]
\left(\frac{2-2M}{M} - \frac{-1+2M}{MT_{sc}}\Delta\tau\right) + \frac{-4+4\Delta\tau/T_{sc}}{\Delta\tau - T_{sc}}\left(\tau - \frac{\Delta\tau}{2}\right), pour\ T_{sc} - \frac{\Delta\tau}{2} \le \tau \le \frac{\Delta\tau}{2} \\[2mm]
(-1)^{j-1}\left(\frac{-3-2(M-j)}{M} + \frac{3+2(M-j)}{MT_{sc}}\Delta\tau\right) + (-1)^{j} \frac{\frac{3}{M} - \frac{2}{MT_{sc}}\Delta\tau}{-\frac{3T_{sc}}{2} + \Delta\tau}\left(\tau + \frac{\Delta\tau}{2} - (2j+1)\frac{T_{sc}}{2}\right) \\
\qquad ,pour\ \frac{\Delta\tau}{2} + (j-1)T_{sc} \le \tau \le -\frac{\Delta\tau}{2} + (2j+1)\frac{T_{sc}}{2} \\[2mm]
(-1)^{j-1}\left(\frac{3-2(M-j)}{M} + \frac{-3+2(M-j)}{MT_{sc}}\Delta\tau\right) + (-1)^{j} \frac{\frac{6}{M} - \frac{6}{MT_{sc}}\Delta\tau}{T_{sc} - \Delta\tau}\left(\tau - \frac{\Delta\tau}{2} - (2j-1)\frac{T_{sc}}{2}\right) \\
\qquad ,pour\ -\frac{\Delta\tau}{2} + (2j+1)T_{sc}/2 \le \tau \le \frac{\Delta\tau}{2} + (2j-1)\frac{T_{sc}}{2} \\[2mm]
(-1)^{j}\left(\frac{2(M-j)}{M} - \frac{-1+2(M-j)}{MT_{sc}}\Delta\tau\right) + (-1)^{j} \frac{\frac{3}{M} - \frac{2}{MT_{sc}}\Delta\tau}{\frac{3T_{sc}}{2} - \Delta\tau}\left(\tau + \frac{\Delta\tau}{2} - (j+1)T_{sc}\right) \\
\qquad ,pour\ \frac{\Delta\tau}{2} + (2j-1)\frac{T_{sc}}{2} \le \tau \le -\frac{\Delta\tau}{2} + (j+1)T_{sc} \\[2mm]
(-1)^{j}\left(\frac{2-2(M-j)}{M} + \frac{-1+2(M-j)}{MT_{sc}}\Delta\tau\right) + (-1)^{j-1} \frac{\frac{2-4(M-j)}{M} - \frac{-2+4(M-j)}{MT_{sc}}\Delta\tau}{T_{sc} - \Delta\tau}\left(\tau + \frac{\Delta\tau}{2} - (j+1)T_{sc}\right) \\
\qquad ,pour\ -\frac{\Delta\tau}{2} + (j+1)T_{sc} \le \tau \le \frac{\Delta\tau}{2} + jT_{sc},\ j \ne M-1 \\[2mm]
(-1)^{M+1}\frac{1}{M} + (-1)^{M+1}\frac{1}{MT_{sc}}\left(\tau - \frac{\Delta\tau}{2} - (M-1)T_{sc}\right), pour\ \frac{\Delta\tau}{2} + MT_{sc} \le \tau \le \frac{\Delta\tau}{2} + (M-1)T_{sc} \\[2mm]
(-1)^{M}\frac{1}{2M} + (-1)^{M}\frac{3}{MT_{sc}}\left(\tau - \frac{\Delta\tau}{2} - (2M-1)\frac{T_{sc}}{2}\right), pour\ \frac{\Delta\tau}{2} + (M-1)T_{sc}/2 \le \tau \le \frac{\Delta\tau}{2} + (2M-1)\frac{T_{sc}}{2} \\[2mm]
(-1)^{M+1}\frac{1}{MT_{sc}}\left(\tau - \frac{\Delta\tau}{2} - MT_{sc}\right), pour\ \frac{\Delta\tau}{2} + (2M-1)\frac{T_{sc}}{2} \le \tau \le \frac{\Delta\tau}{2} + MT_{sc} \\[2mm]
0 & ,pour\ \tau \ge \frac{\Delta\tau}{2} + MT_{sc} \\[2mm]
-D(-\tau) & ,pour\ \tau \le 0
\end{cases}
$$
$$(5.93)$$

En calculant le produit des expressions (5.41) et (5.93) et compte tenu des intervalles de validités de chacune, nous pouvons aisément obtenir le modèle analytique de la DF NC-ELP correspondant à un signal $CosBOC(\alpha, \beta)$ pour des valeurs de $\frac{T_x \beta}{2\alpha}$ chip $\le \Delta\tau \le \frac{3T_x \beta}{4\alpha}$ chip qui est donné sous la forme suivante:

$$D_{NC-ELP}(\tau) =$$

$$
\begin{cases}
\left(-2\frac{-3+2M}{MT_{sc}}\right)\left(-\frac{4-2M}{M}-\frac{-3+2M}{MT_{sc}}\Delta\tau\right)\tau \quad, pour\ 0 \leq \tau \leq -\frac{T_{sc}}{2}+\frac{\Delta\tau}{2} \\[6pt]
\left[\left(-4+(1+2M)\frac{\Delta\tau}{MT_{sc}}\right)-\frac{\frac{6M-3}{M}-\frac{(-2+4M)\Delta\tau}{MT_{sc}}}{-\Delta\tau+\frac{3T_{sc}}{2}}\left(\tau+\frac{\Delta\tau}{2}-T_{sc}\right)\right]\times \\[6pt]
\left[-\left(\frac{-2-2M}{M}+\frac{1+2M}{MT_{sc}}\Delta\tau\right)-\frac{\frac{6}{M}-\frac{4}{MT_{sc}}\Delta\tau}{-\Delta\tau+\frac{3T_{sc}}{2}}\left(\tau+\frac{\Delta\tau}{2}-T_{sc}\right)\right] \\[6pt]
\quad, pour\ -\frac{T_{sc}}{2}+\frac{\Delta\tau}{2} \leq \tau \leq T_{sc}-\frac{\Delta\tau}{2} \\[6pt]
\left[-\left(\frac{4M-2}{M}-\frac{(-1+2M)\Delta\tau}{MT_{sc}}\right)-\frac{-\frac{2}{M}+\frac{2\Delta\tau}{MT_{sc}}}{\Delta\tau-T_{sc}}\left(\tau-\frac{\Delta\tau}{2}\right)\right]\times \\[6pt]
\left[\left(\frac{2-2M}{M}-\frac{-1+2M}{MT_{sc}}\Delta\tau\right)+\frac{-4+4\Delta\tau/T_{sc}}{\Delta\tau-T_{sc}}\left(\tau-\frac{\Delta\tau}{2}\right)\right], pour\ T_{sc}-\frac{\Delta\tau}{2} \leq \tau \leq \frac{\Delta\tau}{2} \\[6pt]
\left[(-1)^{j-1}D_{II}+(-1)^{j-1}\frac{D_J+D_{JI}}{\frac{3T_{sc}}{2}-\Delta\tau}\left(\tau+\frac{\Delta\tau}{2}-(2j+1)\frac{T_{sc}}{2}\right)\right]\times \\[6pt]
\left[(-1)^{j-1}\left(\frac{-3-2(M-j)}{M}+\frac{3+2(M-j)}{MT_{sc}}\Delta\tau\right)+(-1)^j\frac{\frac{3}{M}-\frac{2}{MT_{sc}}\Delta\tau}{-\frac{3T_{sc}}{2}+\Delta\tau}\left(\tau+\frac{\Delta\tau}{2}-(2j+1)\frac{T_{sc}}{2}\right)\right] \\[6pt]
\quad, pour\ \frac{\Delta\tau}{2}+(j-1)T_{sc} \leq \tau \leq -\frac{\Delta\tau}{2}+(2j+1)\frac{T_{sc}}{2} \\[6pt]
\left[(-1)^{j-1}D_{III}+(-1)^{j-1}\frac{-D_{III}+D_{II}}{T_{sc}-\Delta\tau}\left(\tau-\frac{\Delta\tau}{2}-(2j-1)\frac{T_{sc}}{2}\right)\right]\times \\[6pt]
\left[(-1)^{j-1}\left(\frac{3-2(M-j)}{M}+\frac{-3+2(M-j)}{MT_{sc}}\Delta\tau\right)+(-1)^j\frac{\frac{6}{M}-\frac{6}{MT_{sc}}\Delta\tau}{T_{sc}-\Delta\tau}\left(\tau-\frac{\Delta\tau}{2}-(2j-1)\frac{T_{sc}}{2}\right)\right] \\[6pt]
\quad, pour\ -\frac{\Delta\tau}{2}+(2j+1)T_{sc}/2 \leq \tau \leq \frac{\Delta\tau}{2}+(2j-1)\frac{T_{sc}}{2} \\[6pt]
\left[(-1)^{j-1}D_{VI}+(-1)^{j-1}\frac{D_{VI}-D_{III}}{\frac{3T_{sc}}{2}-\Delta\tau}\left(\tau+\frac{\Delta\tau}{2}-(j+1)T_{sc}\right)\right]\times \\[6pt]
\left[(-1)^j\left(\frac{2(M-j)}{M}-\frac{-1+2(M-j)}{MT_{sc}}\Delta\tau\right)+(-1)^j\frac{\frac{3}{M}-\frac{2}{MT_{sc}}\Delta\tau}{\frac{3T_{sc}}{2}-\Delta\tau}\left(\tau+\frac{\Delta\tau}{2}-(j+1)T_{sc}\right)\right] \\[6pt]
\quad, pour\ \frac{\Delta\tau}{2}+\frac{(2j-1)T_{sc}}{2} \leq \tau \leq -\frac{\Delta\tau}{2}+(j+1)T_{sc} \\[6pt]
\left[(-1)^{j+1}\frac{4(M-j)-2}{M}-\frac{-1+2(M-j)}{MT_{sc}}\Delta\tau\right]\times \\[6pt]
\left[(-1)^j\left(\frac{2-2(M-j)}{M}+\frac{-1+2(M-j)}{MT_{sc}}\Delta\tau\right)+(-1)^{j-1}\frac{\frac{2-4(M-j)}{M}+\frac{-2+4(M-j)}{MT_{sc}}\Delta\tau}{T_{sc}-\Delta\tau}\left(\tau+\frac{\Delta\tau}{2}-(j+1)T_{sc}\right)\right] \\[6pt]
\quad, pour\ -\frac{\Delta\tau}{2}+(j+1)T_{sc} \leq \tau \leq \frac{\Delta\tau}{2}+jT_{sc}, j \neq M-1 \\[6pt]
\left[(-1)^M\frac{1}{M}+(-1)^M\frac{1}{MT_{sc}}\left(\tau-\frac{\Delta\tau}{2}-(M-1)T_{sc}\right)\right]\left[(-1)^{M+1}\frac{1}{M}+(-1)^{M+1}\frac{1}{MT_{sc}}\left(\tau-\frac{\Delta\tau}{2}-(M-1)T_{sc}\right)\right] \\[6pt]
\quad, pour\ -\frac{\Delta\tau}{2}+MT_{sc} \leq \tau \leq \frac{\Delta\tau}{2}+(M-1)T_{sc} \\[6pt]
\left[(-1)^{M-1}\frac{1}{2M}+(-1)^{M-1}\frac{3}{MT_{sc}}\left(\tau-\frac{\Delta\tau}{2}-(2M-1)\frac{T_{sc}}{2}\right)\right] \\[6pt]
\times\left[(-1)^M\frac{1}{2M}+(-1)^M\frac{3}{MT_{sc}}\left(\tau-\frac{\Delta\tau}{2}-(2M-1)\frac{T_{sc}}{2}\right)\right] \\[6pt]
\quad, pour\ \frac{\Delta\tau}{2}+(M-1)T_{sc}/2 \leq \tau \leq \frac{\Delta\tau}{2}+(2M-1)\frac{T_{sc}}{2} \\[6pt]
\left[(-1)^M\frac{1}{MT_{sc}}\left(\tau-\frac{\Delta\tau}{2}-MT_{sc}\right)\right]\left[(-1)^{M+1}\frac{1}{MT_{sc}}\left(\tau-\frac{\Delta\tau}{2}-MT_{sc}\right)\right] \\[6pt]
\quad, pour\ \frac{\Delta\tau}{2}+(2M-1)\frac{T_{sc}}{2} \leq \tau \leq \frac{\Delta\tau}{2}+MT_{sc} \\[6pt]
0 \quad, pour\ \tau \geq \frac{\Delta\tau}{2}+MT_{sc} \\[6pt]
-D(-\tau) \quad, pour\ \tau \leq 0
\end{cases}
$$

$$(5.94)$$

Où

$$D_{II} = \frac{28(M-j) + 8(M-j)^2 + 24}{2M(3 + 2(M-j))} - m_j \Delta\tau$$

$$D_{III} = \frac{-2(M-j)+4}{M} + \frac{-3+2(M-j)}{MT_{sc}}\Delta\tau$$

$$D_{VI} = \frac{4(M-j) - 2}{M} - \frac{-1 + 2(M-j)}{MT_{sc}}\Delta\tau$$

5.5.4 DF NC-ELP pour un espacement de chip $\frac{3T_x\beta}{4\alpha}\, chip \le \Delta\tau \le \frac{T_x\beta}{\alpha}\, chip$

Les expressions analytiques du D_{E+L} correspondant à $\frac{3T_x\beta}{4\alpha}$ chip $\le \Delta\tau \le \frac{T_x\beta}{\alpha}$ chip sont calculées, en utilisant les équations de la CF $CosBOC(\alpha,\beta)$ et la figure 5.13, comme suit:

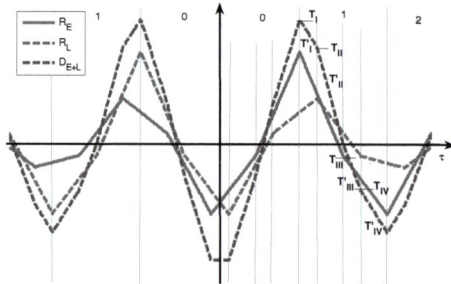

Figure 5.13 Vue agrandie de l'allure E+L d'un signal CosBOC à $j = 1$ pour $\Delta\tau = 1.8\frac{T_x}{M}$ et M=4.

- La région 0

La sous-région $\tau(0, I)$, pour $0 \le \tau \le T_{sc} - \frac{\Delta\tau}{2}$

$$T_{0,I} = r_1 - s_1 - n_1(-\Delta\tau + 3T_{sc}/2)$$

$$D(\tau) = -T_{0,I} \qquad\qquad (5.95)$$

La sous-région $\tau(0, II)$, pour $T_{sc} - \frac{\Delta\tau}{2} \le \tau \le \frac{-T_{sc}}{2} + \frac{\Delta\tau}{2}$

$$T_{0,II} = r_2 + s_1 - m_2(\Delta\tau - 3T_{sc}/2)$$
$$T'_{0,II} = \frac{-T_{0,II} + T_{0,I}}{\Delta\tau - 3T_{sc}/2}$$

$$D(\tau) = -T_{0,II} + T'_{0,II}(\tau + \frac{T_{sc}}{2} - \frac{\Delta\tau}{2}) \qquad\qquad (5.96)$$

La sous-région $\tau(0, III)$, pour $\frac{-T_{sc}}{2} + \frac{\Delta\tau}{2} \le \tau \le \frac{3T_{sc}}{2} - \frac{\Delta\tau}{2}$

$$T_{0,III} = r_1 + s_1 - m_1(\Delta\tau - 3T_{sc}/2)$$

$$T'_{0,III} = \frac{T_{0,II} + T_{0,III}}{-\Delta\tau + 2T_{sc}}$$

$$D(\tau) = T_{0,III} + T'_{0,III}\left(\tau - \frac{3T_{sc}}{2} + \frac{\Delta\tau}{2}\right) \qquad (5.97)$$

- Les régions $j = 1,2,\ldots,M-1$

Les sous-régions $\tau(j,I)$, pour $\frac{3T_{sc}}{2} - \frac{\Delta\tau}{2} \leq \tau \leq \frac{\Delta\tau}{2}$

$$T_{0,VI} = r_1 + r_3 + n_2(\Delta\tau - 2T_{sc})$$
$$T'_{0,VI} = \frac{T_{0,VI} - T_{0,III}}{\Delta\tau - 3T_{sc}/2}$$

$$D(\tau) = T_{0,VI} + T'_{0,VI}\left(\tau - \frac{\Delta\tau}{2}\right) \qquad (5.98)$$

Les sous-régions $\tau(j,II)$, pour $(j-1)T_{sc} + \frac{\Delta\tau}{2} \leq \tau \leq -\frac{\Delta\tau}{2} + (j+1)T_{sc}$

$$T_I = r_j + r_{j+2} + n_{j+1}(\Delta\tau - 2T_{sc})$$
$$T_{II} = r_{j+2} + r_j + m_j(\Delta\tau - 2T_{sc})$$
$$T'_I = \frac{T_{II} - T_I}{\Delta\tau - 2T_{sc}}(-1)^j$$

$$D(\tau) = T_{II}(-1)^{j-1} + T'_I\left(\tau + \frac{\Delta\tau}{2} - (j+1)T_{sc}\right) \qquad (5.99)$$

Les sous-régions $\tau(j,III)$, pour $(j+1)T_{sc} - \frac{\Delta\tau}{2} \leq \tau \leq \frac{\Delta\tau}{2} + (2j-1)T_{sc}/2$

and $j \neq M-1$

$$T_{III} = -s_j + r_{j+2} - m_{j+2}(\Delta\tau - 3T_{sc}/2)$$
$$T'_{II} = \frac{T_{III} - T_{II}}{-\Delta\tau + 3T_{sc}/2}(-1)^j$$

$$D(\tau) = T_{III}(-1)^{j-1} + T'_{II}\left(\tau - \frac{\Delta\tau}{2} - (2j-1)T_{sc}/2\right) \qquad (5.100)$$

Les sous-régions $\tau(j,VI)$, pour $\frac{\Delta\tau}{2} + (2j-1)T_{sc}/2 \leq \tau \leq -\frac{\Delta\tau}{2} + (2j+3)T_{sc}/2$

and $j \neq M-1$

$$T_{VI} = s_j + r_{j+1} - n_j(\Delta\tau - 3T_{sc}/2)$$
$$T'_{III} = \frac{T_{VI} + T_{III}}{-\Delta\tau + 2T_{sc}}(-1)^j$$

$$D(\tau) = T_{VI}(-1)^j + T'_{III}\left(\tau + \frac{\Delta\tau}{2} - (2j+3)T_{sc}/2\right) \qquad (5.101)$$

Pour $-\frac{\Delta\tau}{2} + (2j+3)T_{sc}/2 \leq \tau \leq \frac{\Delta\tau}{2} + jT_{sc}$ and $j \neq M-1$

$$T_I|_{p=j+1} = r_{j+1} + r_{j+3} + n_{j+2}(\Delta\tau - 2T_{sc})$$
$$T'_{VI} = \frac{T_I|_{p=j+1} - T_{VI}}{\Delta\tau - 3T_{sc}/2}(-1)^j$$

$$D(\tau) = T_I|_{p=j+1}(-1)^j + T'_{VI}\left(\tau - \frac{\Delta\tau}{2} - jT_{sc}\right) \qquad (5.102)$$

Pour $-\frac{\Delta\tau}{2} + MT_{sc} \le \tau \le \frac{\Delta\tau}{2} + (2M-3)T_{sc}/2$

$$D(\tau) = s_{M-1}(-1)^{M-1} + m_{M-1}(-1)^{M-1}(\tau - \frac{\Delta\tau}{2} - (2M-3)T_{sc}) \qquad (5.103)$$

Pour $\frac{\Delta\tau}{2} + (2M-3)T_{sc}/2 \le \tau \le \frac{\Delta\tau}{2} + (M-1)T_{sc}$

$$D(\tau) = r_M(-1)^{M-1} + n_{M-1}(-1)^{M-1}(\tau - \frac{\Delta\tau}{2} - (M-1)T_{sc}) \qquad (5.104)$$

Pour $\frac{\Delta\tau}{2} + (M-1)T_{sc} \le \tau \le \frac{\Delta\tau}{2} + (2M-1)T_{sc}/2$

$$D(\tau) = s_M(-1)^M + m_M(-1)^M(\tau - \frac{\Delta\tau}{2} - (2M-1)T_{sc}/2) \qquad (5.105)$$

Pour $\frac{\Delta\tau}{2} + (2M-1)T_{sc}/2 \le \tau \le \frac{\Delta\tau}{2} + MT_{sc}$

$$D(\tau) = n_M(-1)^M(\tau - \frac{\Delta\tau}{2} - MT_{sc}/2) \qquad (5.106)$$

- Pour $\tau \ge \frac{\Delta\tau}{2} + MT_{sc}$ et $\tau \le -\frac{\Delta\tau}{2} - MT_{sc}$

$$D(\tau) = 0 \qquad (5.107)$$

- Pour $\tau \le 0$

$$D(\tau) = -D(-\tau) \qquad (5.108)$$

Les expressions analytiques de la D_{E+L} correspondantes à un signal CosBOC peuvent être complètement réaffirmées pour $\frac{3T_x\beta}{4\alpha}$ chip $\le \Delta\tau \le \frac{T_x\beta}{\alpha}$ chip comme suit:

$$D_{E+L}(\tau) =$$

$$\begin{cases}
-\dfrac{4-2M}{M} - \dfrac{-3+2M}{MT_{sc}}\Delta\tau \quad , pour \ 0 \le \tau \le T_{sc} - \dfrac{\Delta\tau}{2} \\[2.5ex]
-\left(\dfrac{-2M+4}{M} - \dfrac{-3+2M}{MT_{sc}}\Delta\tau\right) + \dfrac{\frac{-6M+6}{M} - \frac{-4+4M}{MT_{sc}}\Delta\tau}{\Delta\tau - \frac{3T_{sc}}{2}}\left(\tau + \dfrac{T_{sc}}{2} - \dfrac{\Delta\tau}{2}\right), pour\ T_{sc} - \dfrac{\Delta\tau}{2} \le \tau \le -\dfrac{T_{sc}}{2} + \dfrac{\Delta\tau}{2} \\[2.5ex]
\left(\dfrac{4M+2}{M} - \dfrac{1+2M}{MT_{sc}}\Delta\tau\right) + \dfrac{8 - \frac{4}{T_{sc}}\Delta\tau}{-\Delta\tau + 2T_{sc}}\left(\tau - \dfrac{3T_{sc}}{2} + \dfrac{\Delta\tau}{2}\right), pour\ -\dfrac{T_{sc}}{2} + \dfrac{\Delta\tau}{2} \le \tau \le \dfrac{3T_{sc}}{2} - \dfrac{\Delta\tau}{2} \\[2.5ex]
\left(\dfrac{-2M+8}{M} - \dfrac{5-2M}{MT_{sc}}\Delta\tau\right) + \dfrac{\frac{-6M+6}{M} + \frac{-4+4M}{MT_{sc}}\Delta\tau}{\Delta\tau - \frac{3T_{sc}}{2}}\left(\tau - \dfrac{\Delta\tau}{2}\right), pour\ \dfrac{3T_{sc}}{2} - \dfrac{\Delta\tau}{2} \le \tau \le \dfrac{\Delta\tau}{2} \\[2.5ex]
(-1)^{j-1}\left(\dfrac{-6-2(M-j)}{M} + \dfrac{3+2(M-j)}{MT_{sc}}\Delta\tau\right) + (-1)^{j}\dfrac{\frac{12}{M} + \frac{-6}{MT_{sc}}\Delta\tau}{2T_{sc} - \Delta\tau}\left(\tau + \dfrac{\Delta\tau}{2} - (j+1)T_{sc}\right) \\ \qquad , pour\ \dfrac{\Delta\tau}{2} + (j-1)T_{sc} \le \tau \le -\dfrac{\Delta\tau}{2} + (j+1)T_{sc} \\[2.5ex]
(-1)^{j-1}\left(\dfrac{-3+4(M-j)}{M} - \dfrac{-1+2(M-j)}{MT_{sc}}\Delta\tau\right) + (-1)^{j}\dfrac{\frac{3+6(M-j)}{M} - \frac{2+4(M-j)}{MT_{sc}}\Delta\tau}{\frac{3T_{sc}}{2} - \Delta\tau}\left(\tau - \dfrac{\Delta\tau}{2} - (2j-1)\dfrac{T_{sc}}{2}\right) \\ \qquad , pour\ -\dfrac{\Delta\tau}{2} + (j+1)T_{sc} \le \tau \le \dfrac{\Delta\tau}{2} + (2j-1)\dfrac{T_{sc}}{2}, j \ne M-1 \\[2.5ex]
(-1)^{j}\left(\dfrac{-1+4(M-j)}{M} - \dfrac{-1+2(M-j)}{MT_{sc}}\Delta\tau\right) + (-1)^{j}\dfrac{\frac{-4+8(M-j)}{M} - \frac{-2+4(M-j)}{MT_{sc}}\Delta\tau}{-\Delta\tau + 2T_{sc}}\left(\tau - \dfrac{\Delta\tau}{2} - (2j-1)\dfrac{T_{sc}}{2}\right) \\ \qquad , pour\ \dfrac{\Delta\tau}{2} + \dfrac{(2j-1)T_{sc}}{2} \le \tau \le -\dfrac{\Delta\tau}{2} + (2j+3)\dfrac{T_{sc}}{2}, j \ne M-1 \\[2.5ex]
(-1)^{j}\left(\dfrac{8-2(M-j)}{M} - \dfrac{-5+2(M-j)}{MT_{sc}}\Delta\tau\right) + (-1)^{j-1}\dfrac{\frac{9-6(M-j)}{M} - \frac{-6+4(M-j)}{MT_{sc}}\Delta\tau}{\frac{3T_{sc}}{2} - \Delta\tau}\left(\tau - \dfrac{\Delta\tau}{2} - j\dfrac{T_{sc}}{2}\right) \\ \qquad , pour\ -\dfrac{\Delta\tau}{2} + (2j+3)\dfrac{T_{sc}}{2} \le \tau \le \dfrac{\Delta\tau}{2} + jT_{sc}, \ j \ne M-1 \\[2.5ex]
(-1)^{M-1}\dfrac{1}{2M} + (-1)^{M-1}\dfrac{5}{MT_{sc}}\left(\tau - \dfrac{\Delta\tau}{2} - (2M-3)T_{sc}\right), pour\ -\dfrac{\Delta\tau}{2} + MT_{sc} \le \tau \le \dfrac{\Delta\tau}{2} + (2M-3)T_{sc} \\[2.5ex]
(-1)^{M-1}\dfrac{1}{M} + (-1)^{M-1}\dfrac{1}{MT_{sc}}\left(\tau - \dfrac{\Delta\tau}{2} - (M-1)T_{sc}\right), pour\ \dfrac{\Delta\tau}{2} + (2M-3)T_{sc} \le \tau \le \dfrac{\Delta\tau}{2} + (M-1)T_{sc} \\[2.5ex]
(-1)^{M}\dfrac{1}{2M} + (-1)^{M}\dfrac{3}{MT_{sc}}\left(\tau - \dfrac{\Delta\tau}{2} - (2M-1)\dfrac{T_{sc}}{2}\right), pour\ \dfrac{\Delta\tau}{2} + (M-1)T_{sc} \le \tau \le \dfrac{\Delta\tau}{2} + (2M-1)\dfrac{T_{sc}}{2} \\[2.5ex]
(-1)^{M+1}\dfrac{1}{MT_{sc}}\left(\tau - \dfrac{\Delta\tau}{2} - M\dfrac{T_{sc}}{2}\right), pour\ \dfrac{\Delta\tau}{2} + (2M-1)\dfrac{T_{sc}}{2} \le \tau \le \dfrac{\Delta\tau}{2} + M\dfrac{T_{sc}}{2} \\[2.5ex]
0 \quad , pour\ \tau \ge \dfrac{\Delta\tau}{2} + MT_{sc} \\[2ex]
-D(-\tau) \quad , pour\ \tau \le 0
\end{cases}$$

$$(5.109)$$

En calculant le produit des expressions (5.56) et (5.109) et compte tenu des intervalles de validités de chacune, nous pouvons aisément obtenir le modèle analytique de la DF NC-ELP correspondant à un signal $CosBOC(\alpha, \beta)$ pour des valeurs de $\dfrac{T_x\beta}{2\alpha}$ chip $\le \Delta\tau \le \dfrac{3T_x\beta}{4\alpha}$ chip qui est donné sous la forme suivante :

$$D_{NC-ELP} =$$

$$\begin{cases}
\left(-2\frac{-3+2M}{MT_{sc}}\right)\left(-\frac{4-2M}{M}-\frac{-3+2M}{MT_{sc}}\Delta\tau\right)\tau \quad, pour\ 0 \leq \tau \leq -\frac{T_{sc}}{2}+\frac{\Delta\tau}{2} \\[2mm]
\left[\left(-4+(1+2M)\frac{\Delta\tau}{MT_{sc}}\right)-\frac{\frac{6M-3}{M}-\frac{(-2+4M)\Delta\tau}{MT_{sc}}}{-\Delta\tau+\frac{3T_{sc}}{2}}\left(\tau+\frac{\Delta\tau}{2}-T_{sc}\right)\right]\times \\[2mm]
\left[-\left(\frac{-2-2M}{M}+\frac{1+2M}{MT_{sc}}\Delta\tau\right)-\frac{\frac{6}{M}-\frac{4}{MT_{sc}}\Delta\tau}{-\Delta\tau+\frac{3T_{sc}}{2}}\left(\tau+\frac{\Delta\tau}{2}-T_{sc}\right)\right], pour\ -T_{sc}+\frac{\Delta\tau}{2} \leq \tau \leq T_{sc}-\frac{\Delta\tau}{2} \\[2mm]
\left[-\left(\frac{4M-2}{M}-\frac{(-1+2M)\Delta\tau}{MT_{sc}}\right)-\frac{-\frac{2}{M}+\frac{2\Delta\tau}{MT_{sc}}}{\Delta\tau-T_{sc}}\left(\tau-\frac{\Delta\tau}{2}\right)\right]\times\left[\left(\frac{2-2M}{M}-\frac{-1+2M}{MT_{sc}}\Delta\tau\right)+\frac{-4+4\Delta\tau/T_{sc}}{\Delta\tau-T_{sc}}\left(\tau-\frac{\Delta\tau}{2}\right)\right] \\[2mm]
\qquad\qquad, pour\ T_{sc}-\frac{\Delta\tau}{2} \leq \tau \leq \frac{\Delta\tau}{2} \\[2mm]
\left[(-1)^{j-1}D_{II}+(-1)^{j-1}\frac{D_{I}+D_{II}}{\frac{3T_{sc}}{2}-\Delta\tau}\left(\tau+\frac{\Delta\tau}{2}-(2j+1)\frac{T_{sc}}{2}\right)\right]\times \\[2mm]
\left[(-1)^{j-1}\left(\frac{-3-2(M-j)}{M}+\frac{3+2(M-j)}{MT_{sc}}\Delta\tau\right)+(-1)^{j}\frac{-\frac{3}{M}-\frac{2}{MT_{sc}}\Delta\tau}{-\frac{3T_{sc}}{2}+\Delta\tau}\left(\tau+\frac{\Delta\tau}{2}-(2j+1)\frac{T_{sc}}{2}\right)\right] \\[2mm]
\qquad\qquad, pour\ \frac{\Delta\tau}{2}+(j-1)T_{sc} \leq \tau \leq -\frac{\Delta\tau}{2}+(2j+1)\frac{T_{sc}}{2} \\[2mm]
\left[(-1)^{j-1}D_{III}+(-1)^{j-1}\frac{-D_{III}+D_{II}}{T_{sc}-\Delta\tau}\left(\tau-\frac{\Delta\tau}{2}-(2j-1)\frac{T_{sc}}{2}\right)\right]\times \\[2mm]
\left[(-1)^{j-1}\left(\frac{3-2(M-j)}{M}+\frac{-3+2(M-j)}{MT_{sc}}\Delta\tau\right)+(-1)^{j}\frac{\frac{6}{M}-\frac{6}{MT_{sc}}\Delta\tau}{T_{sc}-\Delta\tau}\left(\tau-\frac{\Delta\tau}{2}-(2j-1)\frac{T_{sc}}{2}\right)\right] \\[2mm]
\qquad\qquad, pour\ -\frac{\Delta\tau}{2}+(2j+1)T_{sc}/2 \leq \tau \leq \frac{\Delta\tau}{2}+(2j-1)\frac{T_{sc}}{2} \\[2mm]
\left[(-1)^{j-1}D_{VI}+(-1)^{j-1}\frac{D_{VI}-D_{III}}{\frac{3T_{sc}}{2}-\Delta\tau}\left(\tau+\frac{\Delta\tau}{2}-(j+1)T_{sc}\right)\right]\times \\[2mm]
\left[(-1)^{j}\left(\frac{2(M-j)}{M}-\frac{-1+2(M-j)}{MT_{sc}}\Delta\tau\right)+(-1)^{j}\frac{\frac{3}{M}-\frac{2}{MT_{sc}}\Delta\tau}{\frac{3T_{sc}}{2}-\Delta\tau}\left(\tau+\frac{\Delta\tau}{2}-(j+1)T_{sc}\right)\right] \\[2mm]
\qquad\qquad, pour\ \frac{\Delta\tau}{2}+\frac{(2j-1)T_{sc}}{2} \leq \tau \leq -\frac{\Delta\tau}{2}+(j+1)T_{sc} \\[2mm]
\left[(-1)^{j+1}\frac{4(M-j)-2}{M}-\frac{-1+2(M-j)}{MT_{sc}}\Delta\tau\right]\times \\[2mm]
\left[(-1)^{j}\left(\frac{2-2(M-j)}{M}+\frac{-1+2(M-j)}{MT_{sc}}\Delta\tau\right)+(-1)^{j-1}\frac{\frac{2-4(M-j)}{M}-\frac{-2+4(M-j)}{MT_{sc}}\Delta\tau}{T_{sc}-\Delta\tau}\left(\tau+\frac{\Delta\tau}{2}-(j+1)T_{sc}\right)\right] \\[2mm]
\qquad\qquad, pour\ -\frac{\Delta\tau}{2}+(j+1)T_{sc} \leq \tau \leq \frac{\Delta\tau}{2}+jT_{sc},\ j \neq M-1 \\[2mm]
\left[(-1)^{M}\frac{1}{M}+(-1)^{M}\frac{1}{MT_{sc}}\left(\tau-\frac{\Delta\tau}{2}-(M-1)T_{sc}\right)\right]\left[(-1)^{M+1}\frac{1}{M}+(-1)^{M+1}\frac{1}{MT_{sc}}\left(\tau-\frac{\Delta\tau}{2}-(M-1)T_{sc}\right)\right] \\[2mm]
\qquad\qquad, pour\ -\frac{\Delta\tau}{2}+MT_{sc} \leq \tau \leq \frac{\Delta\tau}{2}+(M-1)T_{sc} \\[2mm]
\left[(-1)^{M-1}\frac{1}{2M}+(-1)^{M-1}\frac{3}{MT_{sc}}\left(\tau-\frac{\Delta\tau}{2}-(2M-1)\frac{T_{sc}}{2}\right)\right]\left[(-1)^{M}\frac{1}{2M}+(-1)^{M}\frac{3}{MT_{sc}}\left(\tau-\frac{\Delta\tau}{2}-(2M-1)\frac{T_{sc}}{2}\right)\right] \\[2mm]
\qquad\qquad, pour\ \frac{\Delta\tau}{2}+(M-1)T_{sc}/2 \leq \tau \leq \frac{\Delta\tau}{2}+(2M-1)\frac{T_{sc}}{2} \\[2mm]
\left[(-1)^{M}\frac{1}{MT_{sc}}\left(\tau-\frac{\Delta\tau}{2}-MT_{sc}\right)\right]\left[(-1)^{M+1}\frac{1}{MT_{sc}}\left(\tau-\frac{\Delta\tau}{2}-MT_{sc}\right)\right], pour\ \frac{\Delta\tau}{2}+(2M-1)\frac{T_{sc}}{2} \leq \tau \leq \frac{\Delta\tau}{2}+MT_{sc} \\[2mm]
0 \qquad, pour\ \tau \geq \frac{\Delta\tau}{2}+MT_{sc} \\[2mm]
-D(-\tau) \qquad, pour\ \tau \leq 0
\end{cases}$$

$$(5.110)$$

5.6 Modèles analytiques proposés de l'erreur de poursuite de code de la DLL C-ELP en présence de Multitrajets

Dans cette section, le modèle analytique des erreurs de poursuite de code C-ELP en présence de multitrajets pour des signaux modulés en $CosBOC(\alpha,\beta)$ est déterminé en fonction de différentes valeurs de $\alpha, \beta, \tau_m, \alpha_m$ et φ_m à partir des équations de la DF, (5.17), (5.28), (5.41) et (5.56). Les développements mathématiques de ce modèle sont obtenus sur la base de la résolution des expressions de l'équation (2.11) pour chaque sous-région de chaque cas (k, l) avant de calculer l'intervalle de validité de chacune en fonction de τ_m.

5.6.1 MEE C-ELP pour un espacement de chip $\Delta\tau < \frac{T_x\alpha}{4\beta}$ chip

Pour un signal modulé en $CosBOC(\alpha,\beta)$ pour $k = 1, \ldots, M$ et $l = I, II, \ldots$, quand l'espacement de chip $\Delta\tau < \frac{T_x\beta}{4\alpha}$ chip, les expressions de l'offset de code sont déterminées comme suit:

- La solution du 1er cas $\tau_m(0, I)$

$$-2m_1\tau_m - \alpha_m cos(\varphi_m)2m_1(\tau_m - \Delta\tau_m) = 0$$

$$\tau_m = \frac{\alpha_m cos(\varphi_m)}{1 + \alpha_m cos(\varphi_m)}\Delta\tau_m \qquad (5.111)$$

- La solution du 2ème cas $\tau_m(k, I)$

$$-2m_1\tau_m - \alpha_m cos(\varphi_m)D_I(-1)^k = 0$$

$$\tau_m = \alpha_m cos(\varphi_m)(-1)^{k+1}\frac{3+2(M-k)}{2+4M}\Delta\tau \qquad (5.112)$$

- La solution du 3ème cas $\tau_m(k, II)$

$$-2m_1\tau_m - \alpha_m cos(\varphi_m)\left[D_{II}(-1)^k + D_{II}'(-1)^{k-1}(-\tau_m + \Delta\tau_m - \frac{\Delta\tau}{2} - (2k-1)\frac{T_{sc}}{2})\right] = 0$$

$$\tau_m = \alpha_m cos(\varphi_m)(-1)^{k-1}\frac{(1-2(M-k))\Delta\tau + 4(\Delta\tau_m - \frac{\Delta\tau}{2} - (2k-1)T_{sc}/2)}{-2-4M+\alpha_m cos(\varphi_m)(-1)^{k-1}4} \qquad (5.113)$$

- La solution du 4ème cas $\tau_m(k, III)$

$$-2m_1\tau_m - \alpha_m cos(\varphi_m)D_{III}(-1)^k = 0$$

$$\tau_m = \alpha_m cos(\varphi_m)\Delta\tau \ (-1)^{k+1}\frac{-1+2(M-k)}{2+4M} \qquad (5.114)$$

- La solution du 4ème cas $\tau_m(k, IV), k \neq M$

$$-2m_1\tau_m - \alpha_m cos(\varphi_m)\left[D_{IV}(-1)^{k-1} + D_{IV}'(-1)^{k-1}(-\tau_m + \Delta\tau_m - \frac{\Delta\tau}{2} - kT_{sc})\right] = 0$$

$$\tau_m = \alpha_m cos(\varphi_m)(-1)^{k-1}\frac{(1+2(M-k))\Delta\tau + 4(M-k)(\Delta\tau_m - \frac{\Delta\tau}{2} - kT_{sc})}{-2-4M+\alpha_m cos(\varphi_m)(-1)^{k-1}(M-k)4} \qquad (5.115)$$

- La solution du 5ème cas $\tau_m(M, IV)$,

$$-2m_1\tau_m - \alpha_m cos(\varphi_m)\left[(-1)^{M+1}n_M(-\tau_m + \Delta\tau_m - \frac{\Delta\tau}{2} - MT_{sc})\right] = 0$$

$$\tau_m = \alpha_m \cos(\varphi_m)(-1)^{M+1}\frac{\Delta\tau_m - MT_{sc} - \Delta\tau \ /2}{2+4M+\alpha_m \cos(\varphi_m)(-1)^{M+1}} \tag{5.116}$$

Les intervalles de validités sont déterminés par la transition entre les cas pour $\Delta\tau_m \geq 0$ comme suit:

- $\tau_m(0,I) = \tau_m(1,I)$

$$\Delta\tau_{t1,k} = (1+A)\frac{\Delta\tau}{2} \tag{5.117}$$

- $\tau_m(k,IV) = \tau_m(k-1,I)$

$$\Delta\tau_{t2,k} = A(-1)^k\frac{1+2(M-k)}{2+4M} + \frac{\Delta\tau}{2} + kT_{sc} \tag{5.118}$$

- $\tau_m(k,I) = \tau_m(k,II)$

$$\Delta\tau_{t3,k} = A\Delta\tau\ (-1)^{k-1}\frac{3+2(M-k)}{2+4M} - \frac{\Delta\tau}{2} + (2k-1)\frac{T_{sc}}{2} \tag{5.119}$$

- $\tau_m(k,II) = \tau_m(k,III)$

$$\Delta\tau_{t4,k} = A\Delta\tau\ (-1)^{k-1}\frac{-1+2(M-k)}{2+4M} + \frac{\Delta\tau}{2} + (2k-1)\frac{T_{sc}}{2} \tag{5.120}$$

- $\tau_m(k-1,III) = \tau_m(k-1,IV)$

$$\Delta\tau_{t5,k} = A(-1)^k\frac{1+2(M-k)}{2+4M} - \frac{\Delta\tau}{2} + (k-1)T_{sc}$$

- $\tau_m(M,IV) = \tau_m(M+1,I)$

$$\Delta\tau_{t6,M} = \frac{A\Delta\tau\ (-1)^M}{2+4M} - \frac{\Delta\tau}{2} + MT_{sc} \tag{5.121}$$

Les expressions analytiques de la MEE C-ELP correspondantes à un signal modulé en $CosBOC(\alpha,\beta)$, quand l'espacement de chip $\Delta\tau < \frac{T_x\alpha}{4\beta}$ chip, peuvent être reformulées comme suit:

$$\tau_m = \begin{cases} \frac{A}{1+A}\Delta\tau_m \ pour\ 0 \leq \Delta\tau_m \leq (1+A)\frac{\Delta\tau}{2} \\ A\Delta\tau\ (-1)^{k+1}\frac{3+2(M-k)}{2+4M} \ pour\ \Delta\tau_{t2,k-1} \leq \Delta\tau_m \leq \Delta\tau_{t3,k} \\ A(-1)^{k-1}\frac{(1-2(M-k))\Delta\tau\ +4(\Delta\tau_m - \frac{\Delta\tau}{2})-(2k-1)T_{sc}/2)}{-2-4M+A4(-1)^{k-1}} \ pour\ \Delta\tau_{t3,k} \leq \Delta\tau_m \leq \Delta\tau_{t4,k} \\ A\Delta\tau\ (-1)^{k+1}\frac{-1+2(M-k)}{2+4M} \ pour\ \Delta\tau_{t4,k} \leq \Delta\tau_m \leq \Delta\tau_{t5,k+1} \\ A(-1)^{k-1}\frac{(1+2(M-k))\Delta\tau\ +4(M-k)(\Delta\tau_m - \frac{\Delta\tau}{2} - kT_{sc})}{-2-4M+A4(-1)^{k-1}(M-k)} \ pour\ \Delta\tau_{t5,k+1} \leq \Delta\tau_m \leq \Delta\tau_{t2,k}\ et\ k \neq M \\ A(-1)^{M+1}\frac{\Delta\tau_m - MT_{sc} - \frac{\Delta\tau}{2}}{2+4M+A(-1)^{M+1}} \ pour\ \Delta\tau_{t6,M} \leq \Delta\tau_m \leq MT_{sc} + \frac{\Delta\tau}{2} \\ 0,\ ailleurs \end{cases} \tag{5.122}$$

Où
$$k = \left\lceil \frac{\Delta\tau_m}{T_{sc}} \right\rceil = 1,\dots,M,$$

$$A = \alpha_m cos(\varphi_m)$$

Les valeurs des paramètres $\Delta\tau_{t2,k}, \Delta\tau_{t3,k}, \Delta\tau_{t4,k}, \Delta\tau_{t5,k}$ et $\Delta\tau_{t6,M}$ sont données respectivement dans les équations (5.117), (5.118), (5.119), (5.120) et (5.121).

5.6.2 MEE C-ELP pour un espacement de chip $\frac{T_x\beta}{4\alpha} chip < \Delta\tau < \frac{T_x\beta}{2\alpha}$

Les calculs du modèle analytique de l'offset de code de la DLL C-ELP en présence de multitrajets correspondant à un signal modulé en $CosBOC(\alpha,\beta)$, pour $\frac{T_x\beta}{4\alpha} chip < \Delta\tau < \frac{T_x\beta}{2\alpha} chip$, sont donnés comme suit:

- La solution du 1er cas $\tau_m (0, I)$

$$-2m_1\tau_m + \alpha_m cos(\varphi_m) 2m_1(-\tau_m + \Delta\tau_m) = 0$$

$$\tau_m = \frac{A}{1+A}\Delta\tau_m \tag{5.123}$$

- La solution du 2ème cas $\tau_m (0, II)$

$$-2m_1\tau_m - \alpha_m cos(\varphi_m)\left[-\frac{2}{M} - (-3 + 2M)\frac{\Delta\tau}{MT_{sc}} + \frac{-4M+2}{MT_{sc}}\left(-\tau_m + \Delta\tau_m - \frac{\Delta\tau}{2}\right)\right] = 0$$

$$\tau_m = -A\frac{-2T_{sc}+\Delta\tau(3-2M)+(2-4M)(\Delta\tau_m-\Delta\tau/2)}{2+4M+A(-2+4M)} \tag{5.124}$$

- La solution du 3ème cas $\tau_m (k, I)$

$$-2m_1\tau_m - \alpha_m cos(\varphi_m)\left[D_{II}(-1)^k + D_I^{'}(-1)^{k-1}(-\tau_m + \Delta\tau_m + \frac{\Delta\tau}{2} - kT_{sc})\right] = 0$$

$$\tau_m = A(-1)^{k-1}\frac{-2T_{sc}+(3+2(M-k))\Delta\tau+4(-\Delta\tau_m-\frac{\Delta\tau}{2}+kT_{sc})}{2+4M+A4(-1)^k} \tag{5.125}$$

- La solution du 4ème cas $\tau_m (k, II)$ et $k \neq M$

$$-2m_1\tau_m - \alpha_m cos(\varphi_m)\left[D_{III}(-1)^k + D_I^{'}(-1)^{k-1}(-\tau_m + \Delta\tau_m - \frac{\Delta\tau}{2} - (2k-1)T_{sc})\right] = 0$$

$$\tau_m = A(-1)^{k-1}\frac{2(M-k)T_{sc}-(1+2(M-k))\Delta\tau+(4(M-k)+4)(-\Delta\tau_m+\frac{\Delta\tau}{2}+(2k-1)T_{sc}/2)}{2+4M+A(-1)^k(4+4(M-k))} \tag{5.126}$$

- La solution du 5ème cas $\tau_m (k, III)$ et $k \neq M$

$$-2m_1\tau_m - \alpha_m cos(\varphi_m)\left[D_{IV}(-1)^{k-1} + D_{III}^{'}(-1)^{k-1}(-\tau_m + \Delta\tau_m + \frac{\Delta\tau}{2} - (2k-1)T_{sc}/2)\right] = 0$$

$$\tau_m = A(-1)^k\frac{2(M-k)T_{sc}+(1-2(M-k))\Delta\tau+4(M-k)(\Delta\tau_m+\frac{\Delta\tau}{2}-(2k+1)T_{sc}/2)}{2+4M+A(-1)^k4(M-k)} \tag{5.127}$$

- La solution du 6ème cas $\tau_m (k, VI)$

$$-2m_1\tau_m - \alpha_m cos(\varphi_m)\left[(-1)^{k+1}D_I|_{p=k+1} + (-1)^{k-1}D_{IV}^{'}(-\tau_m + \Delta\tau_m - \frac{\Delta\tau}{2} - kT_{sc})\right] = 0$$

$$\tau_m = A(-1)^k\frac{2T_{sc}+(-3+2(M-k))\Delta\tau+(-4+4(M-k))(\Delta\tau_m-\frac{\Delta\tau}{2}-kT_{sc})}{2+4M+A(-1)^k(-4+4(M-k))} \tag{5.128}$$

- La solution du $7^{\text{ème}}$ cas $\tau_m(M, II)$

$$-2m_1\tau_m - \alpha_m \cos(\varphi_m)\left[(-1)^{M-1}s_M + (-1)^{M-1}m_M(-\tau_m + \Delta\tau_m - \frac{\Delta\tau}{2} - (2M-1)T_{sc}/2)\right] = 0$$

$$\tau_m = A(-1)^M \frac{T_{sc} + 6(\Delta\tau_m - \frac{(2M-1)T_{sc}}{2} - \frac{\Delta\tau}{2})}{4 + 8M + A(-1)^M 6} \tag{5.129}$$

- La solution du $8^{\text{ème}}$ cas $\tau_m(M, III)$

$$-2m_1\tau_m - \alpha_m \cos(\varphi_m)\left[(-1)^{M-1}n_M(-\tau_m + \Delta\tau_m - \frac{\Delta\tau}{2} - MT_{sc})\right] = 0$$

$$\tau_m = A(-1)^{M-1}\frac{\Delta\tau_m - MT_{sc} - \Delta\tau/2}{2 + 4M + A(-1)^{M+1}} \tag{5.130}$$

- La solution du $9^{\text{ème}}$ cas $\tau_m(M, IV)$

$$-2m_1\tau_m = 0$$

$$\tau_m = 0 \tag{5.131}$$

Les intervalles de validités sont déterminés par la transition entre les cas pour $\Delta\tau_m \geq 0$ comme suit:

- $\tau_m(0, I) = \tau_m(0, II)$

$$\Delta\tau_{t1,k} = (1 + A)(T_{sc} - \Delta\tau)/2 \tag{5.132}$$

- $\tau_m(0, II) = \tau_m(1, I)$

$$\Delta\tau_{t2,k} = \frac{2A\left(-(2+4M)T_{sc} + 4\Delta\tau - (2M-1)^2\Delta\tau\right) - (2+4M)(1+2M)\Delta\tau}{-(2+4M)^2} \tag{5.133}$$

- $\tau_m(k-1, VI) = \tau_m(k, I)$

$$\Delta\tau_{t3,k} = \frac{(2+4M)\left[T_{sc}(-4(M-k)(k-1) - 4k + 4) - (2+2(M-k))\Delta\tau\right]}{(8+16M)(-1-M+k)} + \frac{4A(-1)^k\left[(2(M-k)+2)T_{sc} - \Delta\tau + \Delta\tau(M-k)(1+2(M-k))\right]}{(8+16M)(-1-M+k)} \tag{5.134}$$

- $\tau_m(k, I) = \tau_m(k, II)$

$$\Delta\tau_{t4,k} = \frac{4A(-1)^k\left((3+2(M-k))\Delta\tau - 2T_{sc}\right) + (2+4M)(-4T_{sc}k + 2\Delta\tau)}{-8 - 16M} \tag{5.135}$$

- $\tau_m(k, II) = \tau_m(k, III)$

$$\Delta\tau_{t5,k} = \frac{(4A(-1)^k(M-k) + 2 + 4M)\left((4k-2)T_{sc} + 2\Delta\tau\right) - 4A(-1)^k(4(M-k)kT_{sc} - \Delta\tau)}{8 + 16M} \tag{5.136}$$

- $\tau_m(k, III) = \tau_m(k, VI)$

$$\Delta\tau_{t6,k} = \frac{\left(2+4M+4A(-1)^k(M-k)\right)(2\Delta\tau - (4k+2)T_{sc}) + 4A(-1)^k(4(M-k)kT_{sc} - \Delta\tau)}{-8 - 16M} \tag{5.137}$$

- $\tau_m(M, II) = \tau_m(M, III)$

$$\Delta\tau_{t7,M} = \frac{A(-1)^M 4T_{sc} + (2+4M)\left((8M-4)T_{sc}+4\Delta\tau\right)}{16+32M} \qquad (5.138)$$

- $\tau_m(M,III) = \tau_m(M,IV)$

$$A(-1)^{M-1}\frac{\Delta\tau_m - MT_{sc} - \Delta\tau/2}{2+4M+A(-1)^{M+1}} = 0$$

$$\tau_m = MT_{sc} + \Delta\tau/2 \qquad (5.139)$$

Pour un signal $CosBOC(\alpha,\beta)$ et un espacement de chip, $\frac{T_x\beta}{4\alpha}chip < \Delta\tau < \frac{T_x\beta}{2\alpha}chip$, les expressions des erreurs de poursuite de code en présence de multitrajets dans une réception C-ELP sont reformulés comme suit:

$$\tau_m = \begin{cases}
\frac{A}{1+A}\Delta\tau_m \ ,pour \ 0 \le \Delta\tau_m \le \frac{(1+A)(T_{sc}-\Delta\tau)}{2} \\
-A\frac{-2T_{sc}+\Delta\tau(3-2M)+(2-4M)\left(\Delta\tau_m-\frac{\Delta\tau}{2}\right)}{2+4M+A(-2+4M)}, \\
\quad pour \ \Delta\tau_{t1,k} \le \Delta\tau_m \le \Delta\tau_{t2,k} \\
A(-1)^{k-1}\frac{-2T_{sc}+(3+2(M-k))\Delta\tau+4\left(-\Delta\tau_m-\frac{\Delta\tau}{2}+kT_{sc}\right)}{2+4M+A4(-1)^k}, \\
\quad pour \ \Delta\tau_{t3,k} \le \Delta\tau_m \le \Delta\tau_{t4,k} \\
A(-1)^{k-1}\frac{2(M-k)T_{sc}-(1+2(M-k))\Delta\tau+(4(M-k)+4)(-\Delta\tau_m+\frac{\Delta\tau}{2}+(2k-1)T_{sc}/2)}{2+4M+A(-1)^k(4+4(M-k))}, \\
\quad pour \ \Delta\tau_{t4,k} \le \Delta\tau_m \le \Delta\tau_{t5,k} \ and \ k \ne M \\
A(-1)^k\frac{2(M-k)T_{sc}+(1-2(M-k))\Delta\tau+4(M-k)(\Delta\tau_m+\frac{\Delta\tau}{2}-(2k+1)T_{sc}/2)}{2+4M+A(-1)^k4(M-k)}, \\
\quad pour \ \Delta\tau_{t5,k} \le \Delta\tau_m \le \Delta\tau_{t6,k} \ et \ k \ne M \\
A(-1)^k\frac{2T_{sc}+(-3+2(M-k))\Delta\tau+(-4+4(M-k))\left(\Delta\tau_m-\frac{\Delta\tau}{2}-kT_{sc}\right)}{2+4M+A(-1)^k(-4+4(M-k))}, \\
\quad pour \ \Delta\tau_{t6,k} \le \Delta\tau_m \le \Delta\tau_{t3,k+1} \\
A(-1)^M\frac{T_{sc}+6\left(\Delta\tau_m-\frac{(2M-1)T_{sc}}{2}-\frac{\Delta\tau}{2}\right)}{4+8M+A(-1)^M6}, \\
\quad pour \ \Delta\tau_{t4,M} \le \Delta\tau_m \le \Delta\tau_{t7,k} \\
A(-1)^{M-1}\frac{\Delta\tau_m-MT_{sc}-\frac{\Delta\tau}{2}}{2+4M+A(-1)^{M+1}}, \\
\quad pour \ \Delta\tau_{t7,M} \le \Delta\tau_m \le MT_{sc}+\frac{\Delta}{2} \\
0 \ ailleurs \ \Delta\tau_m \ge MT_{sc}+\frac{\Delta}{2}
\end{cases} \qquad (5.140)$$

Où Les valeurs des paramètres $\Delta\tau_{t2,k}, \Delta\tau_{t3,k}, \Delta\tau_{t4,k}, \Delta\tau_{t5,k}, \Delta\tau_{t6,k} \ \Delta\tau_{t7,M}$ sont données respectivement par les équations (5.133), (5.134), (5.135), (5.136), (5.137) et (5.138).

5.6.3 MEE C-ELP pour un espacement de chip $\frac{T_x\beta}{2\alpha}chip < \Delta\tau < \frac{3T_x\beta}{4\alpha}$ chip

Les calculs du modèle analytique de l'offset de code de la DLL C-ELP en présence de multitrajets correspondant à un signal modulé en $CosBOC(\alpha,\beta)$, pour $\frac{T_x\beta}{2\alpha}chip < \Delta\tau < \frac{3T_x\beta}{4\alpha}$ chip, $k = 1, \ldots, M$ et $l = I, II, \ldots$, sont donnés comme suit:

- La solution du 1er cas $\tau_m(0,I)$

$$-D_{0,I}'\tau_m + \alpha_m cos(\varphi_m)D_{0,I}'(-\tau_m + \Delta\tau_m) = 0$$
$$D_{0,I}' = 2n_1$$

$$\tau_m = \frac{A}{1+A}\Delta\tau_m \tag{5.141}$$

- La solution du $2^{\text{ème}}$ cas $\tau_m(0,II)$

$$-D_{0,I}'\tau_m - \alpha_m cos(\varphi_m)\left[-4 + (1+2M)\frac{\Delta\tau}{MT_{sc}} - \frac{(6M-3)/M - (-2+4M)\Delta\tau/MT_{sc}}{-\Delta\tau + \frac{3T_{sc}}{2}}\left(-\tau_m + \Delta\tau_m + \frac{\Delta\tau}{2} - T_{sc}\right)\right]$$
$$= 0$$

$$\tau_m = -A\frac{-D_{0,II} - D_{0,II}'\left(\Delta\tau_m + \frac{\Delta\tau}{2} - T_{sc}\right)}{D_{0,I}' + AD_{0,II}'} \tag{5.142}$$

- La solution du $2^{\text{ème}}$ cas $\tau_m(0,III)$

$$-D_{0,I}'\tau_m - \alpha_m cos(\varphi_m)\left[-\frac{4M-2}{M} + \frac{(-1+2M)\Delta\tau}{MT_{sc}} - \frac{-\frac{2}{M} + 2\Delta\tau/MT_{sc}}{\Delta\tau - T_{sc}}\left(-\tau_m + \Delta\tau_m - \frac{\Delta\tau}{2}\right)\right] = 0$$

$$\tau_m = -A\frac{-D_{0,III} - D_{0,III}'\left(\Delta\tau_m - \frac{\Delta\tau}{2}\right)}{D_{0,I}' + AD_{0,III}'} \tag{5.143}$$

- La solution du $3^{\text{ème}}$ cas $\tau_m(k,I)$

$$-D_{0,I}'\tau_m - \alpha_m cos(\varphi_m)\left[D_{II}(-1)^{k-1} + (-1)^{k-1}D_I'(-\tau_m + \Delta\tau_m + \frac{\Delta\tau}{2} - (2k+1)T_{sc}/2)\right] = 0$$
$$-D_{0,I}'\tau_m - \alpha_m cos(\varphi_m)\left[(-1)^{k-1}D_{II} + (-1)^{k-1}\frac{D_{II} + D_I}{3T_{sc}/2 - \Delta\tau}(-\tau_m + \Delta\tau_m + \frac{\Delta\tau}{2} - (2k+1)\frac{T_{sc}}{2})\right] = 0$$

$$\tau_m = -A\frac{D_{II}(-1)^{k-1} + (-1)^{k-1}D_I'(\Delta\tau_m + \frac{\Delta\tau}{2} - (2k+1)T_{sc}/2)}{D_{0,I}' - AD_I'(-1)^{k-1}} \tag{5.144}$$

- La solution du $4^{\text{ème}}$ cas $\tau_m(k,II)$

$$-D_{0,I}'\tau_m - \alpha_m cos(\varphi_m)\left[D_{III}(-1)^{k-1} + D_{II}'(-1)^{k-1}(-\tau_m + \Delta\tau_m - \frac{\Delta\tau}{2} - (2k-1)T_{sc}/2)\right] = 0$$
$$-D_{0,I}'\tau_m - \alpha_m cos(\varphi_m)\left[(-1)^{k-1}D_{III} + (-1)^{k-1}\frac{-D_{III} + D_{II}}{T_{sc} - \Delta\tau}(-\tau_m + \Delta\tau_m - \frac{\Delta\tau}{2} - (2k-1)\frac{T_{sc}}{2})\right] = 0$$

$$\tau_m = -A\frac{D_{III}(-1)^{k-1} + (-1)^{k-1}D_{II}'(\Delta\tau_m - \frac{\Delta\tau}{2} - (2k-1)T_{sc}/2)}{D_{0,I}' - AD_{II}'(-1)^{k-1}} \tag{5.145}$$

- La solution du $5^{\text{ème}}$ cas $\tau_m(k,III)$

$$-D_{0,I}'\tau_m - \alpha_m cos(\varphi_m)\left[D_{IV}(-1)^{k-1} + (-1)^{k-1}D_{III}'(-\tau_m + \Delta\tau_m + \frac{\Delta\tau}{2} - (k+1)T_{sc})\right] = 0$$
$$-D_{0,I}'\tau_m - \alpha_m cos(\varphi_m)\left[(-1)^{k-1}D_{IV} + (-1)^{k-1}\frac{D_{IV} - D_{III}}{\frac{3T_{sc}}{2} - \Delta\tau}(-\tau_m + \Delta\tau_m + \frac{\Delta\tau}{2} - (k+1)T_{sc})\right] = 0$$

$$\tau_m = -A\frac{D_{IV}(-1)^{k-1} + (-1)^{k-1}D_{III}'(\Delta\tau_m + \frac{\Delta\tau}{2} - (k+1)T_{sc})}{D_{0,I}' - AD_{III}'(-1)^{k-1}} \tag{5.146}$$

- La solution du $6^{\text{ème}}$ cas $\tau_m(k,IV)$, $k \neq M-1$

$$-D_{0,I}^{'}\tau_m - \alpha_m cos(\varphi_m)\left[(-1)^{k+1}D_I|_{p=k+1} + (-1)^{k+1}D_{IV}^{'}(-\tau_m + \Delta\tau_m - \frac{\Delta\tau}{2} - kT_{sc})\right] = 0$$

$$-D_{0,I}^{'}\tau_m - \alpha_m cos(\varphi_m)\left[(-1)^{k+1}D_I|_{p=k+1} + (-1)^{k+1}\frac{D_I|_{p=k+1} - D_{IV}}{-T_{sc} + \Delta\tau}(-\tau_m + \Delta\tau_m - \frac{\Delta\tau}{2} - kT_{sc})\right] = 0$$

$$\tau_m = -A\frac{D_I|_{p=k+1}(-1)^{k-1}+(-1)^{k-1}D_{IV}^{'}(\Delta\tau_m-\frac{\Delta\tau}{2}-kT_{sc})}{D_{0,I}^{'}-AD_{IV}^{'}(-1)^{k-1}} \qquad (5.147)$$

- La solution du 7ème cas $\tau_m (M,II)$

$$-D_{0,I}^{'}\tau_m - \alpha_m cos(\varphi_m)\left[(-1)^{M}r_M + (-1)^{M}n_{M-1}(-\tau_m + \Delta\tau_m - \frac{\Delta\tau}{2} - (M-1)T_{sc})\right] = 0$$

$$-D_{0,I}^{'}\tau_m - \alpha_m cos(\varphi_m)\left[(-1)^{M}\frac{1}{M} + (-1)^{M}\frac{1}{MT_{sc}}(-\tau_m + \Delta\tau_m - \frac{\Delta\tau}{2} - (M-1)T_{sc})\right] = 0$$

$$\tau_m = A(-1)^{M+1}\frac{T_{sc}+\left(\Delta\tau_m-\frac{\Delta\tau}{2}-(M-1)T_{sc}\right)}{(-6+4M)-A(-1)^{M}} \qquad (5.148)$$

- La solution du 8ème cas $\tau_m (M,III)$

$$-D_{0,I}^{'}\tau_m - \alpha_m cos(\varphi_m)\left[(-1)^{M-1}s_M + (-1)^{M-1}m_M(-\tau_m + \Delta\tau_m - \frac{\Delta\tau}{2} - (2M-1)T_{sc}/2)\right] = 0$$

$$-D_{0,I}^{'}\tau_m - \alpha_m cos(\varphi_m)\left[(-1)^{M-1}\frac{1}{2M} + (-1)^{M-1}\frac{3}{MT_{sc}}(-\tau_m + \Delta\tau_m - \frac{\Delta\tau}{2} - (2M-1)T_{sc}/2)\right] = 0$$

$$\tau_m = A(-1)^{M}\frac{T_{sc}/2+3\left(\Delta\tau_m-\frac{\Delta\tau}{2}-(2M-1)T_{sc}/2\right)}{(-6+4M)-A3(-1)^{M-1}} \qquad (5.149)$$

- La solution du 9ème cas $\tau_m (M,IV)$

$$-D_{0,I}^{'}\tau_m - \alpha_m cos(\varphi_m)\left[(-1)^{M-1}n_M(-\tau_m + \Delta\tau_m - \frac{\Delta\tau}{2} - MT_{sc})\right] = 0$$

$$-D_{0,I}^{'}\tau_m - \alpha_m cos(\varphi_m)\left[(-1)^{M}\frac{1}{MT_{sc}}(-\tau_m + \Delta\tau_m - \frac{\Delta\tau}{2} - MT_{sc})\right] = 0$$

$$\tau_m = A(-1)^{M+1}\frac{\left(\Delta\tau_m-\frac{\Delta\tau}{2}-MT_{sc}\right)}{(-6+4M)-A(-1)^{M-1}} \qquad (5.150)$$

Les intervalles de validités sont calculés par la transition entre les cas de chaque équation pour $\Delta\tau_m \geq 0$ comme suit:

- $\tau_m (0,I) = \tau_m (0,II)$

$$\frac{A}{1+A}\Delta\tau_m = -A\frac{-D_{0,II} - D_{0,II}^{'}\left(\Delta\tau_m + \frac{\Delta\tau}{2} - T_{sc}\right)}{D_{0,I}^{'} + AD_{0,II}^{'}}$$

$$\Delta\tau_{t0,k} = (1+A)\frac{D_{0,II}-D_{0,II}^{'}\left(T_{sc}-\frac{\Delta\tau}{2}\right)}{D_{0,I}^{'}+AD_{0,II}^{'}} \qquad (5.151)$$

- $\tau_m (0,II) = \tau_m (0,III)$

$$-A\frac{-D_{0,II} - D_{0,II}^{'}\left(\Delta\tau_m + \frac{\Delta\tau}{2} - T_{sc}\right)}{D_{0,I}^{'} + AD_{0,II}^{'}} = -A\frac{-D_{0,III} - D_{0,III}^{'}\left(\Delta\tau_m - \frac{\Delta\tau}{2}\right)}{D_{0,I}^{'} + AD_{0,III}^{'}}$$

$$\Delta\tau_{t1,k} = \frac{\left(-D_{0,II}+D_{0,II}^{'}\left(T_{sc}-\frac{\Delta\tau}{2}\right)\right)(D_{0,I}^{'}+AD_{0,III}^{'})-\left(-D_{0,III}+D_{0,III}^{'}\frac{\Delta\tau}{2}\right)(D_{0,I}^{'}+AD_{0,II}^{'})}{D_{0,II}^{'}(D_{0,I}^{'}+AD_{0,III}^{'})-D_{0,III}^{'}(D_{0,I}^{'}+AD_{0,II}^{'})} \qquad (5.152)$$

- $\tau_m(0, III) = \tau_m(1, I)$

$$-A\frac{-D_{0,III} - D_{0,III}'\left(\Delta\tau_m - \frac{\Delta\tau}{2}\right)}{D_{0,I}' + AD_{0,III}'} = -A\frac{D_{II}(-1)^{k-1} + (-1)^{k-1}D_I'(\Delta\tau_m + \frac{\Delta\tau}{2} - (2k+1)T_{sc}/2)}{D_{0,I}' - AD_I'(-1)^{k-1}}\Bigg|_{k=1}$$

$$-A\frac{-D_{0,III} - D_{0,III}'\left(\Delta\tau_m - \frac{\Delta\tau}{2}\right)}{D_{0,I}' + AD_{0,III}'} = -A\frac{D_{II}|_{k=1} + D_I'|_{k=1}(\Delta\tau_m + \frac{\Delta\tau}{2} - 3T_{sc}/2)}{D_{0,I}' - AD_I'|_{k=1}}$$

$$\Delta\tau_{t2,k} = \frac{\left(-D_{0,III} + D_{0,III}'\frac{\Delta\tau}{2}\right)\left(D_{0,I}' - AD_I'|_{k=1}\right) - \left(D_{II}|_{k=1} + D_I'|_{k=1}\left(\frac{\Delta\tau}{2} - 3T_{sc}/2\right)\right)\left(D_{0,I}' + AD_{0,III}'\right)}{D_{0,III}'\left(D_{0,I}' - AD_I'|_{k=1}\right) + D_I'|_{k=1}\left(D_{0,I}' + AD_{0,III}'\right)} \qquad (5.153)$$

- $\tau_m(k, I) = \tau_m(k, II)$

$$-A\frac{D_{II}(-1)^{k-1} + (-1)^{k-1}D_I'(\Delta\tau_m + \frac{\Delta\tau}{2} - (2k+1)T_{sc}/2)}{D_{0,I}' - AD_I'(-1)^{k-1}}$$

$$= -A\frac{D_{III}(-1)^{k-1} + (-1)^{k-1}D_{II}'(\Delta\tau_m - \frac{\Delta\tau}{2} - (2k-1)T_{sc}/2)}{D_{0,I}' - AD_{II}'(-1)^{k-1}}$$

$$\Delta\tau_{t3,k} = \frac{\left(D_{II}(-1)^{(k-1)} + (-1)^{k-1}D_I'\left(\frac{\Delta\tau}{2} - (2k+1)T_{sc}/2\right)\right)\left(D_{0,I}' - AD_{II}'(-1)^{k-1}\right)}{-(-1)^{k-1}D_I'\left(D_{0,I}' - AD_{II}'(-1)^{k-1}\right) + (-1)^{k-1}D_{II}'\left(D_{0,I}' - AD_I'(-1)^{k-1}\right)}$$

$$- \frac{\left(D_{III}(-1)^{(k-1)} + (-1)^{k-1}D_{II}'\left(-\frac{\Delta\tau}{2} - \frac{(2k-1)T_{sc}}{2}\right)\right)\left(D_{0,I}' - AD_I'(-1)^{k-1}\right)}{-(-1)^{k-1}D_I'\left(D_{0,I}' - AD_{II}'(-1)^{k-1}\right) + (-1)^{k-1}D_{II}'\left(D_{0,I}' - AD_I'(-1)^{k-1}\right)} \qquad (5.154)$$

- $\tau_m(k, II) = \tau_m(k, III)$

$$-A\frac{D_{III}(-1)^{k-1} + (-1)^{k-1}D_{II}'(\Delta\tau_m - \frac{\Delta\tau}{2} - (2k-1)T_{sc}/2)}{D_{0,I}' - AD_{II}'(-1)^{k-1}}$$

$$= -A\frac{D_{IV}(-1)^{k-1} + (-1)^{k-1}D_{III}'(\Delta\tau_m + \frac{\Delta\tau}{2} - (k+1)T_{sc})}{D_{0,I}' - AD_{III}'(-1)^{k-1}}$$

$$\Delta\tau_{t4,k} = \frac{\left(D_{III}(-1)^{k-1} + (-1)^{k-1}D_{II}'\left(-\frac{\Delta\tau}{2} - (2k-1)T_{sc}/2\right)\right)\left(D_{0,I}' - AD_{III}'(-1)^{k-1}\right)}{-D_{II}'(-1)^{k-1}\left(D_{0,I}' - AD_{III}'(-1)^{k-1}\right) + D_{III}'(-1)^{k-1}\left(D_{0,I}' - AD_{II}'(-1)^{k-1}\right)} -$$

$$\frac{\left(D_{IV}(-1)^{k-1} + (-1)^{k-1}D_{III}'\left(\Delta\tau_m + \frac{\Delta\tau}{2} - (k+1)T_{sc}\right)\right)\left(D_{0,I}' - AD_{III}'(-1)^{k-1}\right)}{-D_{II}'(-1)^{k-1}\left(D_{0,I}' - AD_{III}'(-1)^{k-1}\right) + D_{III}'(-1)^{k-1}\left(D_{0,I}' - AD_{II}'(-1)^{k-1}\right)} \qquad (5.155)$$

- $\tau_m(k, III) = \tau_m(k, IV)$

$$-A\frac{D_{IV}(-1)^{k-1} + (-1)^{k-1}D_{III}'(\Delta\tau_m + \frac{\Delta\tau}{2} - (k+1)T_{sc})}{D_{0,I}' - AD_{III}'(-1)^{k-1}}$$

$$= -A\frac{D_I|_{p=k+1}(-1)^{k-1} + (-1)^{k-1}D_{IV}'(\Delta\tau_m - \frac{\Delta\tau}{2} - kT_{sc})}{D_{0,I}' - AD_{IV}'(-1)^{k-1}}$$

$$\Delta\tau_{t5,k} = \frac{\left(D_{IV}(-1)^{(k-1)} + D_{III}'(-1)^{k-1}\left(\frac{\Delta\tau}{2} - (k+1)T_{sc}\right)\right)\left(D_{0,I}' - AD_{IV}'(-1)^{k-1}\right) -}{-D_{III}'(-1)^{k-1}\left(D_{0,I}' - AD_{IV}'(-1)^{k-1}\right) + D_{IV}'(-1)^{k-1}\left(D_{0,I}' - AD_{III}'(-1)^{k-1}\right)}$$

$$\frac{\left(D_I|_{p=k+1}(-1)^{(k-1)}+(-1)^{k-1}D_{IV}'\left(-\frac{\Delta\tau}{2}-kT_{sc}\right)\right)\left(D_{0,I}'-AD_{III}'(-1)^{k-1}\right)}{-D_{III}'(-1)^{k-1}\left(D_{0,I}'-AD_{IV}'(-1)^{k-1}\right)+D_{IV}'(-1)^{k-1}\left(D_{0,I}'-AD_{III}'(-1)^{k-1}\right)} \tag{5.156}$$

- $\tau_m(k-1,IV)=\tau_m(k,I)$

$$-A\frac{D_I|_{p=k+1}(-1)^{k-1}+(-1)^{k-1}D_{IV}'(\Delta\tau_m-\frac{\Delta\tau}{2}-kT_{sc})}{D_{0,I}'-AD_{IV}'(-1)^{k-1}}\Bigg|_{p=k-1}$$

$$=-A\frac{D_{II}(-1)^{k-1}+(-1)^{k-1}D_I'(\Delta\tau_m+\frac{\Delta\tau}{2}-(2k+1)T_{sc}/2)}{D_{0,I}'-AD_I'(-1)^{k-1}}$$

$$-A\frac{D_I(-1)^{k-2}+(-1)^{k-2}D_{IV}'|_{p=k-1}(\Delta\tau_m-\frac{\Delta\tau}{2}-(k-1)T_{sc})}{D_{0,I}'-(-1)^{k-2}AD_{IV}'|_{p=k-1}}$$

$$=-A\frac{D_{II}(-1)^{k-1}+(-1)^{k-1}D_I'(\Delta\tau_m+\frac{\Delta\tau}{2}-(2k+1)T_{sc}/2)}{D_{0,I}'-AD_I'(-1)^{k-1}}$$

$$\Delta\tau_{t6,k}=\frac{\left(D_{II}(-1)^{k-1}+(-1)^{k-1}D_I'(+\frac{\Delta\tau}{2}-(2k+1)T_{sc}/2)\right)\left(D_{0,I}'-A(-1)^{k-2}D_{IV}'|_{p=k-1}\right)-}{-D_I'(-1)^{k-1}\left(D_{0,I}'-A(-1)^{k-2}D_{IV}'|_{p=k-1}\right)+(-1)^{k-2}D_{IV}'|_{p=k-1}\left(D_{0,I}'-AD_I'(-1)^{k-1}\right)}$$
$$\frac{\left(D_I(-1)^{k-2}+(-1)^{k-2}D_{IV}'|_{p=k-1}(-\frac{\Delta\tau}{2}-(k-1)T_{sc})\right)\left(D_{0,I}'-AD_I'(-1)^{k-1}\right)}{-D_I'(-1)^{k-1}\left(D_{0,I}'-A(-1)^{k-2}D_{IV}'|_{p=k-1}\right)+(-1)^{k-2}D_{IV}'|_{p=k-1}\left(D_{0,I}'-AD_I'(-1)^{k-1}\right)}$$

$$\Delta\tau_{t6,k}=\frac{\left(D_{II}(-1)^{k-1}+(-1)^{k-1}D_I'(+\frac{\Delta\tau}{2}-(2k+1)T_{sc}/2)\right)\left(D_{0,I}'\right)-D_I(-1)^{k-2}\left(D_{0,I}'-AD_I'(-1)^{k-1}\right)}{-D_I'D_{0,I}'(-1)^{k-1}} \tag{5.157}$$

- $\tau_m(M-1,IV)=\tau_m(M,II)$

$$-A\frac{D_I|_{p=k+1}(-1)^{k-1}+(-1)^{k-1}D_{IV}'(\Delta\tau_m-\frac{\Delta\tau}{2}-kT_{sc})}{D_{0,I}'-AD_{IV}'(-1)^{k-1}}\Bigg|_{k=M-1}$$

$$=-A(-1)^M\frac{T_{sc}+\left(\Delta\tau_m-\frac{\Delta\tau}{2}-(M-1)T_{sc}\right)}{(-6+4M)-A(-1)^M}$$

$$-A\frac{D_I|_{k=M}(-1)^M+(-1)^MD_{IV}'|_{k=M-1}(\Delta\tau_m-\frac{\Delta\tau}{2}-(M-1)T_{sc})}{D_{0,I}'-A(-1)^MD_{IV}'|_{k=M-1}}$$

$$=-A\frac{\frac{(-1)^{(M)}}{M}+\frac{(-1)^{(M)}}{MT_{sc}}\left(\Delta\tau_m-\frac{\Delta\tau}{2}-(M-1)T_{sc}\right)}{D_{0,I}'-\frac{A}{MT_{sc}}(-1)^{(M)}}$$

$$\Delta\tau_{t,M}=\frac{\left(\frac{(-1)^M}{M}+\frac{(-1)^M}{MT_{sc}}\left(-\frac{\Delta\tau}{2}-(M-1)T_{sc}\right)\right)\left(D_{0,I}'-A(-1)^MD_{IV}'|_{k=M-1}\right)}{-\frac{(-1)^M}{MT_{sc}}\left(D_{0,I}'-(-1)^MD_{IV}'|_{k=M-1}\right)+(-1)^MD_{IV}'|_{k=M-1}\left(D_{0,I}'-\frac{A}{MT_{sc}}(-1)^M\right)}$$

$$-\frac{\left(D_I|_{p=M}(-1)^M+(-1)^MD_{IV}'|_{k=M-1}\left(-\frac{\Delta\tau}{2}-(M-1)T_{sc}\right)\right)\left(D_{0,I}'-\frac{A}{MT_{sc}}(-1)^M\right)}{-\frac{(-1)^{(M)}}{MT_{sc}}\left(D_{0,I}'-(-1)^MD_{IV}'|_{k=M-1}\right)+(-1)^MD_{IV}'|_{k=M-1}\left(D_{0,I}'-\frac{A}{MT_{sc}}(-1)^M\right)} \tag{5.158}$$

- $\tau_m(M,II)=\tau_m(M,III)$

$$A(-1)^{M+1}\frac{T_{sc}+\left(\Delta\tau_m-\frac{\Delta\tau}{2}-(M-1)T_{sc}\right)}{(-6+4M)-A(-1)^M}=A(-1)^M\frac{T_{sc}/2+3\left(\Delta\tau_m-\frac{\Delta\tau}{2}-(2M-1)T_{sc}/2\right)}{(-6+4M)-A3(-1)^{M-1}}$$

$$\Delta\tau_{t,M1}=\frac{\left(T_{sc}+\left(-(M-1)T_{sc}-\frac{\Delta\tau}{2}\right)\right)(-6+4M-A3(-1)^{M-1})+\left(\frac{T_{sc}}{2}+3\left(-\frac{\Delta\tau}{2}-(2M-1)\frac{T_{sc}}{2}\right)\right)(-6+4M-A(-1)^M)}{-(-6+4M-A3(-1)^{M-1})-3(-6+4M-A(-1)^M)} \tag{5.159}$$

- $\tau_m(M,III)=\tau_m(M,IV)$

$$A(-1)^M\frac{T_{sc}/2+3\left(\Delta\tau_m-\frac{\Delta\tau}{2}-(2M-1)T_{sc}/2\right)}{(-6+4M)-A3(-1)^{M-1}}=A(-1)^{M+1}\frac{\left(\Delta\tau_m-\frac{\Delta\tau}{2}-MT_{sc}\right)}{(-6+4M)-A(-1)^{M-1}}$$

$$\Delta\tau_{t,M2}=\frac{\left(\frac{T_{sc}}{2}+3\left(-(2M-1)\frac{T_{sc}}{2}-\frac{\Delta\tau}{2}\right)\right)(-6+4M+A(-1)^{M-1})+\left(-\frac{\Delta\tau}{2}-MT_{sc}\right)(-6+4M-A3(-1)^{M-1})}{-3(-6+4M-A(-1)^M)-(-6+4M-A3(-1)^{M-1})} \tag{5.160}$$

- $\tau_m(M,IV)=0$

$$A(-1)^{M+1}\frac{\left(\Delta\tau_m-\frac{\Delta\tau}{2}-MT_{sc}\right)}{(-6+4M)-A(-1)^{M-1}}=0$$

$$\Delta\tau_m=MT_{sc}+\Delta\tau/2 \tag{5.161}$$

Les expressions analytiques de la MEE C-ELP correspondantes à un signal modulé en $CosBOC(\alpha,\beta)$, quand l'espacement de chip $\frac{T_x\beta}{2\alpha}\,chip<\Delta\tau<\frac{3T_x\beta}{4\alpha}\,chip$, peuvent être reformulées comme suit:

$$\tau_m=$$
$$\begin{cases}\frac{A}{1+A}\Delta\tau_m\ ,\ pour\ \ 0\ \leq\Delta\tau_m\leq(1+A)\left(D_{0,II}-D_{0,II}'\left(T_{sc}-\frac{\Delta\tau}{2}\right)\right)/(D_{0,I}'+AD_{0,II}')\\[2mm]-A\frac{-D_{0,II}-D_{0,II}'\left(\Delta\tau_m+\frac{\Delta\tau}{2}-T_{sc}\right)}{D_{0,I}'+AD_{0,II}'},pour\ (1+A)\left(D_{0,II}-D_{0,II}'\left(T_{sc}-\frac{\Delta\tau}{2}\right)\right)/(D_{0,I}'+AD_{0,II}')\leq\Delta\tau_m\leq\Delta\tau_{t1,k}\\[2mm]-A\frac{-D_{0,III}-D_{0,III}'\left(\Delta\tau_m-\frac{\Delta\tau}{2}\right)}{D_{0,I}'+AD_{0,III}'},pour\ \Delta\tau_{t1,k}\leq\Delta\tau_m\leq\Delta\tau_{t6,k}|_{k=1}\\[2mm]-A\frac{D_{II}\,(-1)^{k-1}+(-1)^{k-1}D_I'\left(\Delta\tau_m+\frac{\Delta\tau}{2}-(2k+1)T_{sc}/2\right)}{D_{0,I}'-A(-1)^{k-1}D_I'},\ pour\ \Delta\tau_{t6,k}\ \leq\Delta\tau_m\leq\Delta\tau_{t3,k}\\[2mm]-A\frac{D_{III}\,(-1)^{k-1}+(-1)^{k-1}D_{II}'\left(\Delta\tau_m-\frac{\Delta\tau}{2}-(2k-1)T_{sc}/2\right)}{D_{0,I}'-A(-1)^{k-1}D_{II}'},pour\ \ \Delta\tau_{t3,k}\ \leq\Delta\tau_m\leq\Delta\tau_{t4,k}\\[2mm]-A\frac{D_{IV}\,(-1)^{k-1}+(-1)^{k-1}D_{III}'\left(\Delta\tau_m+\frac{\Delta\tau}{2}-(k+1)T_{sc}\right)}{D_{0,I}'-A(-1)^{k-1}D_{III}'},pour\ \Delta\tau_{t4,k}\ \leq\Delta\tau_m\leq\Delta\tau_{t5,k}\\[2mm]-A\frac{D_I|_{p1=k+1}(-1)^{k-1}+(-1)^{k-1}D_{VI}'\left(\Delta\tau_m-\frac{\Delta\tau}{2}-kT_{sc}\right)}{D_{0,I}'-A(-1)^{k-1}D_{IV}'},pour\ \ \Delta\tau_{t5,k}\ \leq\Delta\tau_m\leq\Delta\tau_{t6,p1}|_{p1=k+1}\\[2mm]-A\frac{D_I|_{p1=M}(-1)^{M-2}+(-1)^{M-2}D_{VI}'|_{k=M-1}\left(\Delta\tau_m-\frac{\Delta\tau}{2}-(M-1)T_{sc}\right)}{D_{0,I}'-A(-1)^{M-2}D_{VI}'|_{k=M-1}},\ pour\ \Delta\tau_{t4,k}|_{k=M-1}\ \leq\Delta\tau_m\leq\Delta\tau_{t,M}\\[2mm]A(-1)^{M+1}\frac{T_{sc}+\left(\Delta\tau_m-\frac{\Delta\tau}{2}-(M-1)T_{sc}\right)}{(-6+4M)-A(-1)^M},pour\ \Delta\tau_{t,M}\ \leq\Delta\tau_m\leq\Delta\tau_{t,M1}\\[2mm]A(-1)^M\frac{T_{sc}/2+3\left(\Delta\tau_m-\frac{\Delta\tau}{2}-(2M-1)T_{sc}/2\right)}{(-6+4M)-A3(-1)^{M-1}},\ pour\ \Delta\tau_{t,M1}\ \leq\Delta\tau_m\leq\Delta\tau_{t,M2}\\[2mm]A(-1)^{M+1}\frac{\left(\Delta\tau_m-\frac{\Delta\tau}{2}-MT_{sc}\right)}{(-6+4M)-A(-1)^{M-1}},pour\ \Delta\tau_{t,M2}\ \leq\Delta\tau_m\leq MT_{sc}+\frac{\Delta}{2}\\[2mm]0,\ pour\ \Delta\tau_m\geq MT_{sc}+\frac{\Delta}{2}\end{cases}$$

$$\tag{5.162}$$

Où

$k = 1, \ldots, M\text{-}1$

$$D_{0,II} = 4 - \frac{1 + 2M}{MT_{sc}} \Delta$$

$$D_{0,III} = \frac{-2 + 4M}{M} - \frac{-1 + 2M}{MT_{sc}} \Delta$$

$$D_I = \frac{2 + 4(M - k)}{M} - \frac{1 + 2(M - k)}{MT_{sc}} \Delta$$

$$D_{II} = \frac{4 - 2(M - k)}{M} + \frac{-3 + 2(M - k)}{MT_{sc}} \Delta$$

$$D_{III} = \frac{-2 + 4(M - k)}{M} - \frac{-1 + 2(M - k)}{MT_{sc}} \Delta$$

$$D_{IV} = \frac{28(M - k) + 8(M - k)^2 + 24}{2M(3 + 2(M - k))} - \frac{3 + 2(M - k)}{MT_{sc}} \Delta$$

$$D_I|_{p=k+1} = \frac{4(M - j) - 2}{M} - \frac{-1 + 2(M - j)}{MT_{sc}} \Delta\tau$$

$$D_{0,I}' = \frac{-6 + 4M}{MT_{sc}}$$

$$D_{0,II}' = \frac{\frac{-3 + 6M}{M} - \frac{-2 + 4M}{MT_{sc}} \Delta}{-\Delta + 3\frac{T_{sc}}{2}}$$

$$D_{0,III}' = \frac{\frac{-2}{M} + \frac{2}{MT_{sc}} \Delta}{\Delta - T_{sc}}$$

$$D_I' = \frac{D_{II} + D_I}{3T_{sc}/2 - \Delta\tau}$$

$$D_{II}' = \frac{-D_{III} + D_{II}}{T_{sc} - \Delta\tau}$$

$$D_{III}' = \frac{D_{VI} - D_{III}}{3T_{sc}/2 - \Delta\tau}$$

$$D_{IV}' = \frac{D_I|_{p=j+1} - D_{IV}}{-T_{sc} + \Delta\tau} = 0$$

5.6.4 MEE C-ELP pour un espacement de chip $\frac{3T_x\beta}{4\alpha} chip < \Delta\tau < \frac{T_x\beta}{\alpha} chip$

Les calculs du modèle analytique de l'offset de code de la DLL C-ELP en présence de multitrajets correspondant à un signal modulé en $CosBOC(\alpha, \beta)$, pour $\frac{3T_x\beta}{4\alpha} chip < \Delta\tau < \frac{T_x\beta}{\alpha} chip$, sont donnés comme suit:

- La solution du 1er cas $\tau_m (0, I)$

$$-D_{0,I}'\tau_m + \alpha_m cos(\varphi_m) D_{0,I}'(-\tau_m + \Delta\tau_m) = 0$$
$$D_{0,I}' = 2n_1$$

$$\tau_m = \frac{A}{1 + A} \Delta\tau_m \qquad (5.163)$$

- La solution du 2ème cas $\tau_m (0, II)$

$$-D_{0,I}'\tau_m - \alpha_m cos(\varphi_m) \left[-D_{0,II} + D_{0,II}'\left(-\tau_m + \Delta\tau_m - \frac{\Delta\tau}{2} + \frac{T_{sc}}{2}\right)\right] = 0$$

149

$$-D_{0,I}^{'}\tau_m - \alpha_m cos(\varphi_m)\left[-\left(\frac{4M-3}{M} - \frac{-1+2M}{MT_{sc}}\Delta\tau\right) + \frac{\frac{-3}{M}+\frac{2}{MT_{sc}}\Delta\tau}{\Delta\tau - \frac{3T_{sc}}{2}}\left(-\tau_m + \Delta\tau_m - \frac{\Delta\tau}{2} + \frac{T_{sc}}{2}\right)\right] = 0$$

$$\tau_m = -A\frac{-D_{0,II}+D_{0,II}^{'}\left(\Delta\tau_m - \frac{\Delta\tau}{2} + \frac{T_{sc}}{2}\right)}{D_{0,I}^{'}-AD_{0,II}} \qquad (5.164)$$

- La solution du 3ème cas $\tau_m\,(0,III)$

$$-D_{0,I}^{'}\tau_m - \alpha_m cos(\varphi_m)\left[-D_{0,III} - D_{0,III}^{'}\left(-\tau_m + \Delta\tau_m + \frac{\Delta\tau}{2} - \frac{3T_{sc}}{2}\right)\right] = 0$$

$$-D_{0,I}^{'}\tau_m - \alpha_m cos(\varphi_m)\left[-\left(\frac{4M+1}{M} - \frac{1+2M}{MT_{sc}}\Delta\tau\right) - \frac{\frac{4}{M}-\frac{2}{MT_{sc}}\Delta\tau}{-\Delta\tau + 2T_{sc}}\left(-\tau_m + \Delta\tau_m + \frac{\Delta\tau}{2} - \frac{3T_{sc}}{2}\right)\right] = 0$$

$$\tau_m = -A\frac{D_{0,III}+D_{0,III}^{'}\left(\Delta\tau_m + \frac{\Delta\tau}{2} - \frac{3T_{sc}}{2}\right)}{D_{0,I}^{'}+AD_{0,III}^{'}} \qquad (5.165)$$

- La solution du 4ème cas $\tau_m\,(0,IV)$

$$-D_{0,I}^{'}\tau_m - \alpha_m cos(\varphi_m)\left[-D_{0,IV} - D_{0,IV}^{'}\left(-\tau_m + \Delta\tau_m - \frac{\Delta\tau}{2}\right)\right] = 0$$

$$-D_{0,I}^{'}\tau_m - \alpha_m cos(\varphi_m)\left[-\left(\frac{4M-8}{M} - \frac{-5+2M}{MT_{sc}}\Delta\tau\right) - \frac{\frac{-9}{M}+\frac{6}{MT_{sc}}\Delta\tau}{\Delta\tau - \frac{3T_{sc}}{2}}\left(-\tau_m + \Delta\tau_m - \frac{\Delta\tau}{2}\right)\right] = 0$$

$$\tau_m = -A\frac{D_{0,IV}+D_{0,IV}^{'}\left(\Delta\tau_m - \frac{\Delta\tau}{2}\right)}{D_{0,I}^{'}+AD_{0,IV}^{'}} \qquad (5.166)$$

- La solution du 5ème cas $\tau_m\,(k,I)$

$$-D_{0,I}^{'}\tau_m - \alpha_m cos(\varphi_m)\left[D_{II}(-1)^{k-1} + (-1)^{k-1}D_I^{'}\left(-\tau_m + \Delta\tau_m + \frac{\Delta\tau}{2} - (k+1)T_{sc}\right)\right] = 0$$

$$-D_{0,I}^{'}\tau_m - \alpha_m cos(\varphi_m)\left[(-1)^{k-1}D_{II} + (-1)^{k-1}\frac{D_{II}+D_I}{2T_{sc}-\Delta\tau}\left(-\tau_m + \Delta\tau_m + \frac{\Delta\tau}{2} - (k+1)T_{sc}\right)\right] = 0$$

$$-D_{0,I}^{'}\tau_m$$

$$- \alpha_m cos(\varphi_m)\left[(-1)^{k-1}\left(\frac{4+4(M-k)}{M} - \frac{3+2(M-k)}{MT_{sc}}\Delta\tau\right)\right.$$

$$\left. + (-1)^{k-1}\frac{\frac{8(M-j)}{M}-\frac{4(M-j)}{MT_{sc}}\Delta\tau}{2T_{sc}-\Delta\tau}\left(-\tau_m + \Delta\tau_m + \frac{\Delta\tau}{2} - (k+1)T_{sc}\right)\right] = 0$$

$$\tau_m = -A\frac{D_{II}(-1)^{k-1}+(-1)^{k-1}D_I^{'}\left(\Delta\tau_m + \frac{\Delta\tau}{2} - (k+1)T_{sc}\right)}{D_{0,I}^{'}-(-1)^{k-1}AD_I^{'}} \qquad (5.167)$$

- La solution du 6ème cas $\tau_m\,(k,II),\ k\neq M-1$

$$-D_{0,I}^{'}\tau_m - \alpha_m cos(\varphi_m)\left[D_{III}(-1)^{k-1} + D_{II}^{'}(-1)^{k-1}(-\tau_m + \Delta\tau_m - \frac{\Delta\tau}{2} - (2k-1)T_{sc}/2\right] = 0$$

$$-D_{0,I}^{'}\tau_m - \alpha_m cos(\varphi_m)\left[(-1)^{k-1}D_{III} + (-1)^{k-1}\frac{-D_{III}+D_{II}}{-\Delta\tau+3T_{sc}/2}(-\tau_m + \Delta\tau_m - \frac{\Delta\tau}{2} - (2k-1)\frac{T_{sc}}{2})\right]$$

$$= 0$$

$$-D'_{0,l}\tau_m$$

$$- \alpha_m cos(\varphi_m)\left[(-1)^{k-1}\left(\frac{-2+4(M-k)}{M} - \frac{-1+2(M-k)}{MT_{sc}}\Delta\tau\right) + (-1)^{k-1}\frac{\frac{6}{M}-\frac{4}{MT_{sc}}\Delta\tau}{\frac{3T_{sc}}{2}-\Delta\tau}(-\tau_m + \Delta\tau_m\right.$$

$$\left.- \frac{\Delta\tau}{2} - (2k-1)\frac{T_{sc}}{2})\right] = 0$$

$$\tau_m = -A\frac{D_{III}(-1)^{k-1}+(-1)^{k-1}D'_{II}\left(\Delta\tau_m-\frac{\Delta\tau}{2}-(2k-1)T_{sc}/2\right)}{D'_{0,l}-(-1)^{k-1}AD'_{II}} \tag{5.168}$$

- La solution du $7^{\text{ème}}$ cas $\tau_m(k, III)$, $k \neq M-1$

$$-D'_{0,l}\tau_m - \alpha_m cos(\varphi_m)\left[D_{IV}(-1)^{k-1} + (-1)^{k-1}D'_{III}(-\tau_m + \Delta\tau_m + \frac{\Delta\tau}{2} - (2k+3)T_{sc}/2)\right] = 0$$

$$-D'_{0,l}\tau_m - \alpha_m cos(\varphi_m)\left[(-1)^{k-1}D_{IV} + (-1)^{k-1}\frac{D_{IV}-D_{III}}{-\Delta\tau+2T_{sc}}(-\tau_m + \Delta\tau_m + \frac{\Delta\tau}{2} - (2k+3)T_{sc}/2)\right] = 0$$

$$\tau_m = -A\frac{D_{IV}(-1)^{k-1}+(-1)^{k-1}D'_{III}\left(\Delta\tau_m+\frac{\Delta\tau}{2}-\frac{(2k+3)T_{sc}}{2}\right)}{D'_{0,l}-(-1)^{k-1}AD'_{III}} \tag{5.169}$$

- La solution du $8^{\text{ème}}$ cas $\tau_m(k, IV)$, $k \neq M-1$

$$-D'_{0,l}\tau_m - \alpha_m cos(\varphi_m)\left[(-1)^{k+1}D_I|_{p=k+1} + (-1)^{k+1}D'_{IV}(-\tau_m + \Delta\tau_m - \frac{\Delta\tau}{2} - kT_{sc})\right] = 0$$

$$-D'_{0,l}\tau_m - \alpha_m cos(\varphi_m)\left[(-1)^{k+1}D_I|_{p=k+1} + (-1)^{k+1}\frac{D_I|_{p=k+1}-D_{IV}}{-3T_{sc}/2+\Delta\tau}(-\tau_m + \Delta\tau_m - \frac{\Delta\tau}{2} - kT_{sc})\right] = 0$$

$$-D'_{0,l}\tau_m - \alpha_m cos(\varphi_m)\left[(-1)^{k+1}\left(\frac{4(M-k)-8}{M} - \frac{-5+2(M-k)}{MT_{sc}}\Delta\tau\right) + (-1)^{k-1}\frac{-\frac{6}{M}+\frac{4}{MT_{sc}}\Delta\tau}{-\frac{3T_{sc}}{2}+\Delta\tau}(-\tau_m + \Delta\tau_m - \frac{\Delta\tau}{2} - kT_{sc})\right]$$
$$= 0$$

$$\tau_m = -A\frac{D_I|_{p=k+1}(-1)^{k-1}+(-1)^{k-1}D'_{IV}\left(\Delta\tau_m-\frac{\Delta\tau}{2}-kT_{sc}\right)}{D'_{0,l}-(-1)^{k-1}AD'_{IV}} \tag{5.170}$$

- La solution du $9^{\text{ème}}$ cas $\tau_m(M-1, II)$

$$-D'_{0,l}\tau_m - \alpha_m cos(\varphi_m)\left[s_{M-1}(-1)^{M-2} + m_{M-1}(-1)^{M-2}(-\tau_m + \Delta\tau_m - \frac{\Delta\tau}{2} - (2M-3)T_{sc}/2)\right] = 0$$

$$-D'_{0,l}\tau_m - \alpha_m cos(\varphi_m)\left[(-1)^{M-2}\frac{1}{M} + (-1)^{M-2}\frac{1}{MT_{sc}}(-\tau_m + \Delta\tau_m - \frac{\Delta\tau}{2} - (2M-3)T_{sc}/2)\right] = 0$$

$$\tau_m = A(-1)^{M-2}\frac{\frac{T_{sc}}{2}+5\left(\Delta\tau_m-\frac{\Delta\tau}{2}-(2M-3)T_{sc}/2\right)}{(6-4M)+A5(-1)^{M-2}} \tag{5.171}$$

- La solution du $10^{\text{ème}}$ cas $\tau_m(M-1, III)$

$$-D'_{0,l}\tau_m - \alpha_m cos(\varphi_m)\left[r_M(-1)^{M-2} + n_{M-1}(-1)^{M-2}(-\tau_m + \Delta\tau_m - \frac{\Delta\tau}{2} - (M-1)T_{sc})\right] = 0$$

$$-D'_{0,l}\tau_m - \alpha_m cos(\varphi_m)\left[(-1)^{M-2}\frac{1}{M} + (-1)^{M-2}\frac{1}{MT_{sc}}(-\tau_m + \Delta\tau_m - \frac{\Delta\tau}{2} - (2M-1)T_{sc}/2)\right] = 0$$

$$\tau_m = A(-1)^{M-2}\frac{T_{sc}+\left(\Delta\tau_m-\frac{\Delta\tau}{2}-\frac{(2M-1)T_{sc}}{2}\right)}{(6-4M)+A(-1)^{M-2}} \tag{5.172}$$

- La solution du $11^{\text{ème}}$ cas $\tau_m(M-1, IV)$

$$-D_{0,I}' \tau_m - \alpha_m cos(\varphi_m)\left[s_M(-1)^{M-1} + m_M(-1)^{M-1}(-\tau_m + \Delta\tau_m - \frac{\Delta\tau}{2} - (2M-1)T_{sc}/2)\right] = 0$$

$$-D_{0,I}' \tau_m - \alpha_m cos(\varphi_m)\left[(-1)^{M-1}\frac{1}{2M} + (-1)^{M-1}\frac{3}{MT_{sc}}(-\tau_m + \Delta\tau_m - \frac{\Delta\tau}{2} - (2M-1)T_{sc}/2)\right] = 0$$

$$\tau_m = A(-1)^{M-1}\frac{\frac{T_{sc}}{2} + 3\left(\Delta\tau_m - \frac{\Delta\tau}{2} - (2M-1)T_{sc}/2\right)}{(6-4M) + A3(-1)^{M-1}} \tag{5.173}$$

- La solution du $12^{\text{ème}}$ cas $\tau_m(M, I)$

$$-D_{0,I}' \tau_m - \alpha_m cos(\varphi_m)\left[n_M(-1)^{M-1}(-\tau_m + \Delta\tau_m - \frac{\Delta\tau}{2} - MT_{sc})\right] = 0$$

$$-D_{0,I}' \tau_m - \alpha_m cos(\varphi_m)\left[(-1)^M \frac{1}{MT_{sc}}(-\tau_m + \Delta\tau_m - \frac{\Delta\tau}{2} - MT_{sc})\right] = 0$$

$$\tau_m = A(-1)^M \frac{\left(\Delta\tau_m - \frac{\Delta\tau}{2} - MT_{sc}\right)}{(6-4M) - A(-1)^{M-1}} \tag{5.174}$$

Les intervalles de validités sont calculés par la transition entre les cas de chaque équation pour $\Delta\tau_m \geq 0$ comme suit:

- $\tau_m(0, I) = \tau_m(0, II)$

$$\frac{A}{1+A}\Delta\tau_m = -A\frac{-D_{0,II} + D_{0,II}'\left(\Delta\tau_m - \frac{\Delta\tau}{2} + \frac{T_{sc}}{2}\right)}{D_{0,I}' - AD_{0,II}'}$$

$$\Delta\tau_{t0,k} = (1+A)\left(D_{0,II} - D_{0,II}'\left(\frac{T_{sc}}{2} - \frac{\Delta\tau}{2}\right)\right)/(D_{0,I}' + D_{0,II}') \tag{5.175}$$

- $\tau_m(0, II) = \tau_m(0, III)$

$$-A\frac{-D_{0,II} + D_{0,II}'\left(\Delta\tau_m - \frac{\Delta\tau}{2} + \frac{T_{sc}}{2}\right)}{D_{0,I}' - AD_{0,II}'} = -A\frac{-D_{0,III} - D_{0,III}'\left(\Delta\tau_m + \frac{\Delta\tau}{2} - \frac{3T_{sc}}{2}\right)}{D_{0,I}' + AD_{0,III}'}$$

$$\Delta\tau_{t1,k} = \frac{-\left(-D_{0,II} + D_{0,II}'\left(\frac{T_{sc}}{2} - \frac{\Delta\tau}{2}\right)\right)(D_{0,I}' + AD_{0,III}') + \left(-D_{0,III} - D_{0,III}'\left(\frac{\Delta\tau}{2} - \frac{3T_{sc}}{2}\right)\right)(D_{0,I}' - AD_{0,II}')}{D_{0,II}'(D_{0,I}' + AD_{0,III}') + D_{0,III}'(D_{0,I}' - AD_{0,II}')} \tag{5.176}$$

- $\tau_m(0, III) = \tau_m(0, IV)$

$$A\frac{D_{0,III} + D_{0,III}'\left(\Delta\tau_m + \frac{\Delta\tau}{2} - \frac{3T_{sc}}{2}\right)}{D_{0,I}' + AD_{0,III}'} = A\frac{D_{0,IV} + D_{0,IV}'\left(\Delta\tau_m - \frac{\Delta\tau}{2}\right)}{D_{0,I}' + AD_{0,IV}'}$$

$$\Delta\tau_{t2,k} = \frac{\left(D_{0,III} + D_{0,III}'\left(\frac{\Delta\tau}{2} - \frac{3T_{sc}}{2}\right)\right)(D_{0,I}' + AD_{0,IV}') - \left(D_{0,IV} + D_{0,IV}'\left(\Delta\tau_m - \frac{\Delta\tau}{2}\right)\right)(D_{0,I}' + AD_{0,III}')}{D_{0,IV}'(D_{0,I}' + AD_{0,III}') - D_{0,III}'(D_{0,I}' + AD_{0,IV}')} \tag{5.177}$$

- $\tau_m(0, III) = \tau_m(1, I)$

$$A\frac{D_{0,IV} + D_{0,IV}'\left(\Delta\tau_m - \frac{\Delta\tau}{2}\right)}{D_{0,I}' + AD_{0,IV}'} = -A\frac{D_{II}(-1)^{k-1} + (-1)^{k-1}D_I'(\Delta\tau_m + \frac{\Delta\tau}{2} - (k+1)T_{sc})}{D_{0,I}' - (-1)^{k-1}AD_I'}\Bigg|_{k=1}$$

$$-A\frac{-D_{0,IV} - D_{0,IV}'\left(\Delta\tau_m - \frac{\Delta\tau}{2}\right)}{D_{0,I}' + AD_{0,IV}'} = -A\frac{D_{II}|_{k=1} + D_I'|_{k=1}(\Delta\tau_m + \frac{\Delta\tau}{2} - 2T_{sc})}{D_{0,I}' - AD_I|_{k=1}}$$

$$\Delta\tau_{t3,k} = \frac{-\left(-D_{0,IV}+D_{0,IV}^{'}\frac{\Delta\tau}{2}\right)\left(D_{0,I}^{'}-AD_{I}^{'}\mid_{k=1}\right)+\left(D_{II}\mid_{k=1}+D_{I}^{'}\mid_{k=1}\left(\frac{\Delta\tau}{2}-2T_{sc}\right)\right)\left(D_{0,I}^{'}+AD_{0,IV}^{'}\right)}{-D_{0,IV}^{'}\left(D_{0,I}^{'}-AD_{I}^{'}\mid_{k=1}\right)-D_{I}^{'}\mid_{k=1}\left(D_{0,I}^{'}+AD_{0,IV}^{'}\right)}$$ (5.178)

- $\tau_m(k,I) = \tau_m(k,II)$

$$-A\frac{D_{II}(-1)^{k-1}+(-1)^{k-1}D_{I}^{'}(\Delta\tau_m+\frac{\Delta\tau}{2}-(k+1)T_{sc})}{D_{0,I}^{'}-(-1)^{k-1}AD_{I}^{'}}$$
$$= -A\frac{D_{III}(-1)^{k-1}+(-1)^{k-1}D_{II}^{'}(\Delta\tau_m-\frac{\Delta\tau}{2}-(2k-1)T_{sc}/2)}{D_{0,I}^{'}-(-1)^{k-1}AD_{II}^{'}}$$

$$\Delta\tau_{t4,k} = \frac{-\left(D_{II}(-1)^{k-1}+(-1)^{k-1}D_{I}^{'}\left(\frac{\Delta\tau}{2}-(k+1)T_{sc}\right)\right)\left(D_{0,I}^{'}-(-1)^{k-1}AD_{II}^{'}\right)}{(-1)^{k-1}D_{I}^{'}\left(D_{0,I}^{'}-(-1)^{k-1}AD_{II}^{'}\right)-(-1)^{k-1}D_{II}^{'}\left(D_{0,I}^{'}-(-1)^{k-1}AD_{I}^{'}\right)}$$
$$+\frac{\left(D_{III}(-1)^{k-1}+(-1)^{k-1}D_{II}^{'}\left(-\frac{\Delta\tau}{2}-\frac{(2k-1)T_{sc}}{2}\right)\right)\left(D_{0,I}^{'}-(-1)^{k-1}AD_{I}^{'}\right)}{(-1)^{k-1}D_{I}^{'}\left(D_{0,I}^{'}-(-1)^{k-1}AD_{II}^{'}\right)-(-1)^{k-1}D_{II}^{'}\left(D_{0,I}^{'}-(-1)^{k-1}AD_{I}^{'}\right)}$$ (5.179)

- $\tau_m(k,II) = \tau_m(k,III)$

$$-A\frac{D_{III}(-1)^{k-1}+(-1)^{k-1}D_{II}^{'}(\Delta\tau_m-\frac{\Delta\tau}{2}-(2k-1)T_{sc}/2)}{D_{0,I}^{'}-(-1)^{k-1}AD_{II}^{'}}$$
$$= -A\frac{D_{IV}(-1)^{k-1}+(-1)^{k-1}D_{III}^{'}\left(\Delta\tau_m+\frac{\Delta\tau}{2}-\frac{(2k+3)T_{sc}}{2}\right)}{D_{0,I}^{'}-(-1)^{k-1}AD_{III}^{'}}$$

$$\Delta\tau_{t5,k} = \frac{-\left(D_{III}(-1)^{k-1}+(-1)^{k-1}D_{II}^{'}\left(-\frac{\Delta\tau}{2}-\frac{(2k-1)T_{sc}}{2}\right)\right)\left(D_{0,I}^{'}-(-1)^{k-1}AD_{III}^{'}\right)}{(-1)^{k-1}D_{III}^{'}\left(D_{0,I}^{'}-A(-1)^{k-1}D_{II}^{'}\right)-(-1)^{k-1}D_{II}^{'}\left(D_{0,I}^{'}-(-1)^{k-1}AD_{III}^{'}\right)}$$
$$+\frac{\left(D_{IV}(-1)^{k-1}+(-1)^{k-1}D_{III}^{'}\left(\frac{\Delta\tau}{2}-\frac{(2k+3)T_{sc}}{2}\right)\right)\left(D_{0,I}^{'}-(-1)^{k-1}AD_{II}^{'}\right)}{(-1)^{k-1}D_{III}^{'}\left(D_{0,I}^{'}-A(-1)^{k-1}D_{II}^{'}\right)-(-1)^{k-1}D_{II}^{'}\left(D_{0,I}^{'}-(-1)^{k-1}AD_{III}^{'}\right)}$$ (5.180)

- $\tau_m(k,III) = \tau_m(k,IV)$

$$-A\frac{D_{IV}(-1)^{k-1}+(-1)^{k-1}D_{III}^{'}\left(\Delta\tau_m+\frac{\Delta\tau}{2}-\frac{(2k+3)T_{sc}}{2}\right)}{D_{0,I}^{'}-(-1)^{k-1}AD_{III}^{'}}$$
$$= -A\frac{D_{I}\mid_{p=k+1}(-1)^{k-1}+(-1)^{k-1}D_{IV}^{'}\left(\Delta\tau_m-\frac{\Delta\tau}{2}-kT_{sc}\right)}{D_{0,I}^{'}-(-1)^{k-1}AD_{IV}^{'}}$$

$$\Delta\tau_{t6,k} = \frac{-\left(D_{IV}(-1)^{k-1}+(-1)^{k-1}D_{III}^{'}\left(\frac{\Delta\tau}{2}-(2k+3)T_{sc}/2\right)\right)\left(D_{0,I}^{'}-(-1)^{k-1}AD_{IV}^{'}\right)}{(-1)^{k-1}D_{IV}^{'}\left(D_{0,I}^{'}-(-1)^{k-1}AD_{III}^{'}\right)-(-1)^{k-1}D_{III}^{'}\left(D_{0,I}^{'}-(-1)^{k-1}AD_{IV}^{'}\right)}$$
$$+\frac{\left(D_{I}\mid_{p=k+1}(-1)^{k-1}+(-1)^{k-1}D_{IV}^{'}\left(-\frac{\Delta\tau}{2}-kT_{sc}\right)\right)\left(D_{0,I}^{'}-(-1)^{k-1}AD_{III}^{'}\right)}{(-1)^{k-1}D_{IV}^{'}\left(D_{0,I}^{'}-(-1)^{k-1}AD_{III}^{'}\right)-(-1)^{k-1}D_{III}^{'}\left(D_{0,I}^{'}-(-1)^{k-1}AD_{IV}^{'}\right)}$$

Soit $D_{III}^{'} = 0$

$$\Delta\tau_{t6,k} = \frac{-D_{IV}(-1)^{k-1}\left(D_{0,I}^{'}-(-1)^{k-1}AD_{IV}^{'}\right)+\left(D_{I}\mid_{p=k+1}(-1)^{k-1}+(-1)^{k-1}D_{IV}^{'}\left(-\frac{\Delta\tau}{2}-kT_{sc}\right)\right)D_{0,I}^{'}}{(-1)^{k-1}D_{IV}^{'}D_{0,I}^{'}}$$ (5.181)

- $\tau_m(k-1, IV) = \tau_m(k, I)$

$$-A\frac{D_I|_{p=k+1}(-1)^{k-1} + (-1)^{k-1}D_{IV}'\left(\Delta\tau_m - \frac{\Delta\tau}{2} - kT_{sc}\right)}{D_{0,I}' - (-1)^{k-1}AD_{IV}'}\Bigg|_{p=k-1}$$

$$= -A\frac{D_{II}(-1)^{k-1} + (-1)^{k-1}D_I'(\Delta\tau_m + \frac{\Delta\tau}{2} - (k+1)T_{sc})}{D_{0,I}' - (-1)^{k-1}AD_I'}$$

$$-A\frac{D_I|_{p=k}(-1)^{k-2} + (-1)^{k-2}D_{IV}'|_{p=k-1}\left(\Delta\tau_m - \frac{\Delta\tau}{2} - (k-1)T_{sc}\right)}{D_{0,I}' - (-1)^{k-2}AD_{IV}'|_{p=k-1}}$$

$$= -A\frac{D_{II}(-1)^{k-1} + (-1)^{k-1}D_I'(\Delta\tau_m + \frac{\Delta\tau}{2} - (k+1)T_{sc})}{D_{0,I}' - (-1)^{k-1}AD_I'}$$

$$\Delta\tau_{t7,k} = \frac{-\left(D_{II}(-1)^{k-1} + (-1)^{k-1}D_I'\left(\frac{\Delta\tau}{2} - (k+1)T_{sc}\right)\right)\left(D_{0,I}' - (-1)^{k-2}AD_{IV}'|_{p=k-1}\right)}{(-1)^{k-1}D_I'\left(D_{0,I}' - (-1)^{k-2}AD_{IV}'|_{p=k-1}\right) - (-1)^{k-2}D_{IV}'|_{p=k-1}\left(D_{0,I}' - (-1)^{k-1}AD_I'\right)}$$

$$+\frac{\left(D_I|_{p=k}(-1)^{k-2} + (-1)^{k-2}D_{IV}'|_{p=k-1}\left(-\frac{\Delta\tau}{2} - (k-1)T_{sc}\right)\right)\left(D_{0,I}' - (-1)^{k-1}AD_I'\right)}{(-1)^{k-1}D_I'\left(D_{0,I}' - (-1)^{k-2}AD_{IV}'|_{p=k-1}\right) - (-1)^{k-2}D_{IV}'|_{p=k-1}\left(D_{0,I}' - (-1)^{k-1}AD_I'\right)}$$

(5. 182)

- $\tau_m(M-1, I) = \tau_m(M, II)$

$$-A\frac{D_{II}(-1)^{k-1} + (-1)^{k-1}D_I'(\Delta\tau_m + \frac{\Delta\tau}{2} - (k+1)T_{sc})}{D_{0,I}' - (-1)^{k-1}AD_I'}\Bigg|_{k=M-1} = A(-1)^{M-2}\frac{\frac{T_{sc}}{2} + 5\left(\Delta\tau_m - \frac{\Delta\tau}{2} - \frac{(2M-3)T_{sc}}{2}\right)}{(6-4M) + A5(-1)^{M-2}}$$

$$-A\frac{D_{II}|_{p=M}(-1)^{M-2} + (-1)^{M-2}D_I'|_{k=M-1}\left(\Delta\tau_m + \frac{\Delta\tau}{2} - MT_{sc}\right)}{D_{0,I}' - (-1)^{M-2}AD_I'|_{k=M-1}}$$

$$= A(-1)^{M-2}\frac{\frac{T_{sc}}{2} + 5\left(\Delta\tau_m - \frac{\Delta\tau}{2} - (2M-3)T_{sc}/2\right)}{(6-4M) + A5(-1)^{M-2}}$$

$$\Delta\tau_{t,M} = \frac{-\left(\frac{(-1)^{(M-2)}}{2M} + \frac{5(-1)^{(M-2)}}{MT_{sc}}\left(-\frac{\Delta\tau}{2} - (2M-3)T_{sc}/2\right)\right)\left(D_{0,I}' - (-1)^{M-2}AD_I'|_{k=M-1}\right)}{\frac{5(-1)^{(M-2)}}{MT_{sc}}\left(D_{0,I}' - (-1)^{M-2}AD_I'|_{k=M-1}\right) - (-1)^{M-2}D_I'|_{k=M-1}\left(D_{0,I}' - \frac{A5}{MT_{sc}}(-1)^{(M-2)}\right)}$$

$$\frac{\left(D_{II}|_{p=M}(-1)^{M-2} + (-1)^{M-2}D_I'|_{k=M-1}\left(\frac{\Delta\tau}{2} - MT_{sc}\right)\right)\left(D_{0,I}' - \frac{A5}{MT_{sc}}(-1)^{(M-2)}\right)}{\frac{5(-1)^{(M-2)}}{MT_{sc}}\left(D_{0,I}' - (-1)^{M-2}AD_I'|_{k=M-1}\right) - (-1)^{M-2}D_I'|_{k=M-1}\left(D_{0,I}' - \frac{A5}{MT_{sc}}(-1)^{(M-2)}\right)}$$

(5. 183)

- $\tau_m(M-1, II) = \tau_m(M-1, III)$

$$A(-1)^{M-2}\frac{\frac{T_{sc}}{2} + 5\left(\Delta\tau_m - \frac{\Delta\tau}{2} - (2M-3)T_{sc}/2\right)}{(6-4M) + A5(-1)^{M-2}} = A(-1)^{M-2}\frac{T_{sc} + \left(\Delta\tau_m - \frac{\Delta\tau}{2} - \frac{(2M-1)T_{sc}}{2}\right)}{(6-4M) + A(-1)^{M-2}}$$

$$\Delta\tau_{t,M1} = \frac{\left(T_{sc}/2 + 5\left(-(2M-3)\frac{T_{sc}}{2} - \frac{\Delta\tau}{2}\right)\right)(6-4M + A(-1)^{M-2}) - \left(T_{sc} + \left(-\frac{\Delta\tau}{2} - (M-1)T_{sc}\right)\right)(6-4M + A5(-1)^{(M-2)})}{-5(6-4M + A(-1)^{M-2}) + (6-4M + A5(-1)^{M-2})}$$

(5. 184)

- $\tau_m(M-1, III) = \tau_m(M-1, IV)$

$$A(-1)^{M-2}\frac{T_{sc} + \left(\Delta\tau_m - \frac{\Delta\tau}{2} - \frac{(2M-1)T_{sc}}{2}\right)}{(6-4M) + A(-1)^{M-2}} = A(-1)^{M-1}\frac{\frac{T_{sc}}{2} + 3\left(\Delta\tau_m - \frac{\Delta\tau}{2} - (2M-1)T_{sc}/2\right)}{(6-4M) + A3(-1)^{M-1}}$$

$$\Delta\tau_{t,M2} = \frac{\left(T_{sc}+\left(-\frac{\Delta\tau}{2}-\frac{(2M-1)T_{sc}}{2}\right)\right)\left(6-4M+A3(-1)^{M-1}\right)-\left(\frac{T_{sc}}{2}+3\left(-\frac{\Delta\tau}{2}-(2M-1)T_{sc}/2\right)\right)\left(6-4M-A(-1)^{M-2}\right)}{-\left(6-4M+A3(-1)^{M-1}\right)+3\left(6-4M-A(-1)^{M-2}\right)} \tag{5.185}$$

- $\tau_m\,(\boldsymbol{M-1,IV}) = \tau_m\,(\boldsymbol{M,I})$

$$A(-1)^{M-1}\frac{\frac{T_{sc}}{2}+3\left(\Delta\tau_m-\frac{\Delta\tau}{2}-(2M-1)T_{sc}/2\right)}{(6-4M)+A3(-1)^{M-1}} = A(-1)^M\frac{\left(\Delta\tau_m-\frac{\Delta\tau}{2}-MT_{sc}\right)}{(6-4M)-A(-1)^{M-1}}$$

$$\Delta\tau_{t,M3} = \frac{-\left(T_{sc}/2+3\left(-(2M-1)T_{sc}/2-\frac{\Delta\tau}{2}\right)\right)\left(6-4M+A(-1)^{M-1}\right)-\left(-\frac{\Delta\tau}{2}-MT_{sc}\right)\left(6-4M+A3(-1)^{M-1}\right)}{3\left(6-4M+A(-1)^{M-2}\right)+\left(6-4M+A3(-1)^{M-1}\right)} \tag{5.186}$$

- $\tau_m\,(\boldsymbol{M,I}) = 0$

$$AA(-1)^M\frac{\left(\Delta\tau_m-\frac{\Delta\tau}{2}-MT_{sc}\right)}{(6-4M)-A(-1)^{M-1}} = 0$$

$$\Delta\tau_m = MT_{sc}+\Delta\tau/2 \tag{5.187}$$

$$\tau_m =$$

$$\begin{cases}
\frac{A}{1+A}\Delta\tau_m\,,\ pour\ 0\le\Delta\tau_m\le(1+A)\left(D_{0,II}-D_{0,II}'\left(\frac{T_{sc}}{2}-\frac{\Delta\tau}{2}\right)\right)/(D_{0,I}'+D_{0,II}') \\[4pt]
-A\frac{-D_{0,II}+D_{0,II}'\left(\Delta\tau_m-\frac{\Delta\tau}{2}-\frac{T_{sc}}{2}\right)}{D_{0,I}'-AD_{0,II}'},\ pour\ (1+A)\left(D_{0,II}-D_{0,II}'\left(\frac{T_{sc}}{2}-\frac{\Delta\tau}{2}\right)\right)/(D_{0,I}'+D_{0,II}')\le\Delta\tau_m\le\Delta\tau_{t1,k} \\[4pt]
-A\frac{-D_{0,III}-D_{0,III}'\left(\Delta\tau_m+\frac{\Delta\tau}{2}-\frac{3T_{sc}}{2}\right)}{D_{0,I}'+AD_{0,III}'},\ pour\ \Delta\tau_{t1,k}\le\Delta\tau_m\le\Delta\tau_{t2,k} \\[4pt]
-A\frac{-D_{IV}-D_{0,IV}'\left(\Delta\tau_m-\frac{\Delta\tau}{2}\right)}{D_{0,I}'+AD_{0,IV}'},\ pour\ \Delta\tau_{t2,k}\le\Delta\tau_m\le\Delta\tau_{t3,k} \\[4pt]
-\left(\frac{D_{II}\,(-1)^{k-1}+(-1)^{k-1}D_I'\left(\Delta\tau_m+\frac{\Delta\tau}{2}-(k+1)T_{sc}\right)}{D_{0,I}'-(-1)^{k-1}AD_I'}\right),\ pour\ \Delta\tau_{t7,k}\le\Delta\tau_m\le\Delta\tau_{t4,k},k\ne M \\[4pt]
-A\frac{D_{III}\,(-1)^{k-1}+(-1)^{k-1}D_{II}'\left(\Delta\tau_m-\frac{\Delta\tau}{2}-(2k-1)T_{sc}/2\right)}{D_{0,I}'-(-1)^{k-1}AD_{II}'},\ pour\ \Delta\tau_{t4,k}\le\Delta\tau_m\le\Delta\tau_{t5,k},k\ne M \\[4pt]
-A\frac{D_{IV}\,(-1)^{k-1}+(-1)^{k-1}D_{III}'\left(\Delta\tau_m+\frac{\Delta\tau}{2}-\frac{(2k+3)T_{sc}}{2}\right)}{D_{0,I}'-(-1)^{k-1}AD_{III}'},\ pour\ \Delta\tau_{t5,k}\le\Delta\tau_m\le\Delta\tau_{t6,k},k\ne M \\[4pt]
-A\frac{D_I|_{p=j+1}(-1)^{k-1}+(-1)^{k-1}D_{IV}'\left(\Delta\tau_m-\frac{\Delta\tau}{2}-kT_{sc}\right)}{D_{0,I}'-(-1)^{k-1}AD_{IV}'},\ pour\ \Delta\tau_{t6,k}\le\Delta\tau_m\le\Delta\tau_{t7,p1}\Big|_{p1=k+1},k\ne M \\[4pt]
-A\frac{D_I|_{p=j+1}(-1)^{k-1}+(-1)^{k-1}D_{IV}'\left(\Delta\tau_m+\frac{\Delta\tau}{2}-(k+1)T_{sc}\right)}{D_{0,I}'-(-1)^{k-1}AD_{IV}'}\Big|_{k=M-1},\ pour\ \Delta\tau_{t7,k}\big|_{k=M-1}\le\Delta\tau_m\le\Delta\tau_{t,M},k\ne M \\[4pt]
A(-1)^{M-2}\frac{\frac{T_{sc}}{2}+5\left(\Delta\tau_m-\frac{\Delta\tau}{2}-(2M-3)T_{sc}/2\right)}{(6-4M)+A5(-1)^{M-2}},\ pour\ \Delta\tau_{tM}\le\Delta\tau_m\le\Delta\tau_{t,M1} \\[4pt]
A(-1)^{M-2}\frac{T_{sc}+\left(\Delta\tau_m-\frac{\Delta\tau}{2}-\frac{(2M-1)T_{sc}}{2}\right)}{(6-4M)+A(-1)^{M-2}},\ pour\ \Delta\tau_{t,M1}\le\Delta\tau_m\le\Delta\tau_{t,M2} \\[4pt]
A(-1)^{M-1}\frac{\frac{T_{sc}}{2}+3\left(\Delta\tau_m-\frac{\Delta\tau}{2}-(2M-1)T_{sc}/2\right)}{(6-4M)+A3(-1)^{M-1}},\ pour\ \Delta\tau_{t,M2}\le\Delta\tau_m\le\Delta\tau_{t,M3} \\[4pt]
A(-1)^M\frac{\left(\Delta\tau_m-\frac{\Delta\tau}{2}-MT_{sc}\right)}{(6-4M)-A(-1)^{M-1}},\ pour\ \Delta\tau_{t,M3}\le\Delta\tau_m\le MT_{sc}+\Delta/2
\end{cases}$$

$$\tag{5.188}$$

Où
$k = \left\lceil\frac{\Delta\tau_m}{T_{sc}}\right\rceil = 1,\dots,M,$
$D_{0,II} = \frac{4M-3}{M}+\frac{1-2M}{MT_{sc}}\Delta$

$$D_{0,III} = \frac{1+4M}{M} - \frac{1+2M}{MT_{sc}}\Delta$$

$$D_{0,IV} = \frac{-8+4M}{M} - \frac{-5+2M}{MT_{sc}}\Delta$$

$$D_{II} = \frac{4+4(M-k)}{M} - \frac{3+2(M-k)}{MT_{sc}}\Delta$$

$$D_{III} = \frac{-2+4(M-k)}{M} - \frac{-1+2(M-k)}{MT_{sc}}\Delta$$

$$D_{IV} = \frac{-2+4(M-k)}{M} - \frac{-1+2(M-k)}{MT_{sc}}\Delta$$

$$D_{I}|_{p=k+1} = \frac{-8+4(M-k)}{M} - \frac{-5+2(M-k)}{MT_{sc}}\Delta$$

$$D'_{0,I} = \frac{-6+4M}{MT_{sc}}$$

$$D'_{0,II} = \frac{\frac{-3}{M}+\frac{2}{MT_{sc}}\Delta}{\Delta - 3\frac{T_{sc}}{2}}$$

$$D'_{0,III} = \frac{\frac{4}{M}-\frac{2}{MT_{sc}}\Delta}{-\Delta + 2T_{sc}}$$

$$D'_{IV} = \frac{\frac{-9}{M}+\frac{6}{MT_{sc}}\Delta}{\Delta - 3\frac{T_{sc}}{2}}$$

$$D'_{I} = \frac{\frac{8(M-k)}{M}-\frac{4(M-k)}{MT_{sc}}\Delta}{-\Delta + 2T_{sc}}(-1)^{k-1}$$

$$D'_{II} = \frac{\frac{6}{M}-\frac{4}{MT_{sc}}\Delta}{-\Delta + 3\frac{T_{sc}}{2}}(-1)^{k-1}$$

$$D'_{III} = 0$$

$$D'_{IV} = \frac{-\frac{6}{M}+\frac{4}{MT_{sc}}\Delta}{\Delta - 3\frac{T_{sc}}{2}}(-1)^{k-1}$$

5.7 Modèles analytiques proposés pour l'erreur de poursuite de code de la DLL NC-ELP en présence de multitrajets

Dans cette section, les modèles analytiques des erreurs de poursuite de code dans une DLL NC-ELP en présence de multitrajets pour des signaux modulés en CosBOC et pour différentes valeurs de τ_m, φ_m et $\Delta\tau$ sont déterminés à partir des relations (5.67), (5.80), (5.94) et (5.110) selon la même approche du calcul de l'offset de code C-ELP. Le développement mathématique de ce modèle est à la base de la résolution de l'équation (2.11) pour chaque sous-région de chaque cas (k, l) avant de trouver l'intervalle de validité de chaque équation τ_m en fonction de $\Delta\tau$.

5.7.1 MEE NC-ELP pour un espacement de chip $\Delta\tau < \frac{T_x\beta}{4\alpha}chip$

Le modèle analytique de l'offset de code de la DLL NC-ELP en présence de multitrajets correspondant à un signal modulé en $CosBOC(\alpha,\beta)$, pour $\Delta\tau < \frac{T_x\beta}{4\alpha}chip$, est donné par

$$\tau_m = \begin{cases} \dfrac{A}{1+A}\Delta\tau_m & pour\ \ 0\ \le \Delta\tau_m \le \Delta\tau_{t1,k} \\[2mm] A\Delta\tau\ (-1)^{k+1}\dfrac{3+\gamma_k}{\mu} & pour\ \ \Delta\tau_{t2,k-1}\ \le \Delta\tau_m \le \Delta\tau_{t3,k} \\[2mm] A(-1)^{k-1}\dfrac{(1-\gamma_k)\Delta\tau\ +4(\Delta\tau_m-\frac{\Delta\tau}{2}-(2k-1)T_{sc}/2)}{-\mu+A4(-1)^{k-1}} & pour\ \ \Delta\tau_{t3,k}\ \le \Delta\tau_m \le \Delta\tau_{t4,k} \\[2mm] A\Delta\tau\ (-1)^{k+1}\dfrac{-1+\gamma_k}{\mu} & pour\ \ \Delta\tau_{t4,k}\ \le \Delta\tau_m \le \Delta\tau_{t5,k+1} \\[2mm] A(-1)^{k-1}\dfrac{(1+\gamma_k)\Delta\tau\ +2\gamma_k(\Delta\tau_m-\frac{\Delta\tau}{2}-kT_{sc})}{-\mu+2A(-1)^{k-1}\gamma_k} & pour\ \ \Delta\tau_{t5,k+1}\ \le \Delta\tau_m \le \Delta\tau_{t2,k} \\[2mm] A(-1)^{M+1}\dfrac{\Delta\tau_m-MT_{sc}-\frac{\Delta\tau}{2}}{\mu+A(-1)^{M+1}} & pour\ \ \Delta\tau_{t6,M}\ \le \Delta\tau_m \le MT_{sc}+\dfrac{\Delta\tau}{2} \\[2mm] 0,\ ailleurs \end{cases}$$

$$(5.189)$$

Où
$$k = \left\lceil \frac{\Delta\tau_m}{T_{sc}} \right\rceil = 1,\dots,M,$$
$$A = \alpha_m cos(\varphi_m)$$
$$\mu = 2 + 4M$$
$$\gamma_k = 2(M-k)$$

Les paramètres $\Delta\tau_{t1,k}, \Delta\tau_{t2,k}, \Delta\tau_{t3,k}, \Delta\tau_{t4,k}, \Delta\tau_{t5,k}$ et $\Delta\tau_{t6,M}$ ont été donnés respectivement par les formules (5.116), (5.117), (5.118), (5.119), (5.120) et (5.121).

5.7.2 MEE NC-ELP pour un espacement de chip $\frac{T_x\beta}{4\alpha}chip < \Delta\tau < \frac{T_x\beta}{2\alpha}chip$

Le modèle analytique de l'offset de code de la DLL NC-ELP en présence de multitrajets correspondant à un signal modulé en $CosBOC(\alpha,\beta)$, pour $\frac{T_x\beta}{4\alpha}chip < \Delta\tau < \frac{T_x\beta}{2\alpha}chip$, est donné par

$$\tau_m = \begin{cases} \dfrac{A}{1+A}\Delta\tau_m\ ,\ pour\ \ 0\ \le \Delta\tau_m \le (1+A)(T_{sc}-\Delta\tau)/2 \\[2mm] -A\dfrac{-2T_{sc}+\Delta\tau(3-2M)+(2-4M)(\Delta\tau_m-\Delta\tau/2)}{\mu-A(2-4M)},\ pour\ (1+A)(T_{sc}-\Delta)/2\ \le \Delta\tau_m \le \Delta\tau_{t2,k} \\[2mm] A(-1)^{k-1}\dfrac{-2T_{sc}+(3+\gamma_k)\Delta\tau+4(-\Delta\tau_m-\frac{\Delta\tau}{2}+kT_{sc})}{\mu+A4(-1)^k},\ pour\ \Delta\tau_{t3,k}\ \le \Delta\tau_m \le \Delta\tau_{t4,k} \\[2mm] A(-1)^{k-1}\dfrac{\gamma_kT_{sc}-(1+\gamma_k)\Delta\tau+(2\gamma_k+4)(-\Delta\tau_m+\frac{\Delta\tau}{2}+(2k-1)T_{sc}/2)}{\mu+A(-1)^k(4+2\gamma_k)},\ pour\ \Delta\tau_{t4,k}\ \le \Delta\tau_m \le \Delta\tau_{t5,k}and\ \ k \ne M \\[2mm] A(-1)^k\dfrac{\gamma_kT_{sc}+(1-\gamma_k)\Delta\tau+2(\Delta\tau_m+\frac{\Delta\tau}{2}-(2k+1)T_{sc}/2)}{\mu+2A(-1)^k\gamma_k},\ pour\ \Delta\tau_{t5,k}\ \le \Delta\tau_m \le \Delta\tau_{t6,k}\ and\ \ k \ne M \\[2mm] A(-1)^k\dfrac{2T_{sc}+(-3+\gamma_k)\Delta\tau+(-4+2\gamma_k)(\Delta\tau_m-\frac{\Delta\tau}{2}-kT_{sc})}{\mu+A(-1)^k(-4+2\gamma_k)},\ pour\ \Delta\tau_{t6,k}\ \le \Delta\tau_m \le \Delta\tau_{t3,k+1} \\[2mm] A(-1)^M\dfrac{T_{sc}+6(\Delta\tau_m-\frac{(2M-1)T_{sc}}{2}-\frac{\Delta\tau}{2})}{2\mu+A(-1)^M6},\ pour\Delta\tau_{t4,M}\ \le \Delta\tau_m \le \Delta\tau_{t7,k} \\[2mm] A(-1)^{M-1}\dfrac{\Delta\tau_m-MT_{sc}-\Delta\tau/2}{\mu+A(-1)^{M+1}},pour\ \Delta\tau_{t7,M}\ \le \Delta\tau_m \le MT_{sc}+\Delta/2 \end{cases}$$

$$(5.190)$$

Où
$$k = \left\lceil \frac{\Delta\tau_m}{T_{sc}} \right\rceil = 1,\dots,M,$$
$$A = \alpha_m cos(\varphi_m)$$
$$\mu = 2 + 4M$$

157

$\gamma_k = 2(M - k)$

Les paramètres $\Delta\tau_{t2,k}, \Delta\tau_{t3,k}, \Delta\tau_{t4,k}\Delta\tau_{t5,k}, \Delta\tau_{t6,k}$ et $\Delta\tau_{t7,M}$ ont été donnés respectivement par les expressions (5.133), (5.134), (5.135), (5.136), (5.137) et (5.138).

5.7.3 MEE NC-ELP pour un espacement de chip $\frac{T_x\beta}{2\alpha} chip < \Delta\tau < \frac{3T_x\beta}{4\alpha}$ chip

Le modèle analytique de l'offset de code de la DLL NC-ELP en présence de multitrajets correspondant à un signal modulé en $CosBOC(\alpha,\beta)$, pour $\frac{T_x\beta}{2\alpha}chip < \Delta\tau < \frac{3T_x\beta}{4\alpha}$ chip, est donné par

$$\tau_m =$$

$$
\begin{cases}
\frac{A}{1+A}\Delta\tau_m \ , \ pour \ \ 0 \leq \Delta\tau_m \leq (1+A)\left(D_{0,II} - D'_{0,II}\left(T_{sc} - \frac{\Delta\tau}{2}\right)\right)/\left(D'_{0,I} + AD'_{0,II}\right) \\[4pt]
-A\frac{-D_{0,II}-D'_{0,II}\left(\Delta\tau_m + \frac{\Delta\tau}{2} - T_{sc}\right)}{D'_{0,J}+AD'_{0,II}}, pour \ (1+A)\left(D_{0,II} - D'_{0,II}\left(T_{sc} - \frac{\Delta\tau}{2}\right)\right)/\left(D'_{0,I} + AD'_{0,II}\right) \leq \Delta\tau_m \leq \Delta\tau_{t1,k} \\[4pt]
-A\frac{-D_{0,III}-D'_{0,III}\left(\Delta\tau_m - \frac{\Delta\tau}{2}\right)}{D'_{0,I}+AD'_{0,III}}, pour \ \Delta\tau_{t1,k} \leq \Delta\tau_m \leq \Delta\tau_{t6,k}\big|_{k=1} \\[4pt]
-A\frac{D_{II}(-1)^{k-1}+(-1)^{k-1}D'_I\left(\Delta\tau_m + \frac{\Delta\tau}{2} - (2k+1)T_{sc}/2\right)}{D'_{0,J}-A(-1)^{k-1}D'_I}, \ pour \ \Delta\tau_{t6,k} \leq \Delta\tau_m \leq \Delta\tau_{t3,k} \\[4pt]
-A\frac{D_{III}(-1)^{k-1}+(-1)^{k-1}D'_{II}\left(\Delta\tau_m - \frac{\Delta\tau}{2} - (2k-1)T_{sc}/2\right)}{D'_{0,I}-A(-1)^{k-1}D'_{II}}, pour \ \Delta\tau_{t3,k} \leq \Delta\tau_m \leq \Delta\tau_{t4,k} \\[4pt]
-A\frac{D_{IV}(-1)^{k-1}+(-1)^{k-1}D'_{III}\left(\Delta\tau_m + \frac{\Delta\tau}{2} - (k+1)T_{sc}\right)}{D'_{0,J}-A(-1)^{k-1}D'_{III}}, pour \ \Delta\tau_{t4,k} \leq \Delta\tau_m \leq \Delta\tau_{t5,k} \\[4pt]
-A\frac{D_I|_{p1=k+1}(-1)^{k-1}+(-1)^{k-1}D'_{VI}\left(\Delta\tau_m - \frac{\Delta\tau}{2} - kT_{sc}\right)}{D'_{0,J}-A(-1)^{k-1}D'_{IV}}, pour \ \ \Delta\tau_{t5,k} \leq \Delta\tau_m \leq \Delta\tau_{t6,p1}\big|_{p1=k+1} \\[4pt]
-A\frac{D_I|_{p1=M}(-1)^{M-2}+(-1)^{M-2}D'_{VI}|_{k=M-1}\left(\Delta\tau_m - \frac{\Delta\tau}{2} - (M-1)T_{sc}\right)}{D'_{0,J}-A(-1)^{M-2}D'_{VI}|_{k=M-1}}, \ pour \ \Delta\tau_{t4,k}\big|_{k=M-1} \leq \Delta\tau_m \leq \Delta\tau_{t,M} \\[4pt]
A(-1)^{M+1}\frac{T_{sc}+\left(\Delta\tau_m - \frac{\Delta\tau}{2} - (M-1)T_{sc}\right)}{(-6+4M)-A(-1)^M}, pour \ \Delta\tau_{t,M} \leq \Delta\tau_m \leq \Delta\tau_{t,M1} \\[4pt]
A(-1)^M\frac{T_{sc}/2+3\left(\Delta\tau_m - \frac{\Delta\tau}{2} - (2M-1)T_{sc}/2\right)}{(-6+4M)-A3(-1)^{M-1}}, \ pour \ \Delta\tau_{t,M1} \leq \Delta\tau_m \leq \Delta\tau_{t,M2} \\[4pt]
A(-1)^{M+1}\frac{\left(\Delta\tau_m - \frac{\Delta\tau}{2} - MT_{sc}\right)}{(-6+4M)-A(-1)^{M-1}}, \ pour \ \Delta\tau_{t,M2} \leq \Delta\tau_m \leq MT_{sc} + \frac{\Delta}{2} \\[4pt]
0, \ pour \ \Delta\tau_m \geq MT_{sc} + \frac{\Delta}{2}
\end{cases}
\tag{5.191}
$$

Où les intervalles de validités de chaque équation, $\Delta\tau_{t1,k}, \Delta\tau_{t2,k}, \Delta\tau_{t3,k}, \Delta\tau_{t4,k}, \Delta\tau_{t5,k}, \Delta\tau_{t6,k}\Delta\tau_{t,M}, \Delta\tau_{t,M1}$ et $\Delta\tau_{t,M2}$ ont été donnés respectivement par les formules (5.152), (5.153), (5.154), (5.155), (5.156), (5.157), (5.158), (5.159) et (5.160).

5.7.4 MEE NC-ELP pour un espacement de chip $\frac{3T_x\beta}{4\alpha} chip < \Delta\tau < \frac{T_x\beta}{\alpha}$ chip

Le modèle analytique de l'offset de code de la DLL NC-ELP en présence de multitrajets correspondant à un signal modulé en $CosBOC(\alpha,\beta)$, pour $\frac{3T_x\beta}{4\alpha} chip < \Delta\tau < \frac{T_x\beta}{\alpha}$ chip, est donné par:

$$\tau_m =$$

$$
\begin{cases}
\dfrac{A}{1+A}\Delta\tau_m \, , \, pour \ 0 \leq \Delta\tau_m \leq (1+A)\left(D_{0,II} - D_{0,II}'\left(\dfrac{T_{sc}}{2} - \dfrac{\Delta\tau}{2}\right)\right)/(D_{0,I}' + D_{0,II}') \\[3mm]
-A\dfrac{-D_{0,II} + D_{0,II}'\left(\Delta\tau_m - \frac{\Delta\tau}{2} - \frac{T_{sc}}{2}\right)}{D_{0,I}' - AD_{0,II}'}, pour \ (1+A)\left(D_{0,II} - D_{0,II}'\left(\dfrac{T_{sc}}{2} - \dfrac{\Delta\tau}{2}\right)\right)/(D_{0,I}' + D_{0,II}') \leq \Delta\tau_m \leq \Delta\tau_{t1,k} \\[3mm]
-A\dfrac{-D_{0,III} - D_{0,III}'\left(\Delta\tau_m + \frac{\Delta\tau}{2} - \frac{3T_{sc}}{2}\right)}{D_{0,I}' + AD_{0,III}'}, pour \ \Delta\tau_{t1,k} \leq \Delta\tau_m \leq \Delta\tau_{t2,k} \\[3mm]
-A\dfrac{-D_{IV} - D_{IV}'\left(\Delta\tau_m - \frac{\Delta\tau}{2}\right)}{D_{0,I}' + AD_{0,IV}'}, pour \ \Delta\tau_{t2,k} \leq \Delta\tau_m \leq \Delta\tau_{t3,k} \\[3mm]
-A\dfrac{D_{II}(-1)^{k-1} + (-1)^{k-1}D_I'\left(\Delta\tau_m + \frac{\Delta\tau}{2} - (k+1)T_{sc}\right)}{D_{0,I}' - (-1)^{k-1}AD_I'}, \, pour \ \Delta\tau_{t7,k} \leq \Delta\tau_m \leq \Delta\tau_{t4,k}, k \neq M \\[3mm]
-A\dfrac{D_{III}(-1)^{k-1} + (-1)^{k-1}D_{II}'\left(\Delta\tau_m - \frac{\Delta\tau}{2} - (2k-1)T_{sc}/2\right)}{D_{0,I}' - (-1)^{k-1}AD_{II}'}, \, pour \ \Delta\tau_{t4,k} \leq \Delta\tau_m \leq \Delta\tau_{t5,k}, k \neq M \\[3mm]
-A\dfrac{D_{IV}(-1)^{k-1} + (-1)^{k-1}D_{III}'\left(\Delta\tau_m + \frac{\Delta\tau}{2} - \frac{(2k+3)T_{sc}}{2}\right)}{D_{0,I}' - (-1)^{k-1}AD_{III}'}, \, pour \ \Delta\tau_{t5,k} \leq \Delta\tau_m \leq \Delta\tau_{t6,k}, k \neq M \\[3mm]
-A\dfrac{D_I|_{p=j+1}(-1)^{k-1} + (-1)^{k-1}D_{IV}'\left(\Delta\tau_m - \frac{\Delta\tau}{2} - kT_{sc}\right)}{D_{0,I}' - (-1)^{k-1}AD_{IV}'}, \, pour \ \Delta\tau_{t6,k} \leq \Delta\tau_m \leq \Delta\tau_{t7,p1}\Big|_{p1=k+1}, k \neq M \\[3mm]
-A\dfrac{D_I|_{p=j+1}(-1)^{k-1} + (-1)^{k-1}D_{IV}'\left(\Delta\tau_m + \frac{\Delta\tau}{2} - (k+1)T_{sc}\right)}{D_{0,I}' - (-1)^{k-1}AD_{IV}'}\Bigg|_{k=M-1}, \, pour \ \Delta\tau_{t7,k}\Big|_{k=M-1} \leq \Delta\tau_m \leq \Delta\tau_{t,M}, k \neq M \\[3mm]
A(-1)^{M-2}\dfrac{\frac{T_{sc}}{2}+5\left(\Delta\tau_m - \frac{\Delta\tau}{2} - (2M-3)T_{sc}/2\right)}{(6-4M)+A5(-1)^{M-2}}, \, pour \ \Delta\tau_{tM} \leq \Delta\tau_m \leq \Delta\tau_{t,M1} \\[3mm]
A(-1)^{M-2}\dfrac{T_{sc}+\left(\Delta\tau_m - \frac{\Delta\tau}{2} - \frac{(2M-1)T_{sc}}{2}\right)}{(6-4M)+A(-1)^{M-2}}, \, pour \ \Delta\tau_{t,M1} \leq \Delta\tau_m \leq \Delta\tau_{t,M2} \\[3mm]
A(-1)^{M-1}\dfrac{\frac{T_{sc}}{2}+3\left(\Delta\tau_m - \frac{\Delta\tau}{2} - (2M-1)T_{sc}/2\right)}{(6-4M)+A3(-1)^{M-1}}, \, pour \ \Delta\tau_{t,M2} \leq \Delta\tau_m \leq \Delta\tau_{t,M3} \\[3mm]
A(-1)^{M}\dfrac{\left(\Delta\tau_m - \frac{\Delta\tau}{2} - MT_{sc}\right)}{(6-4M)-A(-1)^{M-1}}, \, pour \ \Delta\tau_{t,M3} \leq \Delta\tau_m \leq MT_{sc} + \Delta/2
\end{cases}
$$

(5. 192)

Où les intervalles de validités de chaque équation, $\Delta\tau_{t1,k}, \Delta\tau_{t2,k}, \Delta\tau_{t3,k}, \Delta\tau_{t4,k} \Delta\tau_{t5,k}, \Delta\tau_{t6,k}, \Delta\tau_{t7,k} \Delta\tau_{t,M}, \Delta\tau_{t,M1}, \Delta\tau_{t,M2}$ et $\Delta\tau_{t,M3}$ ont été donnés respectivement par les relations (5.176), (5.177), (5.178), (5.179), (5.180), (5.181), (5.182), (5.183), (5.184), (5.185) et (5.186).

5.8 Simulation et évaluation des modèles proposés

Pour illustrer l'efficacité de nos modèles proposés, CF, DFs et MEEs pour des signaux CosBOC d'une manière intuitive, ils sont comparés et évalués avec des résultats numériques en utilisant des simulations.

Tous d'abord, l'implémentation du modèle mathématique de la CF pour différentes valeurs paires et impaires de M, qui caractérisent les signaux CosBOC(1,1), CosBOC(15,10), CosBOC(15,2.5) and CosBOC(5,2), respectivement, est présentée à figure 5.14. Les modèles analytiques des CFs proposées coïncident avec ceux des résultats numériques pour différentes valeurs de M.

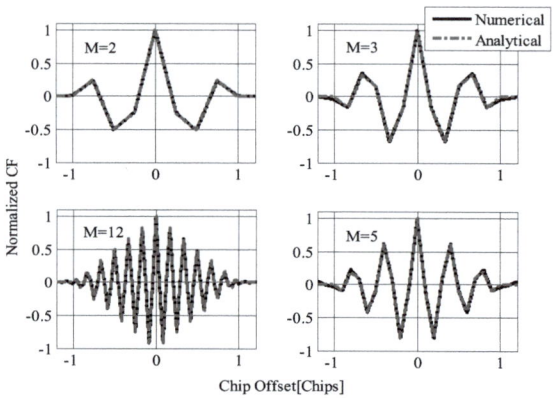

Figure 5. 14   Comparaison entre les résultats simulés et analytiques de la CF CosBOC
pour différentes valeurs de M.

Ensuite, l'évaluation des modèles de la DF C-ELP et la DF NC-ELP est effectuée pour différentes valeurs de M et de l'espacement de chip $\Delta\tau$, $\frac{T_C}{4M}$ et $\frac{3T_C}{2M}$ par l'implémentation des équations, (5.17), (5.28), (5.41), (5.56), (5.67), (5.80), (5.94) et (5.110). Tout d'abord, les modèles DFs C-ELP sont vérifiés et illustrés dans les figures (5.15) et (5.16), d'autre part, ceux des DFs NC-ELP dans les figures (5.17) et (5.18). Comme montrés dans toutes les figures, les modèles analytiques proposés de la DF pour différents espacements de chip (des corrélateurs étroits et standards) sont en bon accord avec les résultats numériques.

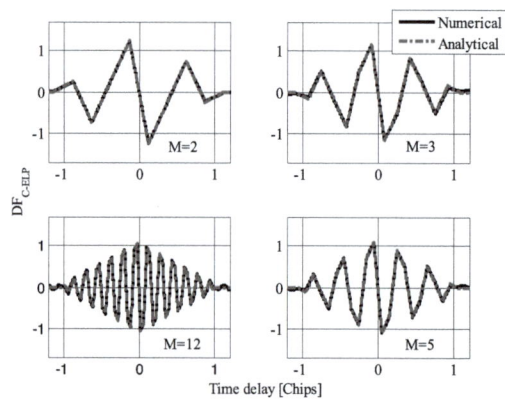

Figure 5. 15   Comparaison entre les résultats simulés et analytiques de la DF C-ELP d'un signal
CosBOC pour $\Delta\tau = \frac{T_C}{4M}$ et différentes valeurs de M.

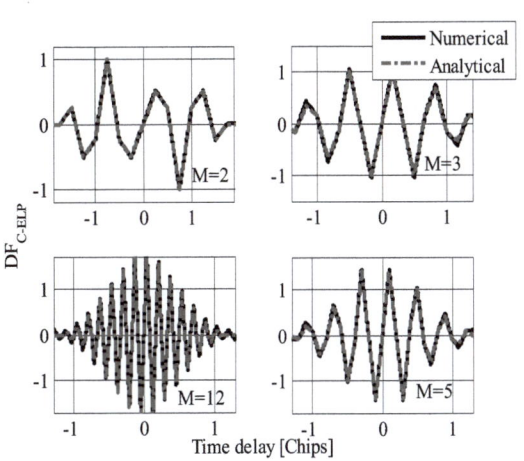

Figure 5. 16   Comparaison entre les résultats simulés et analytiques de la DF C-ELP d'un signal
CosBOC pour $\Delta\tau = \frac{3T_C}{2M}$ et différentes valeurs de M.

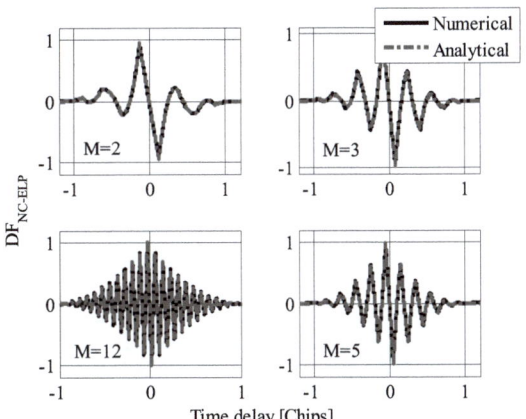

Figure 5. 17   Comparaison entre les résultats simulés et analytiques de la DF NC-ELP d'un
signal CosBOC pour $\Delta\tau = \frac{T_C}{4M}$ et différentes valeurs de M.

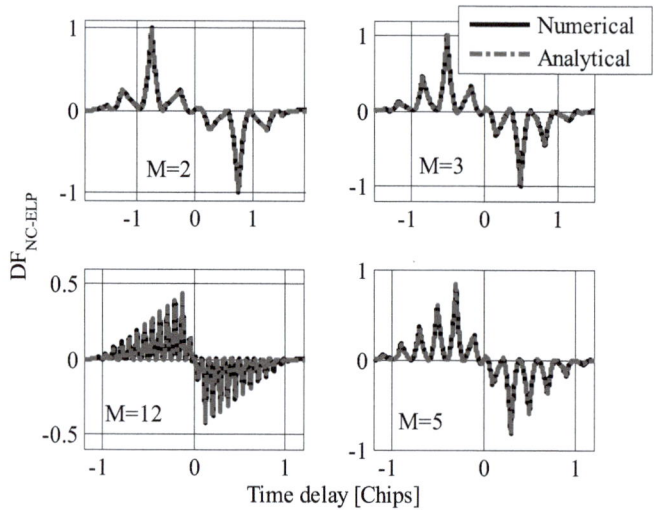

Figure 5. 18   Comparaison entre les résultats simulés et analytiques de la DF NC-ELP d'un signal CosBOC pour $\Delta\tau = \frac{3T_C}{2M}$ et différentes valeurs de M.

Enfin, nous évaluons les modèles proposés de MEE C-ELP et MEE NC-ELP en supposant que l'amplitude relative du multitrajet est 0.5. Le retard relatif du multitrajet $\Delta\tau_m$ varie de 0 à $(MT_{sc} + \Delta\tau)$ en mètres par rapport au retard du signal LOS.

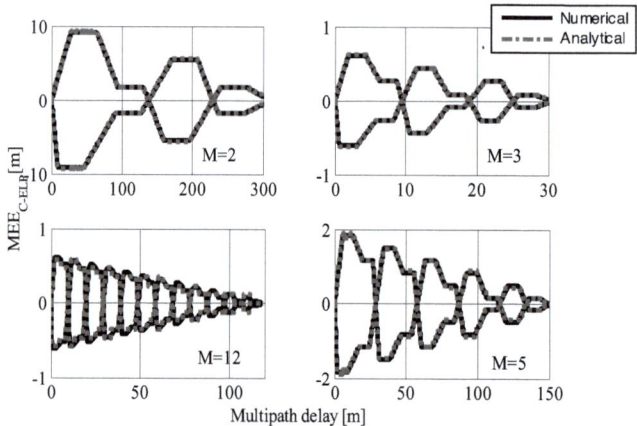

Figure 5. 19   Comparaison entre les résultats simulés et analytiques de la MEE C-ELP d'un signal CosBOC pour $\Delta\tau = \frac{T_C}{4M}$ et différentes valeurs de M.

La phase relative du multitrajet φ_m est prise 0 et π. Ces phases correspondent au maximum d'erreur de poursuite des multitrajets.

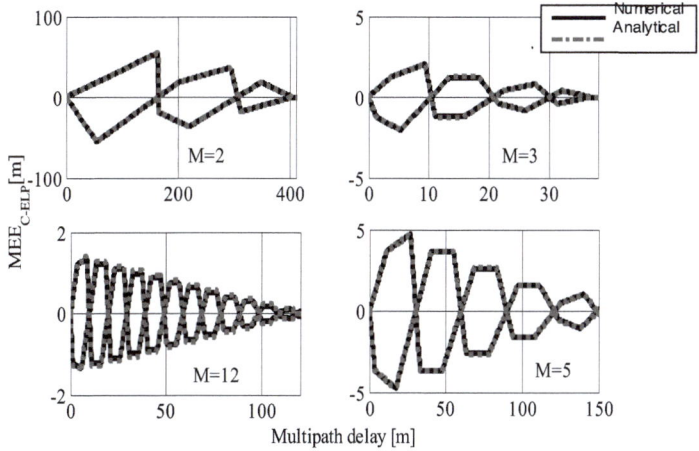

Figure 5. 20   Comparaison entre les résultats simulés et analytiques de la MEE C-ELP d'un signal CosBOC pour $\Delta\tau = \frac{3T_C}{2M}$ et différentes valeurs de M.

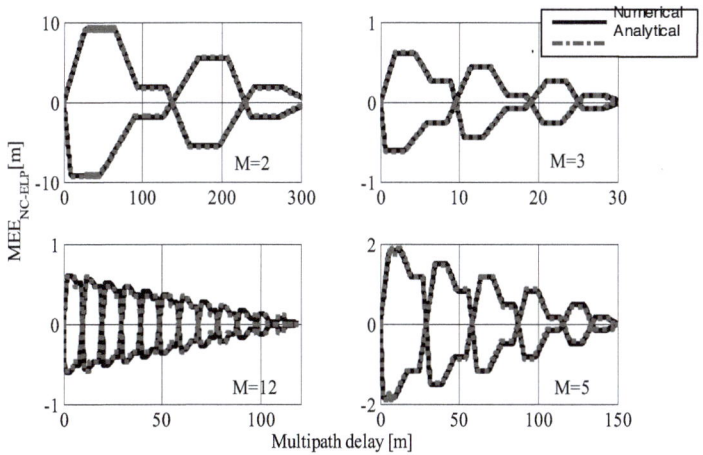

Figure 5. 21   Comparaison entre les résultats simulés et analytiques de la MEE NC-ELP d'un signal CosBOC pour $\Delta\tau = \frac{T_C}{4M}$ et différentes valeurs de M.

163

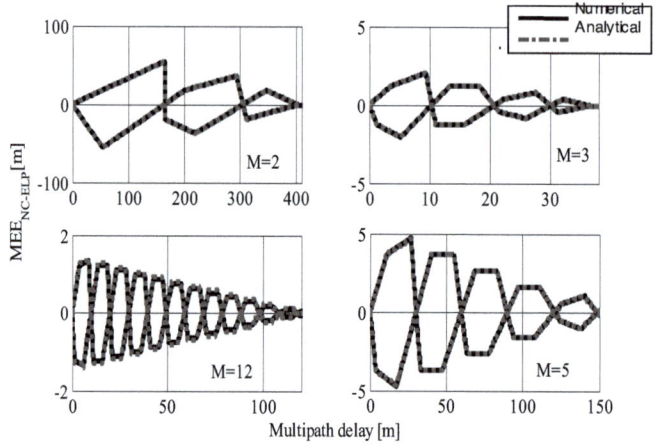

Figure 5. 22 Comparaison entre les résultats simulés et analytiques de la MEE NC-ELP d'un signal CosBOC pour $\Delta\tau = \frac{3T_C}{2M}$ et différentes valeurs de M.

5.9   Conclusion

Dans ce chapitre, nous avons présenté nos modèles analytiques proposés des CF, DF et MEEs pour la nouvelle génération des signaux satellitaires CosBOC. Ces modèles sont développés pour deux configurations de poursuite: cohérente C-ELP et non-cohérente NC-ELP. En plus, ces modèles donnent des expressions unifiées pour n'importe quel signal $CosBOC(\alpha, \beta)$, espacement de chip $\Delta\tau$ de la boucle DLL correspondante aux corrélateurs standards et étroits et des paramètres de multitrajets, $\Delta\tau_m$, φ_m et a_m. En outre, l'analyse montre que le signal CosBOC nécessite des calculs complexes à l'égard de ceux requis par un signal modulé en SinBOC, et encore plus pour une configuration NC-ELP. Les résultats de simulation de nos modèles analytiques proposés ont mis en évidence leur efficacité et leur exactitude.

Conclusion Générale

Le succès significatif de la première génération de systèmes de radionavigation a motivé la continuation des recherches d'améliorer la précision de positionnement de toutes les sources d'erreurs et de réaliser l'interopérabilité entre les différents systèmes. Pour pallier ces problèmes, plusieurs méthodes ont été étudiées et appliquées au traitement du signal satellitaire. Parmi ces méthodes, il y a celles qui consistent en l'amélioration des techniques de modulation et de réception.

L'étude de la structure et les caractéristiques de second ordre des différents signaux satellitaires, BPSK, SinBOC, CosBOC, dans le premier chapitre constituent le point commun entre les différentes parties de cet ouvrage. Cette analyse nous a permis de voir leurs état actuel, les conséquences des changements à venir pendant leurs réception et de leurs donner une représentation analytique.

Dans le deuxième chapitre, nous avons étudié la diverses techniques de réception des signaux mais nous avons focalisé sur deux configurations des boucles de poursuite de code, la cohérente C-ELP et la non-cohérente NC-ELP. Nous avons montré l'influence de la fonction de corrélation CF et l'ordre de modulation des nouveaux signaux GNSS sur la précision des mesures et le problème d'ambigüité au niveau de verrouillage des boucles de poursuite qui est lié aux pics secondaires de la CF. Dans le troisième chapitre, nous avons étudié les différentes sources d'erreur et principalement l'effet des multitrajets spéculaires sur l'estimation du retard de code pour différents signaux GNSS dans les deux configurations. Pour atteindre l'objectif de réduction de l'erreur de poursuite en présence de multitrajets, nous avons étudié les performances des techniques classiques de mitigation des multitrajets, comme n-EML, HRC, SC. Les résultats des simulations ont montré que l'espacement étroit du discriminateur n-EML diminue les erreurs des multitrajets. Par la suite, nous nous sommes intéressés aux discriminateurs HRC/SC qui permettent une meilleure performance de mitigation des multitrajets. En outre, les points ambigus de passage par zéro sont moins sérieux pour les signaux BPSK(1) et SinBOC(1,1). Le signal CosBOC a besoin de nouvelles techniques de mitigation. Le signal MBOC permet une meilleure performance intrinsèque que le BOC(1,1) pour les retards courts. Enfin, les performances de poursuite de code d'un tel discriminateur et un tel type du signal en présence de multitrajets, dépendent du compromis entre leurs paramètres, où elles peuvent être excellentes avec un espacement de chip étroit entre les corrélateurs, une bande passante plus large et un taux de chip de code approprié.

Dans le quatrième chapitre, nous avons présenté les corrections effectuées sur les modèles des DFs et des offsets d'erreur pour une réception cohérente des signaux SinBOC. Ces corrections, nous ont permis de déterminer les modèles de second ordre correspondants à une réception non-cohérente. Ensuite, nous avons testé et validé les modèles corrigés et proposés de la DF et des offsets d'erreur par des simulations. La comparaison des résultats de simulations montre que nos modèles sont fiables et plus proches des modèles numériques simulés. Ces modèles proposés sont valides pour des corrélateurs étroits n-EML.

Dans le cinquième chapitre, nous avons déterminé de nouveaux modèles analytiques de la CF des signaux CosBOC quelque soit l'ordre de modulation BOC et la fraction de répartition de puissance. En outre, nous avons modélisé les DF et les offsets d'erreur dus aux multitrajets spéculaires correspondants pour une réception cohérente et non-cohérente. Les résultats de simulation de nos modèles analytiques proposés ont mis en évidence leur efficacité et leur exactitude pour des corrélateurs étroits n-EML et standard quelque soit l'amplitude, la phase et le retard des multitrajets par rapport au signal direct.

Ces modèles mathématiques servent par la suite à connaître le comportement des signaux et à manipuler les paramètres influents sur les performances de la poursuite du code et l'estimation de retard de propagation afin de minimiser les erreurs de poursuite en présence des multitrajets.

Table des matières

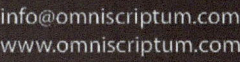